普通高等院校建筑专业"十二五"规划精品教材

建筑施工图设计实例集

丛书审定委员会

何镜堂　仲德崑　张　颀　李保峰

赵万民　李书才　韩冬青　张军民

魏春雨　徐　雷　宋　昆

本书主审　陈衍庆

本书主编　黄　鹓

本书编写委员会

黄　鹓　林新峰　万煜敏

华中科技大学出版社

中国·武汉

内 容 提 要

本书与黄鹤主编的《建筑施工图设计(第二版)》配套使用,全书从建筑学科的分类出发,根据建筑师业务实践(设计院实习)的需要,通过五个实际案例系统地介绍了建筑施工图设计的内容与方法、表达方式与深度,总平面图设计的基础知识;建筑施工图审查制度与重点和建筑节能审查要点等,并结合设计实例,详细展示了建筑施工图设计的要点和相关规范与标准。

本书可作为高等院校建筑学专业及相关专业的教材和参考书,供建筑师业务实践(设计院实习)课程使用;也可供即将或刚刚走上工作岗位的建筑工作者以及建筑从业人士做参考之用。

图书在版编目(CIP)数据

建筑施工图设计实例集/黄　鹤　主编.—武汉:华中科技大学出版社,2013.4 (2020.1重印)
(普通高等院校建筑专业"十二五"规划精品教材)
ISBN　978-7-5609-8829-0

Ⅰ.①建…　Ⅱ.①黄…　Ⅲ.①建筑制图-高等学校-教材　Ⅳ.①TU204

中国版本图书馆 CIP 数据核字(2013)第 080557 号

建筑施工图设计实例集　　　　　　　　　　　　　　　　　　　　　　　　　黄　鹤　主编

责任编辑:金　紫
封面设计:张　璐
责任校对:刘　竣
责任监印:朱　玢
出版发行:华中科技大学出版社(中国·武汉)　　　电话:(027)81321913
　　　　　武汉市东湖新技术开发区华工科技园　　　邮编:430223
录　　排:武汉楚海文化传播有限公司
印　　刷:武汉科源印刷设计有限公司
开　　本:850mm×1065mm　1/8
印　　张:16
字　　数:300千字
版　　次:2020年1月第1版第6次印刷
定　　价:49.80元

总　序

  《管子》一书中《权修》篇中有这样一段话:"一年之计,莫如树谷;十年之计,莫如树木;百年之计,莫如树人。一树一获者,谷也;一树十获者,木也;一树百获者,人也。"这是管仲为富国强兵而重视培养人才的名言。

  "十年树木,百年树人"即源于此。它的意思是说,培养人才是国家的百年大计,既十分重要,又不是短期内可以奏效的事。"百年树人"并不是非得100年才能培养出人才,而是比喻培养人才的远大意义,要重视这方面的工作,并且要预先规划,长期、不间断地进行。

  当前我国建筑业发展形势迅猛,急缺大量的建筑建工类应用型人才。全国各地建筑类学校以及设有建筑规划专业的学校众多,但能够做到既符合当前改革形势又适用于目前教学形式的优秀教材却很少。针对这种现状,急需推出一系列切合当前教育改革需要的高质量优秀专业教材,以推动应用型本科教育办学体制和运作机制的改革,提高教育的整体水平,并且有助于加快改进应用型本科办学模式、课程体系和教学方法,形成具有多元化特色的教育体系。

  这套系列教材整体导向正确,科学精练,编排合理,指导性、学术性、实用性和可读性强。符合学校、学科的课程设置要求。以建筑学科专业指导委员会的专业培养目标为依据,注重教材的科学性、实用性、普适性,尽量满足同类专业院校的需求。教材内容大力补充新知识、新技能、新工艺、新成果。注意理论教学与实践教学的搭配比例,结合目前教学课时减少的趋势适当调整了篇幅。根据教学大纲、学时、教学内容的要求,突出重点、难点,体现建设"立体化"精品教材的宗旨。

  教材作者以发展社会主义教育事业,振兴建筑类高等院校教育教学改革,促进建筑类高校教育教学质量的提高为己任,为发展我国高等建筑教育的理论、思想,对办学方针、体制,教育教学内容改革等进行了广泛深入的探讨,以提出新的理论、观点和主张。希望这套教材能够真实的体现我们的初衷,真正能够成为精品教材,受到大家的认可。

中国工程院院士

2007 年 5 月

前　　言

自拙作《建筑施工图设计》(第一版)2009 年出版版以来,许多高等院校建筑学专业及相关专业将其作为建筑师业务实践(设计院实习)的教材或参考书,得到了广大读者的好评,普遍认为该书通俗易懂,对实践性教学环节的学习具有较强的指导性,有利于建筑施工图表达的技能掌握与提高。在第 10 章建筑施工图设计实例介绍中,由于受到版面大小的限制,给读者在阅读与理解方面带来诸多不便。为此,在原有的基础上,增加了高层住宅楼设计实例和高校图书馆设计实例,图幅由第一版的 16 开单页改为 8 开横页,并单独出版发行,作为《建筑施工图设计》(第二版)的姊妹篇,旨在使其表达更清楚,便于阅读与理解。二者相辅相成,互为补充。

本书结合工程实例,以图示的方式展示了建筑施工图设计的表达方式与深度。力求使读者通过实例介绍的学习,对建筑施工图设计的表达建立起比较直观与生动的空间概念,掌握建筑施工图设计的表达模式。

全书由华东交通大学黄鹤主编并统稿。副主编为华东交通大学林新峰、万煜敏。华东交通大学的沈硕果同学、深圳市粤鹏建筑设计有限公司南昌分公司黄勇、唐崇乐、刘江华同志参与了图文整理工作。

编写工作分工如下:

第 1 章、第 3 章由林新峰编写;第 2 章由万煜敏编写;第 4 章、第 5 章由黄鹤编写。

全书由清华大学建筑学院陈衍庆教授主审。

最后,衷心感谢参与本书编写以及为本书编写提供过帮助的所有朋友!

鉴于编者水平有限,书中难免存在错误和不足之处,恳请读者批评指正!

编　者

2013 年 03 月

目　　录

设计实例一　老年公寓(砖混结构)　……………………………………………………………设计实例……1

设计实例二　多层住宅(框架异型柱结构)　………………………………………………………18

设计实例三　某高层住宅(剪力墙结构)　…………………………………………………………39

设计实例四　某市级检察院技侦大楼(钢筋混凝土框架结构)　…………………………………59

设计实例五　某高校图书馆(框架结构)　…………………………………………………………85

设计实例一　老年公寓(砖混结构)

　　该建筑是为了解决城市老龄化需要而设计的供老年人休息的老年公寓。设计风格新颖,功能设计完备,朝向较好、采光、通风良好,十分适合老人居住。

　　本工程单体建筑面积为 295.33 m²,建筑占地面积为 172.03 m²,建筑层数为 2 层(地上),局部为 1 层,建筑檐口高度为 7.2 m。建筑工程耐久年限为 50 年,防火设计耐火等级为 2 级。抗震设防烈度为 7.5 度。

　　本工程设计在平面布局上不太复杂,功能分区非常合理,做到内外有别、动静分离、干湿独立、设计人性化。本套施工图设计十分详细,对外墙的保温构造、外墙装修等都进行了详尽的设计。在平面、立面、剖面及大样图的表现上表达明朗,细部尺寸标注细腻,做法表示明确,十分清楚的交代了各部分的做法,使施工人员一目了然。

图 纸 目 录

XXXX建筑设计有限公司
XXXX ARCHITECTURE DESIGN CO., LTD.
设计证书甲级编号 A144000001
No.A144000001 Class A of Architecture Design (PRC)

编号	图号	图名	备注
		建筑	
1	JS-01	图纸目录	
2	JS-02	设计说明	
3	JS-03	材料做法表 门窗数量表	
4	JS-04	首层平面图	
5	JS-05	二层平面图	
6	JS-06	屋顶平面图	
7	JS-07	①-⑧轴立面图	
8	JS-08	⑧-①轴立面图	
9	JS-09	Ⓐ-Ⓜ轴立面图	
10	JS-10	Ⓜ-Ⓐ轴立面图	
11	JS-11	1-1剖面图	
12	JS-12	2-2剖面图	
13	JS-13	楼梯详图	
14	JS-14	外檐详图（一）	
15	JS-15	外檐详图（二）	
16	JS-16	门窗详图	

编号	图号	图名	备注

合作设计单位:
JOINTLY DESIGNED WITH

会签:
SIGNED:

出图章:
CNADRI PROJECT SEAL

注册执业章:
REGISTERED SEAL

位置简图:
LOCATION SKETCH

备注:
NOTE

建设单位:
CLIENT
XX置业有限公司

项目名称:
PROJECT NAME
XX老年公寓A户型

图名:
DRAWING TITLE
图纸目录

业务号:
PROJECT No.   XX-2004-02-4

项目负责人 PROJECT DIRECTOR	XXX
审定人 AUTHORIZED BY	XXX
审核人 EXAMINED BY	XXX
专业负责人 DISCIPLINE RESPONSIBLE BY	XXX
校对人 CHECKED BY	XXX
设计人 DESIGNED BY	XXX

专业 DISCIPLINE: 建筑 ARCHITECTURE	图号 DRAWING No.: JS-01
阶段 STATUS: 施工图 CONSTRUCTION DRAWING	比例 SCALE: 1:100
日期 DATE: 2004/02	版次 EDITION: 01

设计说明

1. 设计依据

1.1 某某市规划委员会《规划意见书》(编号xxxx规意选字xxxx号)
1.2 某某市规划委员会:工程规划方案的复函[xxxx规(密)复函字xxxx号]
1.3 某某市规划委员会《建设工程规划许可证》[xxxx规(密)建字xxxx号]
1.4 某某县人防办:《人防工程初步设计审核批准通知单》[(xxxx)密防工字xxxx号]
1.5 某某市规划委员会某某分局钉桩坐标成果通知单(测号xxxx拨地xxxx)
1.6 某某市某某县公安消防大队:《建筑消防设计防火审核意见书》[某(某)消(扩)(xxxx)xx号]
1.7 《某某公寓工程设计委托书》、地形图、地质报告
1.8 本工程《会议纪要》
1.9 国家现行的有关法律、规范、条例及有关地方规范、规范、标准

　　民用建筑设计通则　GB 50352—2005
　　住宅建筑规范　GB 50368—2005
　　住宅设计规范　GB 50096—1999 (2005年版)
　　建筑设计防火规范　GB 50016—2006
　　城市道路和建筑物无障碍设计规范　JGJ 50—2001
　　居住建筑节能设计标准　DBJ 11-602—2006

2. 工程概况

2.1 建设地点:某某市某某县
2.2 本设计图纸为某某老年公寓A户型建筑施工图设计图纸
2.3 建筑规模
　　总建筑面积:　　　　　295.33m²
　　建筑基底面积:　　　　172.03m²
　　总平面总户数:　　　　9户
　　建筑层数:　　　　　　地上2层(局部1层)
　　建筑高度:　　　　　　檐口高度7.2m
2.4 建筑工程等级和耐久年限:二级,50年
2.5 防火分类和耐火等级:二级
2.6 防水等级:屋面Ⅱ级,合理使用年限15年
2.7 结构类型:砖混结构
2.8 抗震设防烈度:7.5度

3. 设计标高及标注尺寸单位

3.1 建筑单元层标高±0.000绝对标高见总平面图,建筑檐口标高6.75m,坡屋顶脊线结构标高9.02
3.2 各层标注标高为完成面标高(建筑面层标高),屋面标高为结构面标高
3.3 本工程标高及总平面尺寸以"m"为单位,细部尺寸以"mm"为单位
3.4 总平面图中所注建筑物间距及长度均为建筑物结构墙身定位尺寸,角点坐标为结构外墙角点
3.5 平面图中所注建筑外包尺寸均为建筑保温面外皮尺寸

4. 墙体工程

4.1 建筑承重墙为240厚烧结岩土砖墙,承重墙的设计要求见结构设计图纸
4.2 非承重的外围护填墙用大孔轻集料砌墙,其构造和技术要求详见88JZ18
4.3 户内隔墙为90厚联锁式轻集料小型砌块,空气声计权隔声量≥30dB。其构造和技术要求详见88J2-7(墙身-轻隔墙)
4.4 砌筑墙预留洞见建筑和设备图,过梁见结构专业施工图说明
4.5 墙身防潮层:在室内地坪下约60处做20厚1:2水泥砂浆内加3%~5%防水剂的墙身防潮层(在此标高为钢筋混凝土构造,或下方砌石地坪时不做);在室内地坪变化处防潮层应置换,并在高低差处土侧墙身做20厚1:2水泥砂浆防潮层,如埋土侧为室外,还应刷1.5mm厚聚氯酯防水涂料

5. 屋面工程

5.1 本工程的屋面防水等级为Ⅱ级,防水层合理使用年限为15年,平屋面防水材料采用GFZ聚乙烯丙纶复合防水卷材,施做法见88J29-GFZ-B1;坡屋面防水材料为1.5厚聚合物水泥基防水涂料+彩色水泥瓦
5.2 屋面排水组织见屋面平面图,外排水用雨水斗、雨水管采用UPVC塑料制作;除图中另有注明者外,雨水管的公称直径均为DN100
5.3 卷材防水屋面基层与突出屋面构造(女儿墙、立墙、天窗壁、变形缝、烟囱、出风口等)的连接处及基层的转角处(水落口、檐口、天沟檐沟、屋脊等)均应做成圆弧。内部排水的水落口周围应做成略低的凹坑

6. 门窗工程

6.1 凡未注明的门窗均在墙中安装,外门窗约开启部分均设防蚊纱窗
6.2 门窗除单元门外均采用断桥隔热铝合金中空玻璃门窗,中空玻璃空气声计权隔声量,外窗不小于30dB,户门不小于25dB
6.3 门门窗安装单层玻璃
6.4 单块玻璃面积大于0.5m的门玻璃、窗台高度小于900mm的外窗下部固定扇玻璃,其他部位单块面积大于1.5m的玻璃均采用安全玻璃(设计为单层玻璃的均采用夹层玻璃,设计为中空玻璃的外侧片为夹层玻璃,内侧片为钢化玻璃);除特殊注明者外,普通玻璃的厚度为5mm,夹层玻璃的厚度为6.38mm,夹丝玻璃的厚度为6mm
6.5 卫生间外窗选用磨砂玻璃,其他窗户选用普通白玻璃
6.6 所有外窗应达到《建筑外窗抗风压性能分级及检测方法》(GB/T 7106)规定的4级标准
6.7 所有外窗应达到《建筑外窗气密性能分级及检测方法》(GB/T 7107)规定的4级标准
6.8 所有玻璃的制作安装均应符合《建筑玻璃应用技术规程》(JGJ 113-97)有关规定
6.9 门窗立面形式、颜色、开启方式、用料、玻璃及五金的选用见门窗图和门窗数量表

7. 外装修工程

7.1 本工程外墙用外保温措施,文化石或干挂花岗岩石材面层,其余部位外装修设计详见立面图
7.2 本工程图纸所注装修材料类别、色彩为暂定,施工单位加工定货前应提供"材料样板",经甲方、设计、监理工程师确认后,方可批量定货

8. 内装修工程

8.1 房间装修材料做法见本工程"房间装修材料做法表"施工
8.2 地面:凡有轻集料混凝土垫层的,材料配比不得随意改变
8.3 有排放要求的地面,须按图要求找坡,保证排水通畅;留洞位置应严格按各专业图纸事先预留,凡设有地漏的房间均应做防水层,图中未注明整个房间做坡度者,均在地漏周围1m范围内做i=2%坡度找地漏
8.4 有水房间的楼地面应比相邻房间低15~20mm。出门口处起找坡防水,找向地漏
8.5 顶棚:设有抹灰的顶棚层,现浇混凝土应确保拆模后平整光滑,无空鼓表面时可直接刷

属子;所有吊顶棚应注意协调洞口、水、电等管道位置与标高,发生错碰时应与设计师协商,不允许随意降低吊顶高度
8.6 油漆:非露明铁件均刷防锈漆两道。木门扇做油漆前,开启扇与扇之间预留适当缝隙,保证完工后对玻璃、五金零件、墙面、楼面等不得有污染
8.7 本工程中楼梯栏杆扶手平段长度大于0.5m时,栏杆扶手高度为1.05m
8.8 厨房、卫生间、洗衣房、水池、水箱间等有上下水房间内楼地面均要求做防水,有淋浴的卫生间立墙防水层高1800,其他房间立墙防水层高300
8.9 所有管道穿楼板处,必须采用"建筑密封膏"填实,安装构造详见88J14-1-Y23"管道穿楼板及地漏安装构造"

9. 消防设计

9.1 防火分区

本工程为低层建筑,耐火等级为二级。总建筑面积为491.6m²,因此不用划分防火分区

9.2 安全疏散

本工程共2层,一层建筑面积为266.3m²,二层建筑面积为266.4m²,每层建筑面积小于500m²且人数不超过100人。满足设一座疏散楼梯的要求

9.3 防火门窗及建筑构造

9.3.1 车库与室内之间的门为防火隔音门,防火等级为甲级
9.3.2 所有楼梯间、疏散通道变配电室的墙面、楼面及顶棚用料的燃烧性能均为A级

10. 节能设计

10.1 本工程设计执行北京市地方标准《居住建筑节能设计标准》DBJ 01-602-2004
10.2 本工程为2层住宅建筑,采用外墙外保温,外保温节点做法及要求详见88J2-9(墙身-外墙外保温)
10.3 屋面保温采用70厚挤塑聚苯板,传热系数:≤0.45W/m²·K
外墙均采用粘贴80厚挤塑聚苯板,传热系数:≤0.45W/m²·K
接触室外空气的挑楼板粘贴30厚挤塑聚苯板,传热系数为0.50W/m²·K
本工程建筑的体形系数为0.44,符合标准规定的建筑体形系数不宜大于0.45的要求
本工程建筑的东西向各向窗墙面积比分别为南0.32,北0.23,东0.14,西0.08,符合标准规定的不同朝向的窗墙面积比规定值
外窗均采用断桥隔热铝合金中空玻璃门窗,传热系数≤2.5W/m²·K。
外窗的气密性能不应低于《建筑外窗气密性能分级及其检测方法》(GB/T7107-2002)中规定的4级标准
10.4 挤塑聚苯板、膨胀聚苯板应符合阻燃型(ZR)的要求
10.5 挤塑聚苯板导热系数≤0.03W/(m·K)燃烧性能B1级,表观密度为30kg/m³

11. 安全防护

11.1 住宅安全防范依《北京市住宅区及住宅安全防范设计标准》DBJ01-608-2002的规定
11.2 住宅首层外窗均设防盗栏杆,作法详见88J14-2 W7-2(适用于内开窗或推拉窗)

12. 无障碍设计

本工程不考虑无障碍设计

13. 环保设计

13.1 禁止使用《北京市建筑工程施工图设计文件审查要点》附录E~H中限制和淘汰的建材产品
13.2 本工程全部用符合国家环保要求的建筑材料,室内装修石材、釉面砖等严格控制其放射性,

所有散装材料、室内涂料油漆、地面和顶棚装修材料的甲醛含量和其他有害含量控制在国家规定的标准之内,并应出具相关证明

14. 其他

14.1 本工程钢筋混凝土楼板上预留孔洞大于200×200、Ø200时详见结构施工图;小于200×200、Ø200时详见设备图;填充墙、轻质墙上预留孔应按建筑施工图施工
14.2 所有过楼面管道均加加强套管,高出地面30mm,用油麻封严,内填防水油膏
14.3 所有管井、风道非承重墙的隔墙应由土建安装后再进行封墙
14.4 金属表面应除锈后,刷防锈漆一道,调和漆两道;木材表面刮腻子、刷防纸、打砂纸、铅油打底、调和漆两遍,颜色另定。预埋木砖、铁件等均需做防腐、防锈处理后方可施工
14.5 本工程施工过程中,主要材料、设备代换,需经甲方、设计、监理工程师三方同意后方可实施
14.6 两种材料的墙体交接处,应根据面材质在做饰面前加钉金属网或在施工中加贴玻璃丝网格布,防止裂缝
14.7 住宅栏杆设计的可承受水平荷载应不小于0.5KN/m
14.8 施工中应严格执行国家施工质量验收规范
14.9 本工程设计图纸,其图示尺寸与文字发生矛盾时,以尺寸、文字为准

15. 材料图例

15.1 烧结页岩砖墙　〔斜线图例〕
15.2 轻体砌块　〔斜线图例〕
15.3 轻体隔墙　〔横线图例〕

16. 本设计选用标准图集如下

工程作法	88J1-1
工程作法(2)	88J1-3
木门	88J13-3
屋面	88J5-1
居住建筑	88J14-1
居住建筑	88J14-2
墙身-外墙外保温(节能65%)	88J2-9
楼梯	88J7-1
外装修(1)	88J3-1
室外工程	88J9
住宅厨卫排气道	88JZ8

XXXX建筑设计有限公司
XXXX ARCHITECTURE DESIGN CO.,LTD.

设计证书甲级编号:A144000001
No.A144000001 Class A of Architecture Design (PRC)

合作设计单位:
JOINTLY DESIGNED WITH

会签:
SIGNED:

出图章:
CNADRI PROJECT SEAL

注册执业章:
REGISTERED SEAL

备注:
NOTE

建设单位:
CLIENT

XX置业有限公司

项目名称:
PROJECT NAME

XX老年公寓A户型

图名:
DRAWING TITLE

设计说明

业务号: XX-2004-02-4
PROJECT No.

项目负责人 XXX
PROJECT DIRECTOR

审定人 XXX
AUTHORIZED BY

审核人 XXX
EXAMINED BY

专业负责人 XXX
DISCIPLINE RESPONSIBLE BY

校对人 XXX
CHECKED BY

设计人 XXX
DESIGNED BY

专业 DISCIPLINE	建筑 ARCHITECTURE	图号 DRAWING No.	JS-02
阶段 STATUS	施工图 CONSTRUCTION DRAWING	比例 SCALE	1:100
日期 DATE	2004/02	版次 EDITION	01

位置简图:
LOCATION SKETCH

室内装修材料做法表（选自88J1-1）

位置	房间名称	楼地面			踢脚		内墙面		顶棚		备注
		编号	材料	厚度	编号	材料	编号	材料	编号	材料	
首层	客厅，工人房，卧室，餐厅，书房，门厅，走道，音响室，客房	地9-1	普通地砖	231	踢6C-1	铺地砖踢脚	内墙6A	乳胶漆	棚2B	板底挂腻子喷涂顶棚	
	汽车库	地1B	C20混凝土	200	踢2C-1	水泥踢脚	内墙5	水泥砂浆墙面	棚2B	板底挂腻子喷涂顶棚	
	厨房	地9-5	防滑地砖	231			内墙38C-F	釉面砖到吊顶上100	棚50	铝合金条板吊顶	
	卫生间，洗衣房	地9F-2	防滑地砖	230（最薄处）			内墙38C-F	釉面砖到吊顶上100	棚50	铝合金条板吊顶	
二层	卧室，家庭室，储物间，衣帽间，工作间，走道，卫生间	楼8A-1	普通地砖	100	踢6C-1	铺地砖踢脚	内墙6A	乳胶漆	棚2B	板底挂腻子喷涂顶棚	
		楼8F2-2	防滑地砖	82（最薄处）			内墙38C-F	釉面砖到吊顶上100	棚50	铝合金条板吊顶	
其余	楼梯	楼8D-5	防滑地砖	50	踢6C-1	铺地砖踢脚	内墙6A	乳胶漆	棚2B	板底挂腻子喷涂顶棚	
	不上人阁顶	楼65W	保温楼面	100			内墙4A-N	刮腻子喷涂墙面	棚2B	板底挂腻子喷涂顶棚	

门窗数量表

类别	设计编号	洞口尺寸 宽(mm)x高(mm)	开启方式	纱窗	樘数 一层	樘数 二层	樘数 总计	备注
木门	M0821	800X2100	平开	无	2	2	4	见图集88J13-3-0821M1
	M0921	900X2100	平开	无	1	1	2	见图集88J13-3-0921M1
	M1221	1260X2100	平开	无		1	1	见图集88J13-3-1521M1
	TM1421	1400X2100	推拉	无		1	1	见详图
	TM1521	1500X2100	推拉	无	1		1	见详图
	ZM2121	2100X2100	折叠	无	1		1	见详图
	MLC2429	2400X2900	平开	有	1		1	防盗门窗
铝合金门	WM0821	800X2100	外平开	有		2	2	防盗门窗
铝合金门连窗	WMC3027	3000X2700	外平开	有		1	1	防盗门窗
	WMC24255	2400X2550	外平开	有	1		1	防盗门窗
电动卷帘门	JM2722	2700X2200	滑动提升	无	1		1	遥控分节提升卷帘式车库门，传热系数<2.8W/m.K
防火隔音门	FGM0821甲	800X2100	平开	无	1		1	甲级防火隔音门(厂家订做)
铝合金窗	C0615	600X1500	平开	有	1		1	见详图
	C1518	1500X1800	平开	有	2	2	4	见详图
	C2118	2100X1800	平开	有	1	1	2	见详图
	C30265	3000X2650	平开	有	1		1	见详图
	C7515	750X1500	平开	有	1	2	3	见详图
	C1218	1200X1800	平开	有	1	1	2	见详图

各部分材料做法表

部位名称	材料做法	备注
坡屋面	坡屋1E-2	88J1-1 保温层选用70厚挤塑聚苯板,防水层选用1.5厚聚合物水泥基防水涂料
上人平屋面	屋3	88J1-1 保温层选用70厚挤塑聚苯板,防水层选用GFZ聚乙烯丙纶卷材复合防水卷材
涂料外墙面（不带保温层）	外墙8C	88J1-1
涂料外墙面（带保温层）	外墙51	88J1-3 保温层选用80厚挤塑聚苯板
贴面砖外墙面（带保温层）	外墙51M2	88J1-3 保温层选用80厚挤塑聚苯板
干挂石材外墙面（用于基座）	外墙57	88J1-1 保温层选用80厚挤塑聚苯板
室外台阶	台13A-4	88J1-1
散水	散7	88J1-1

注：1.本图仅表示门窗立面分隔、洞口尺寸大小、开启方向、构造节点由厂家确定
2.落地塑钢门窗玻璃及大于1.5m²单块玻璃应为安全玻璃
3.制作厂家须具有相应资质，门窗数量及尺寸应由门窗厂家核实后，放样无误方可加工订货
4.卫生间门下窗缝30
5.卫生间外窗采用毛玻璃

XXXX建筑设计有限公司
XXXX ARCHITECTURE DESIGN CO.,LTD.
设计证书甲级编号 A144000001
No.A144000001 Class A of Architecture Design (PRC)

合作设计单位:
JOINTLY DESIGNED WITH

会签:
SIGNED:

出图章:
CNADRI PROJECT SEAL

注册执业章:
REGISTERED SEAL

位置简图:
LOCATION SKETCH

备注:
NOTE

建设单位:
CLIENT
XX置业有限公司

项目名称:
PROJECT NAME
XX老年公寓A户型

图名:
DRAWING TITLE
材料做法表 门窗数量表

业务号:
PROJECT No. XX-2004-02-4

项目负责人 PROJECT DIRECTOR XXX
审定人 AUTHORIZED BY XXX
审核人 EXAMINED BY XXX
专业负责人 DISCIPLINE RESPONSIBLE BY XXX
校对人 CHECKED BY XXX
设计人 DESIGNED BY XXX

专业: 建筑 DISCIPLINE ARCHITECTURE
图号: DRAWING No. JS-03
阶段: 施工图 STATUS CONSTRUCTION DRAWING
比例: 1:100 SCALE
日期: 2004/02 DATE
版次: 01 EDITION

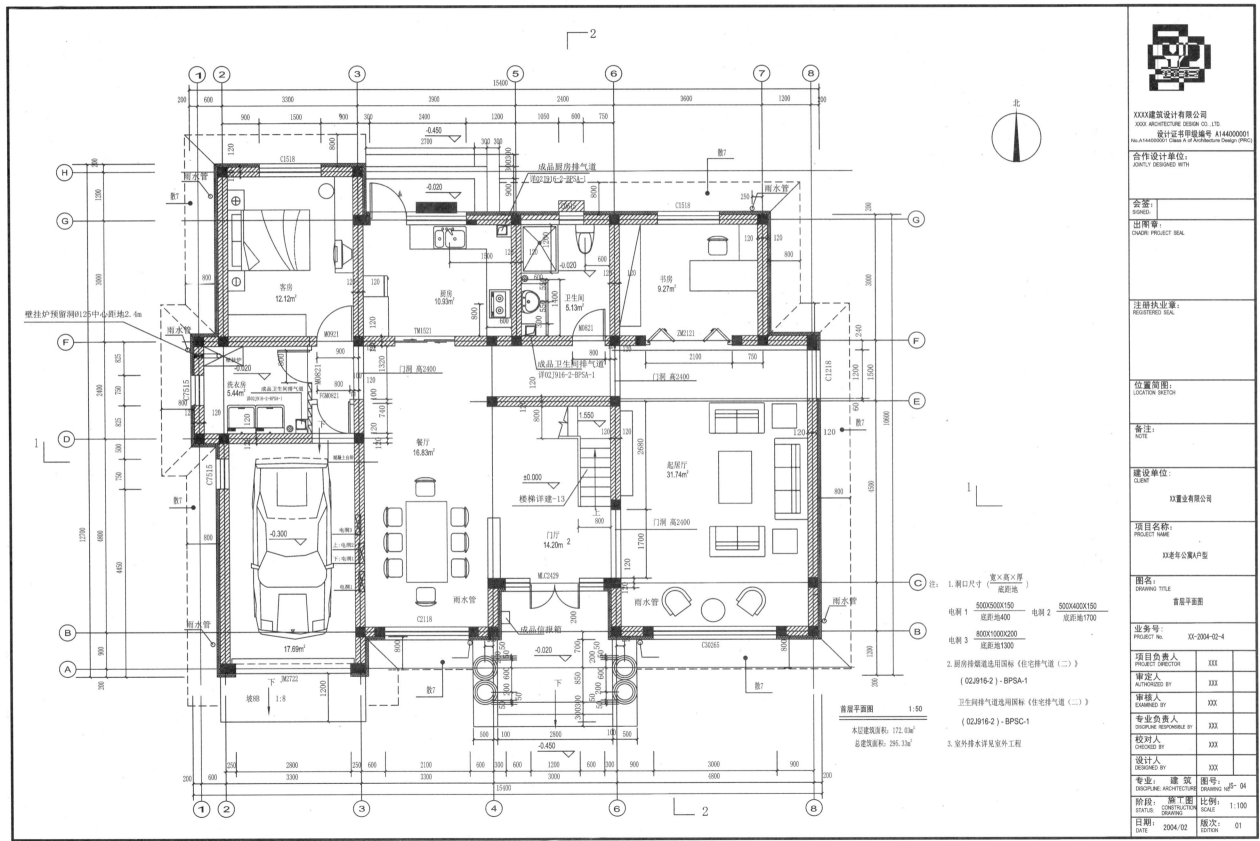

首层平面图 1:50

本层建筑面积：172.03m²
总建筑面积：295.33m²

注：
1. 洞口尺寸 (宽×高×厚)
                    底距地

电洞 1 500X500X150   电洞 2 500X400X150
       底距地400   底距地1700

电洞 3 800X1000X200
       底距地1300

2. 厨房排烟道选用国标《住宅排气道（二）》
   (02J916-2) - BPSA-1

   卫生间排气道选用国标《住宅排气道（二）》
   (02J916-2) - BPSC-1

3. 室外排水详见室外工程

XXXX建筑设计有限公司
XXXX ARCHITECTURE DESIGN CO.,LTD.
设计证书甲级编号 A144000001
No.A144000001 Class A of Architecture Design (PRC)

合作设计单位：
JOINTLY DESIGNED WITH

会签：
SIGNED:

出图章：
CNADRI PROJECT SEAL

注册执业章：
REGISTERED SEAL

位置简图：
LOCATION SKETCH

备注：
NOTE

建设单位：
CLIENT
XX置业有限公司

项目名称：
PROJECT NAME
XX老年公寓A户型

图名：
DRAWING TITLE
首层平面图

业务号：
PROJECT No.   XX-2004-02-4

项目负责人 PROJECT DIRECTOR	XXX
审定人 AUTHORIZED BY	XXX
审核人 EXAMINED BY	XXX
专业负责人 DISCIPLINE RESPONSIBLE BY	XXX
校对人 CHECKED BY	XXX
设计人 DESIGNED BY	XXX

专业：建筑 DISCIPLINE: ARCHITECTURE	图号：JS-04 DRAWING No
阶段：施工图 STATUS: CONSTRUCTION DRAWING	比例：1:100 SCALE
日期：2004/02 DATE	版次：01 EDITION

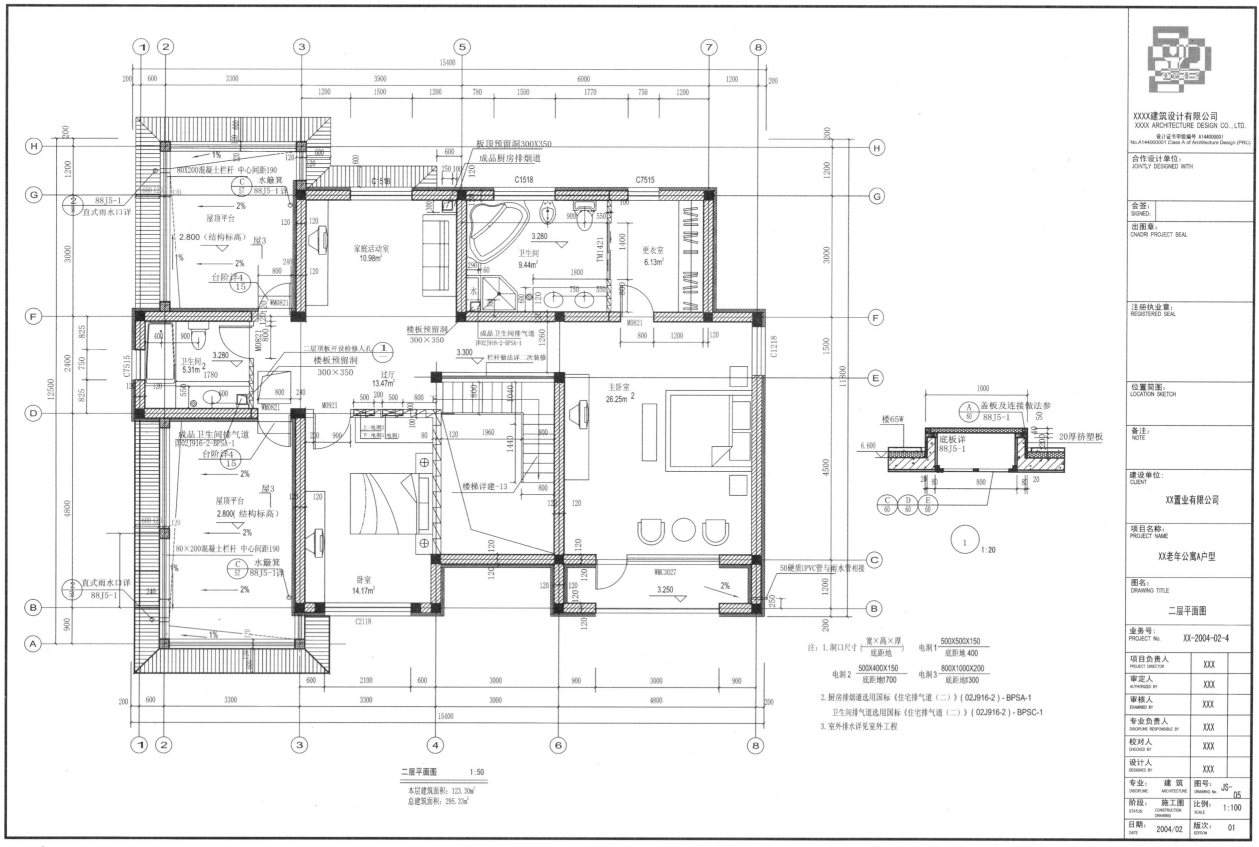

二层平面图 1:50

本层建筑面积: 123.30m²
总建筑面积: 295.33m²

注: 1.洞口尺寸 (宽×高×厚/底距地)
电洞1 500X500X150 底距地400
电洞2 500X400X150 底距地1700
电洞3 800X1000X200 底距地1300

2.厨房排烟道选用国标《住宅排气道(二)》(02J916-2)- BPSA-1
卫生间排气道选用国标《住宅排气道(二)》(02J916-2)- BPSC-1

3.室外排水详见室外工程

XXXX建筑设计有限公司
XXXX ARCHITECTURE DESIGN CO., LTD.
设计证书甲级编号 A144000001
No.A144000001 Class A of Architecture Design (PRC)

合作设计单位:
JOINTLY DESIGNED WITH

会签:
SIGNED:

出图章:
CNADRI PROJECT SEAL

注册执业章:
REGISTERED SEAL

位置简图:
LOCATION SKETCH

备注:
NOTE

建设单位:
CLIENT

XX置业有限公司

项目名称:
PROJECT NAME

XX老年公寓A户型

图名:
DRAWING TITLE

二层平面图

业务号:
PROJECT No.   XX-2004-02-4

项目负责人 PROJECT DIRECTOR	XXX
审定人 AUTHORIZED BY	XXX
审核人 EXAMINED BY	XXX
专业负责人 DISCIPLINE RESPONSIBLE BY	XXX
校对人 CHECKED BY	XXX
设计人 DESIGNED BY	XXX

专业 DISCIPLINE	建筑 ARCHITECTURE	图号 DRAWING No.	JS-05
阶段 STATUS	施工图 CONSTRUCTION DRAWING	比例 SCALE	1:100
日期 DATE	2004/02	版次 EDITION	01

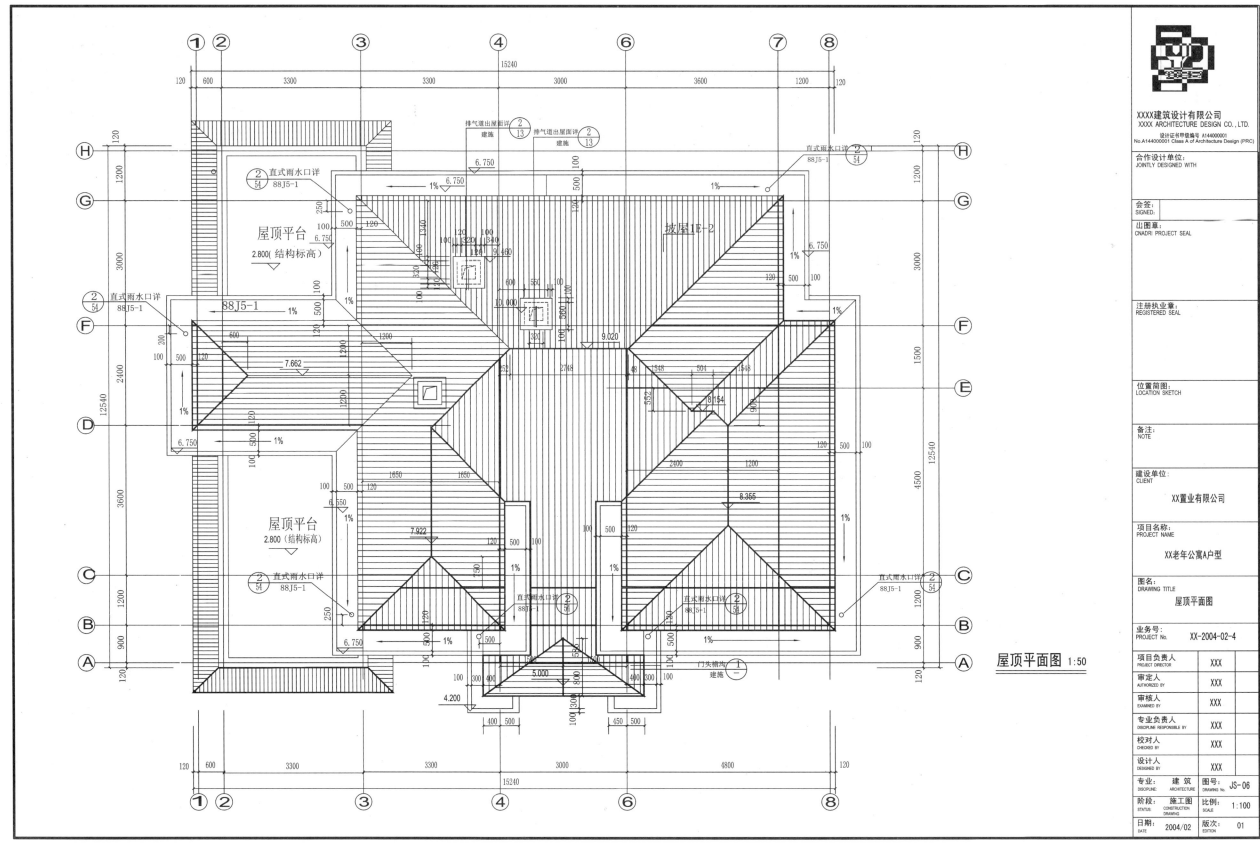

屋顶平面图 1:50

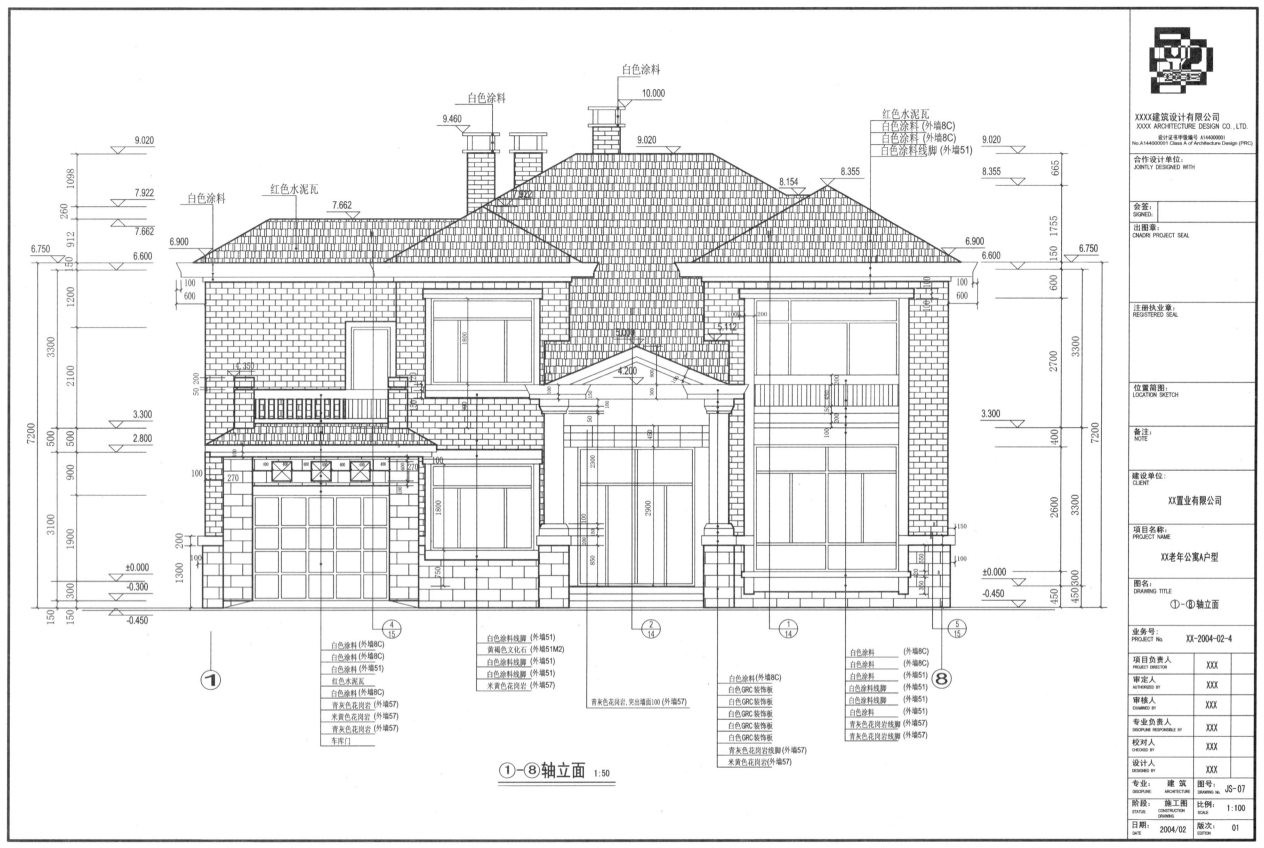

①-⑧轴立面 1:50

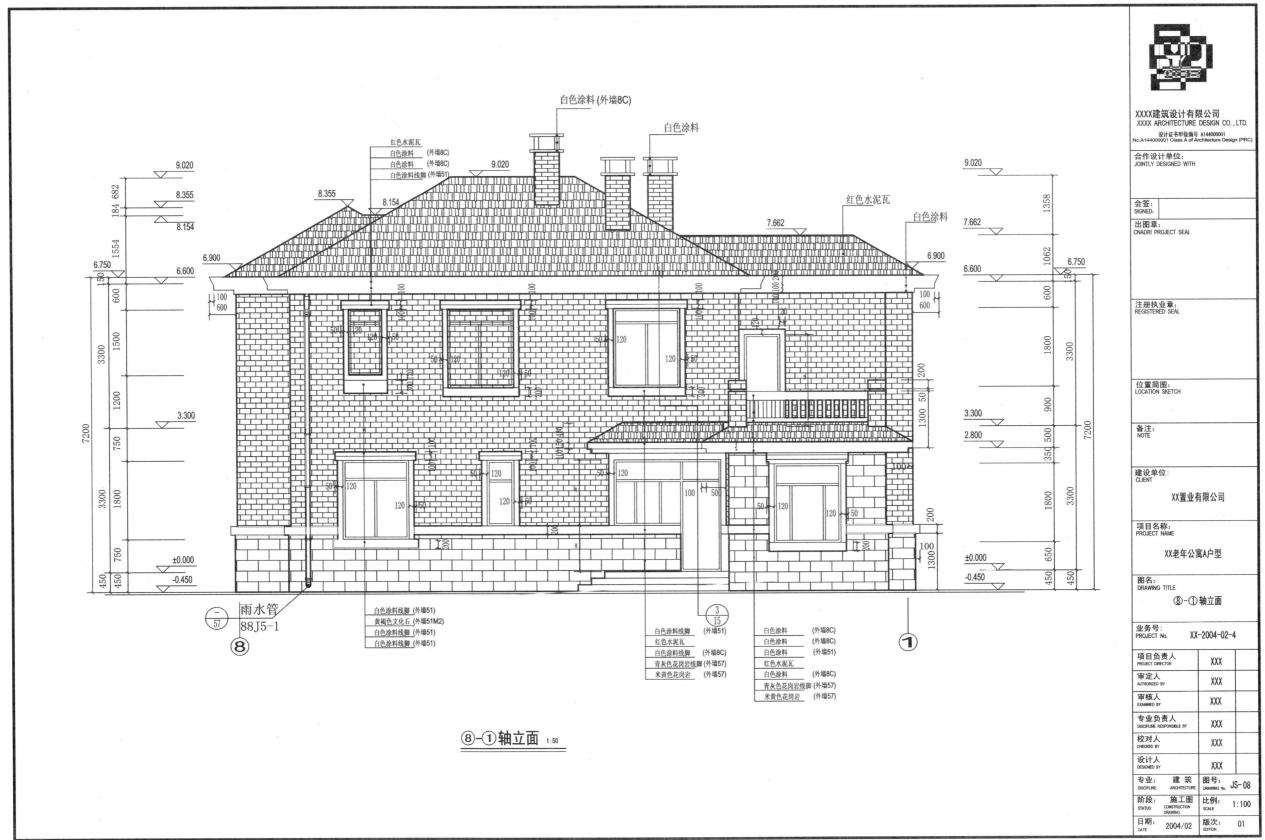

白色涂料 (外墙8C)

白色涂料

红色水泥瓦
白色涂料 (外墙8C)
白色涂料 (外墙8C)
白色涂料线脚 (外墙51)

红色水泥瓦

白色涂料

⑧-①轴立面 1:50

雨水管
88J5-1
⑧

白色涂料线脚 (外墙51)
黄褐色文化石 (外墙51M2)
白色涂料线脚 (外墙51)
白色涂料线脚 (外墙51)
白色涂料线脚 (外墙8C)
青灰色花岗岩线脚 (外墙57)
米黄色花岗岩 (外墙57)

3/15

白色涂料线脚 (外墙51)

白色涂料 (外墙8C)
白色涂料 (外墙8C)
白色涂料 (外墙51)
红色水泥瓦
白色涂料 (外墙8C)
青灰色花岗岩线脚 (外墙57)
米黄色花岗岩 (外墙57)

①

XXXX建筑设计有限公司
XXXX ARCHITECTURE DESIGN CO.,LTD.
设计证书甲级编号 A144000001
No.A144000001 Class A of Architecture Design (PRC)

合作设计单位：
JOINTLY DESIGNED WITH

会签：
SIGNED：

出图章：
CNADRI PROJECT SEAL

注册执业章：
REGISTERED SEAL

位置简图：
LOCATION SKETCH

备注：
NOTE

建设单位：
CLIENT
XX置业有限公司

项目名称：
PROJECT NAME
XX老年公寓A户型

图名：
DRAWING TITLE
⑧-①轴立面

业务号：
PROJECT No.   XX-2004-02-4

项目负责人 PROJECT DIRECTOR   XXX
审定人 AUTHORIZED BY   XXX
审核人 EXAMINED BY   XXX
专业负责人 DISCIPLINE RESPONSIBLE BY   XXX
校对人 CHECKED BY   XXX
设计人 DESIGNED BY   XXX

专业 DISCIPLINE　建筑 ARCHITECTURE　图号 DRAWING No.　JS-08
阶段 STATUS　施工图 CONSTRUCTION DRAWING　比例 SCALE　1:100
日期 DATE　2004/02　版次 EDITION　01

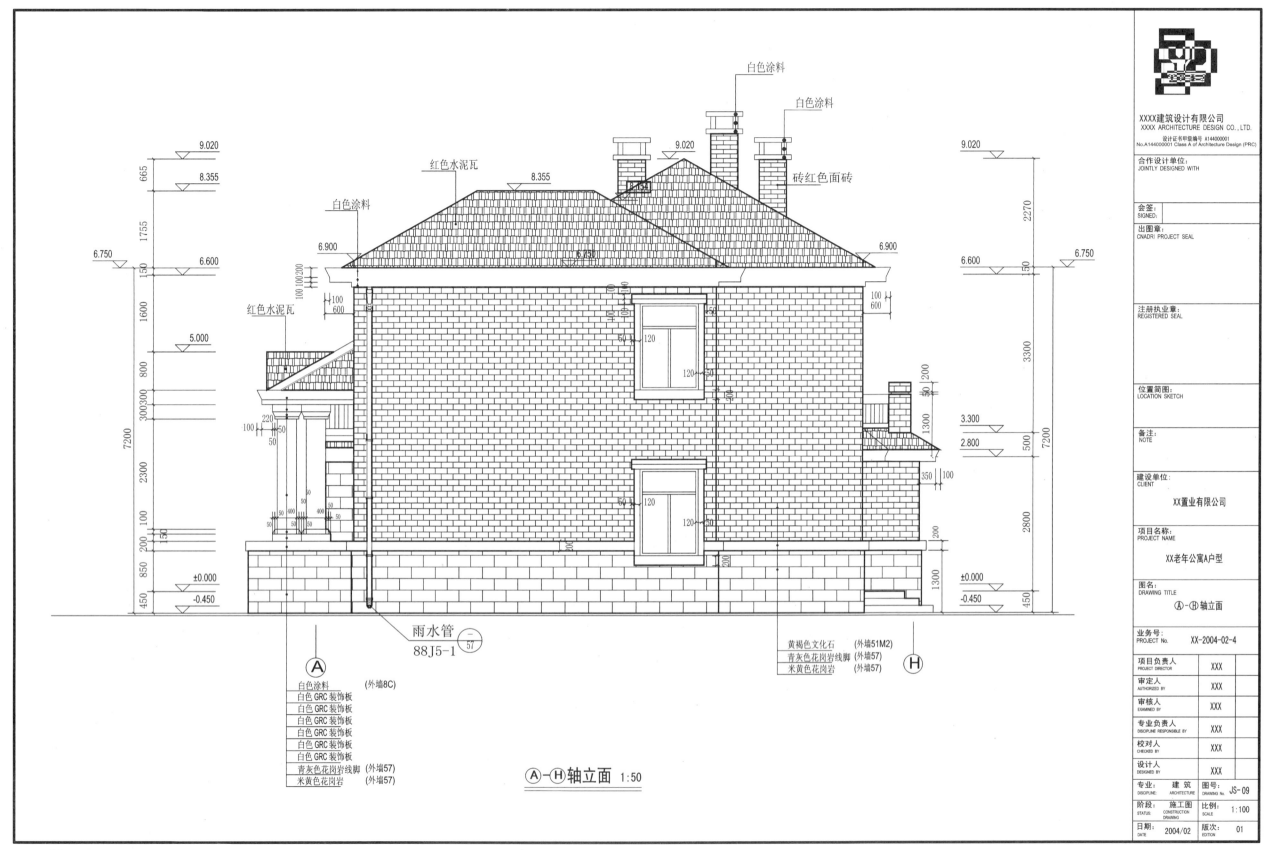

白色涂料

白色涂料

红色水泥瓦

砖红色面砖

9.020

8.355

白色涂料

6.900

9.020

8.355

6.750

6.900

红色水泥瓦

6.750

6.600

6.600

5.000

3.300

2.800

3.300

2.800

±0.000

-0.450

±0.000

-0.450

雨水管
88J5-1

白色涂料　(外墙8C)
白色GRC装饰板
白色GRC装饰板
白色GRC装饰板
白色GRC装饰板
白色GRC装饰板
白色GRC装饰板
青灰色花岗岩线脚　(外墙57)
米黄色花岗岩　(外墙57)

黄褐色文化石　(外墙51M2)
青灰色花岗岩线脚　(外墙57)
米黄色花岗岩　(外墙57)

Ⓐ-Ⓗ轴立面 1:50

XXXX建筑设计有限公司
XXXX ARCHITECTURE DESIGN CO., LTD.
设计证书甲级编号 A144000001
No.A144000001 Class A of Architecture Design (PRC)

合作设计单位:
JOINTLY DESIGNED WITH

会签:
SIGNED:

出图章:
CNADRI PROJECT SEAL

注册执业章:
REGISTERED SEAL

位置简图:
LOCATION SKETCH

备注:
NOTE

建设单位:
CLIENT
XX置业有限公司

项目名称:
PROJECT NAME
XX老年公寓A户型

图名:
DRAWING TITLE
Ⓐ-Ⓗ轴立面

业务号:
PROJECT No.   XX-2004-02-4

项目负责人
PROJECT DIRECTOR   XXX

审定人
AUTHORIZED BY   XXX

审核人
EXAMINED BY   XXX

专业负责人
DISCIPLINE RESPONSIBLE BY   XXX

校对人
CHECKED BY   XXX

设计人
DESIGNED BY   XXX

专业:　建筑
DISCIPLINE: ARCHITECTURE

图号: JS-09
DRAWING No.

阶段:　施工图
STATUS: CONSTRUCTION DRAWING

比例: 1:100
SCALE

日期: 2004/02
DATE

版次: 01
EDITION

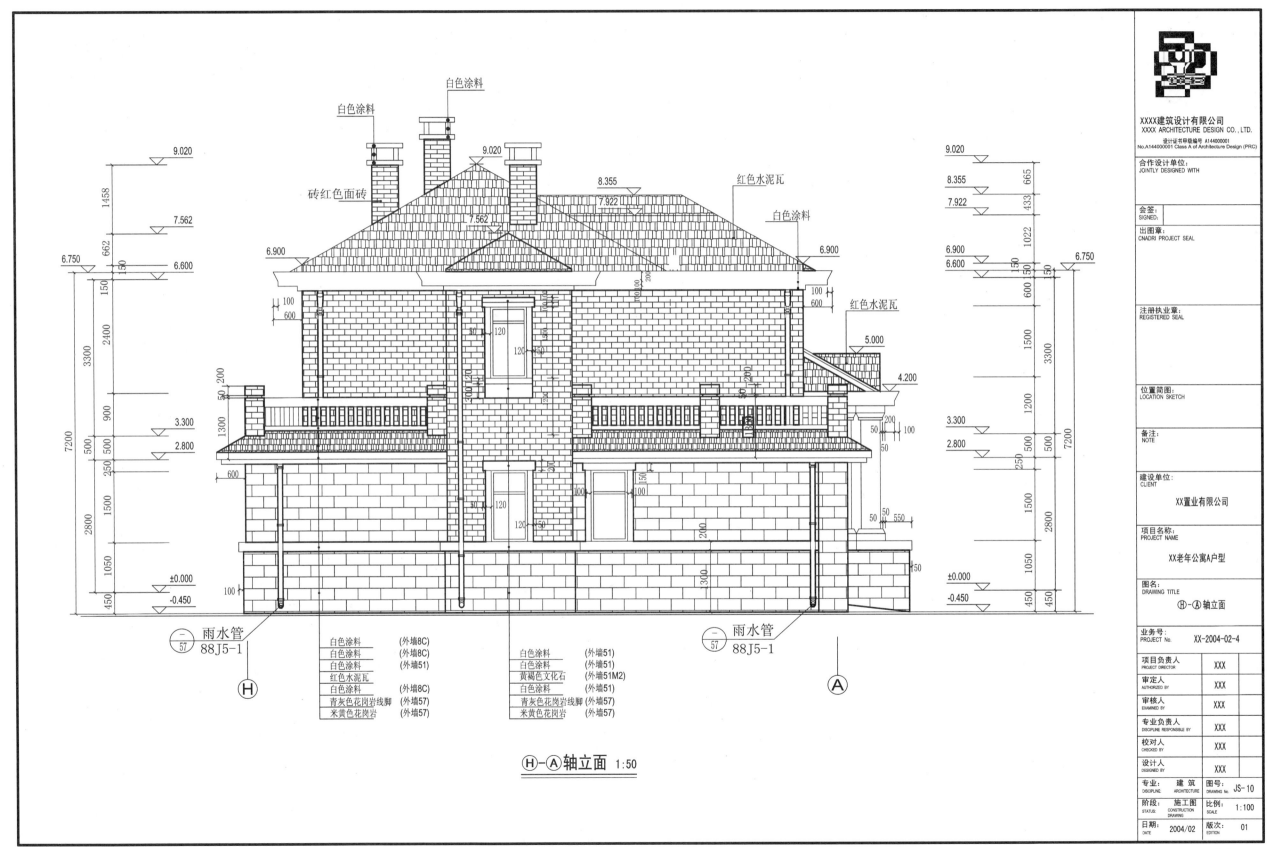

白色涂料

白色涂料

白色涂料

砖红色面砖

红色水泥瓦

白色涂料

红色水泥瓦

⊕-Ⓐ轴立面 1:50

⊖ 雨水管
57 88J5-1

⊕ 雨水管
57 88J5-1

白色涂料　　　(外墙8C)
白色涂料　　　(外墙8C)
白色涂料　　　(外墙51)
红色水泥瓦
白色涂料　　　(外墙8C)
青灰色花岗岩线脚 (外墙57)
米黄色花岗岩　 (外墙57)

白色涂料　　　(外墙51)
白色涂料　　　(外墙51)
黄褐色文化石　 (外墙51M2)
白色涂料　　　(外墙51)
青灰色花岗岩线脚 (外墙57)
米黄色花岗岩　 (外墙57)

XXXX建筑设计有限公司
XXXX ARCHITECTURE DESIGN CO., LTD.
设计证书甲级编号 A144000001
No.A144000001 Class A of Architecture Design (PRC)

合作设计单位:
JOINTLY DESIGNED WITH

会签:
SIGNED:

出图章:
CNADRI PROJECT SEAL

注册执业章:
REGISTERED SEAL

位置简图:
LOCATION SKETCH

备注:
NOTE

建设单位:
CLIENT

XX置业有限公司

项目名称:
PROJECT NAME

XX老年公寓A户型

图名:
DRAWING TITLE

⊕-Ⓐ轴立面

业务号: PROJECT No.	XX-2004-02-4	
项目负责人 PROJECT DIRECTOR		XXX
审定人 AUTHORIZED BY		XXX
审核人 EXAMINED BY		XXX
专业负责人 DISCIPLINE RESPONSIBLE BY		XXX
校对人 CHECKED BY		XXX
设计人 DESIGNED BY		XXX
专业: DISCIPLINE	建筑 ARCHITECTURE	图号: DRAWING No. JS-10
阶段: STATUS	施工图 CONSTRUCTION DRAWING	比例: SCALE 1:100
日期: DATE	2004/02	版次: EDITION 01

1-1剖面图 1:50

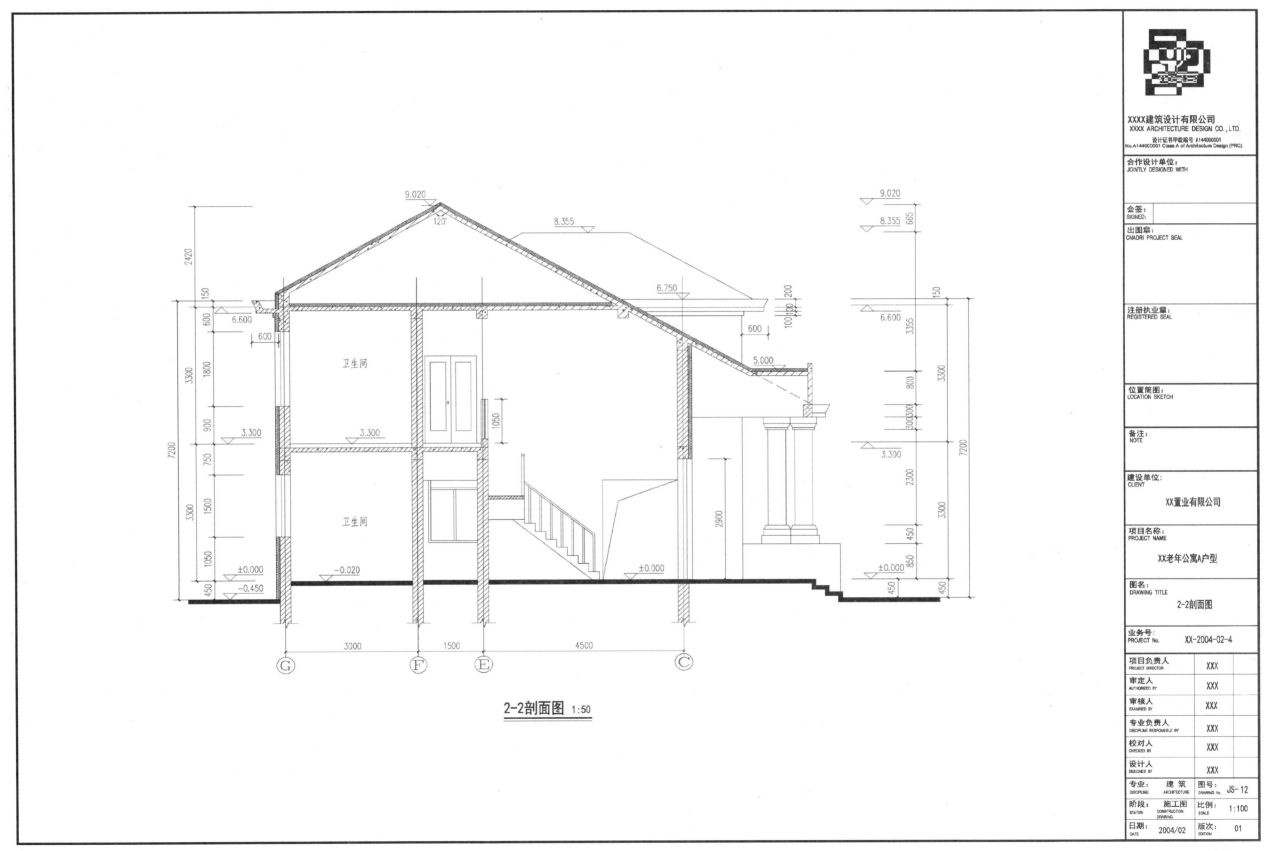

2-2剖面图 1:50

XXXX建筑设计有限公司
XXXX ARCHITECTURE DESIGN CO., LTD.
设计证书甲级编号 A144000001
No.A144000001 Class A of Architecture Design (PRC)

合作设计单位:
JOINTLY DESIGNED WITH

会签:
SIGNED:

出图章:
CANADRI PROJECT SEAL

注册执业章:
REGISTERED SEAL

位置简图:
LOCATION SKETCH

备注:
NOTE

建设单位:
CLIENT

XX置业有限公司

项目名称:
PROJECT NAME

XX老年公寓A户型

图名:
DRAWING TITLE

2-2剖面图

业务号:
PROJECT No.　XX-2004-02-4

项目负责人 PROJECT DIRECTOR	XXX
审定人 AUTHORIZED BY	XXX
审核人 EXAMINED BY	XXX
专业负责人 DISCIPLINE RESPONSIBLE BY	XXX
校对人 CHECKED BY	XXX
设计人 DESIGNED BY	XXX

专业: 建 筑 DISCIPLINE ARCHITECTURE	图号: DRAWING No.	JS-12
阶段: 施工图 STATUS CONSTRUCTION DRAWING	比例: SCALE	1:100
日期: 2004/02 DATE	版次: EDITION	01

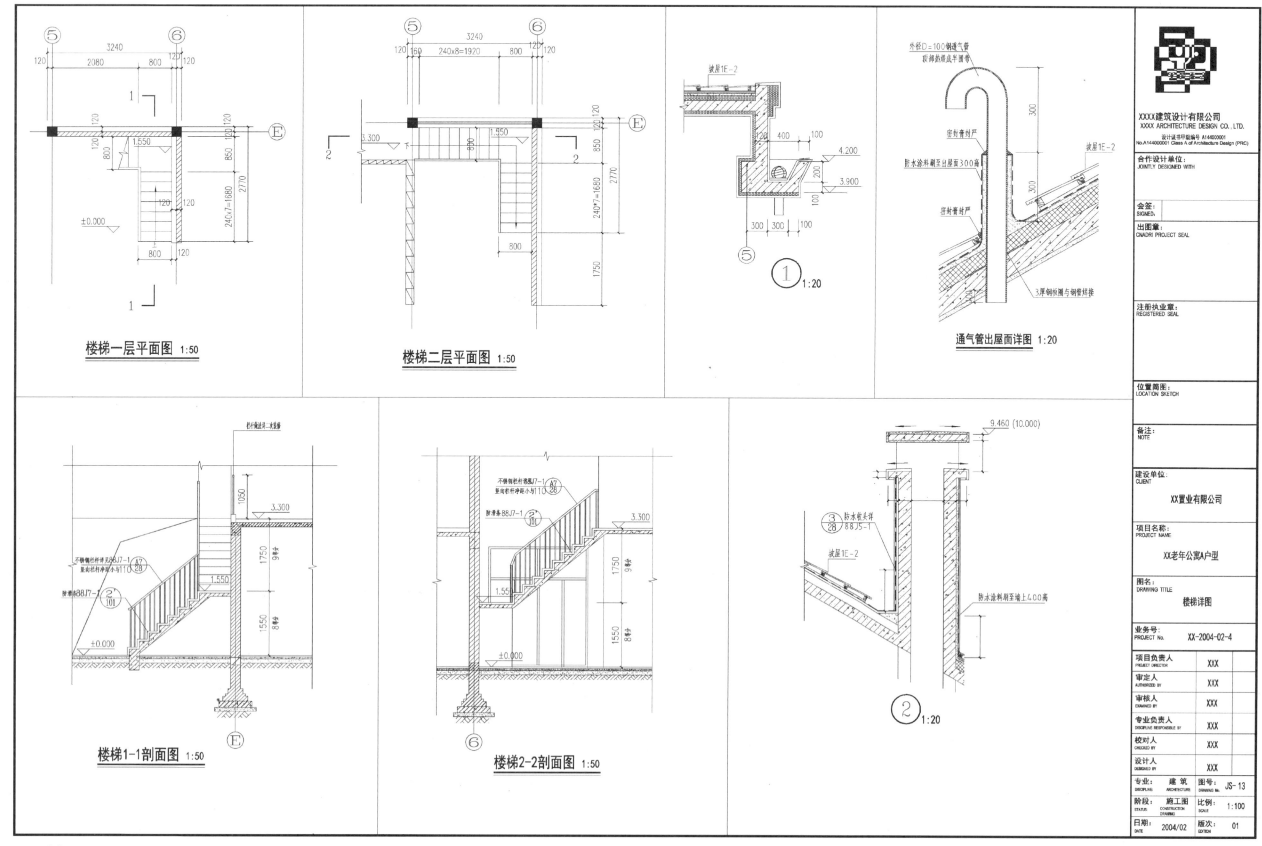

楼梯一层平面图 1:50

楼梯二层平面图 1:50

通气管出屋面详图 1:20

① 1:20

楼梯1-1剖面图 1:50

楼梯2-2剖面图 1:50

② 1:20

XXXX建筑设计有限公司
XXXX ARCHITECTURE DESIGN CO., LTD.
设计证书甲级编号 A144000001
No.A144000001 Class A of Architecture Design (PRC)

合作设计单位:
JOINTLY DESIGNED WITH

会签:
SIGNED;

出图章:
CNADRI PROJECT SEAL

注册执业章:
REGISTERED SEAL

位置简图:
LOCATION SKETCH

备注:
NOTE

建设单位:
CLIENT

XX置业有限公司

项目名称:
PROJECT NAME

XX老年公寓A户型

图名:
DRAWING TITLE

楼梯详图

业务号:
PROJECT No.   XX-2004-02-4

项目负责人   XXX
PROJECT DIRECTOR

审定人   XXX
AUTHORIZED BY

审核人   XXX
EXAMINED BY

专业负责人   XXX
DISCIPLINE RESPONSIBLE BY

校对人   XXX
CHECKED BY

设计人   XXX
DESIGNED BY

专业: 建筑   图号: JS-13
DISCIPLINE   ARCHITECTURE   DRAWING No.

阶段: 施工图   比例: 1:100
STATUS   CONSTRUCTION DRAWING   SCALE

日期: 2004/02   版次: 01
DATE   EDITION

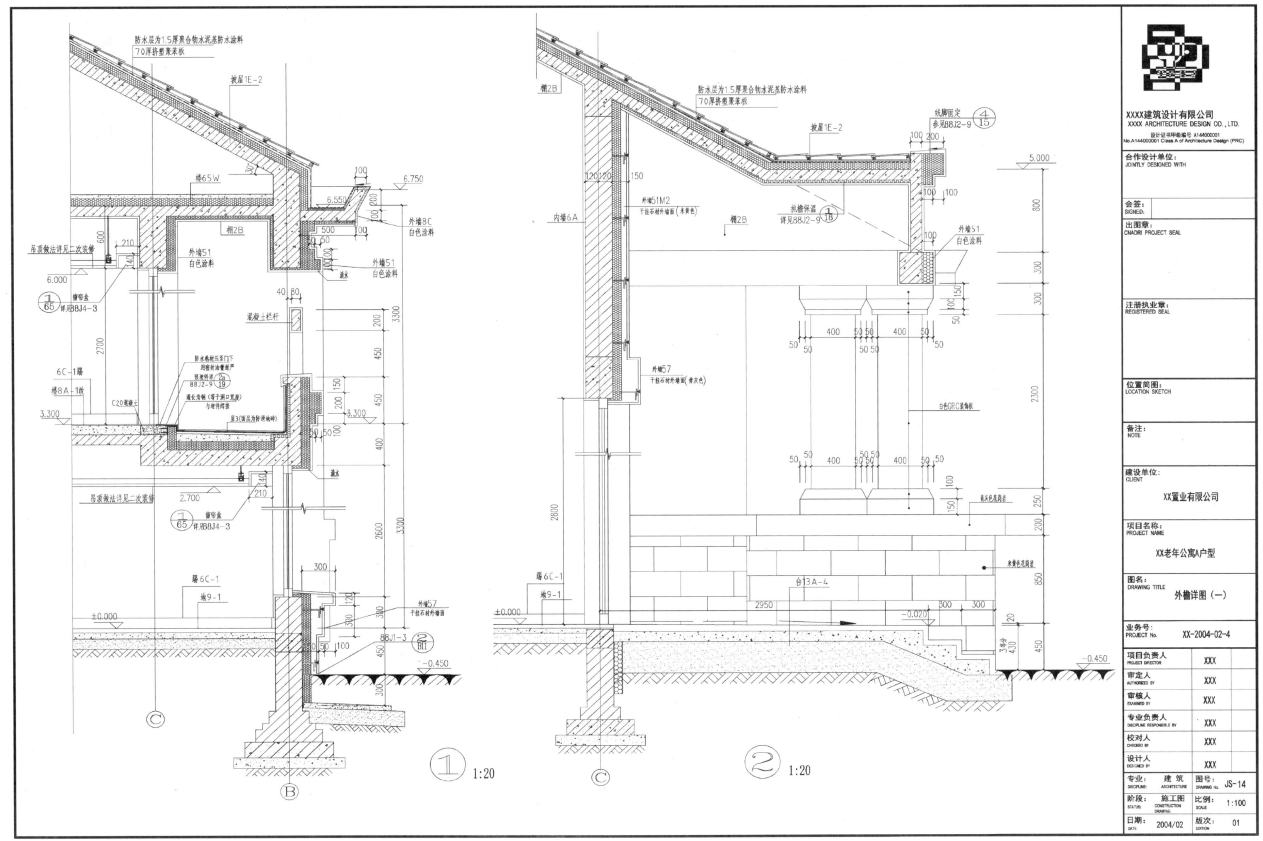

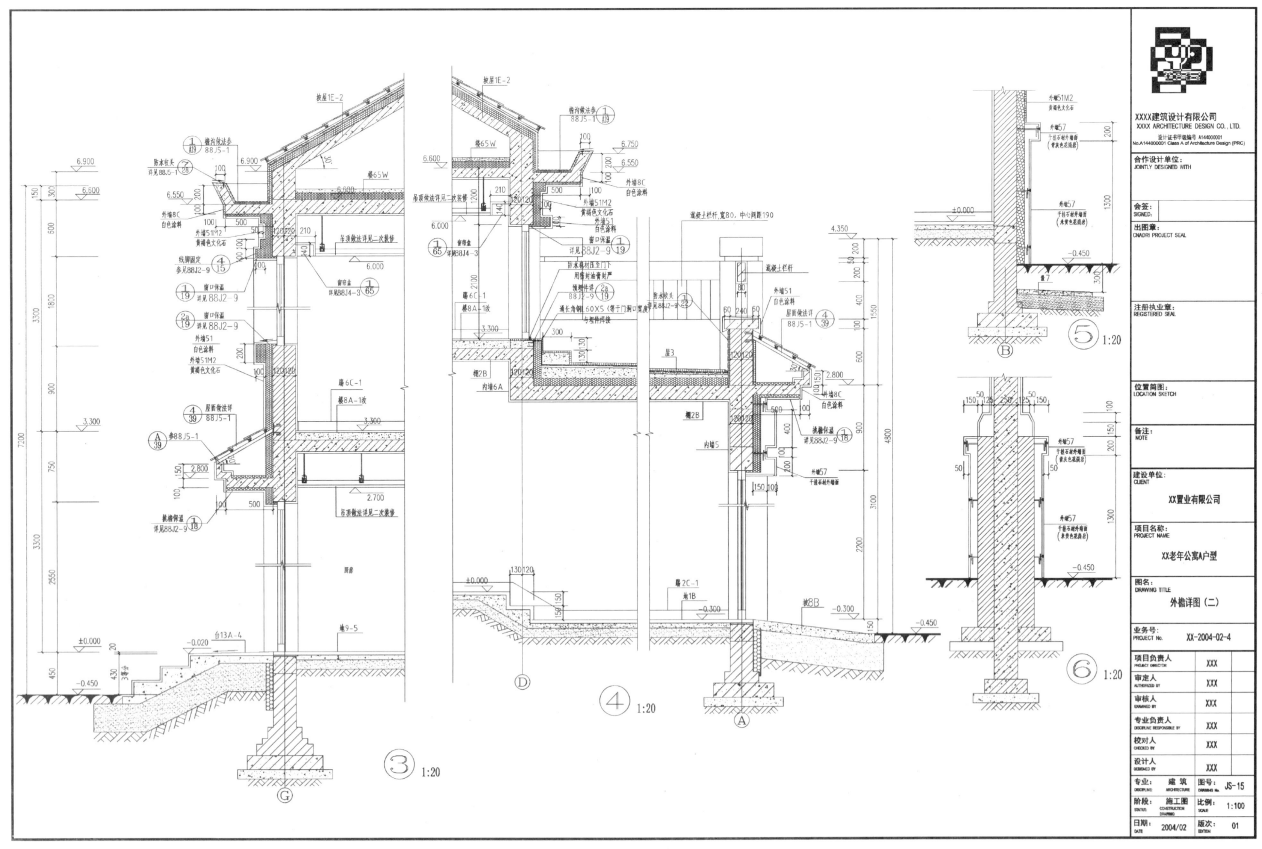

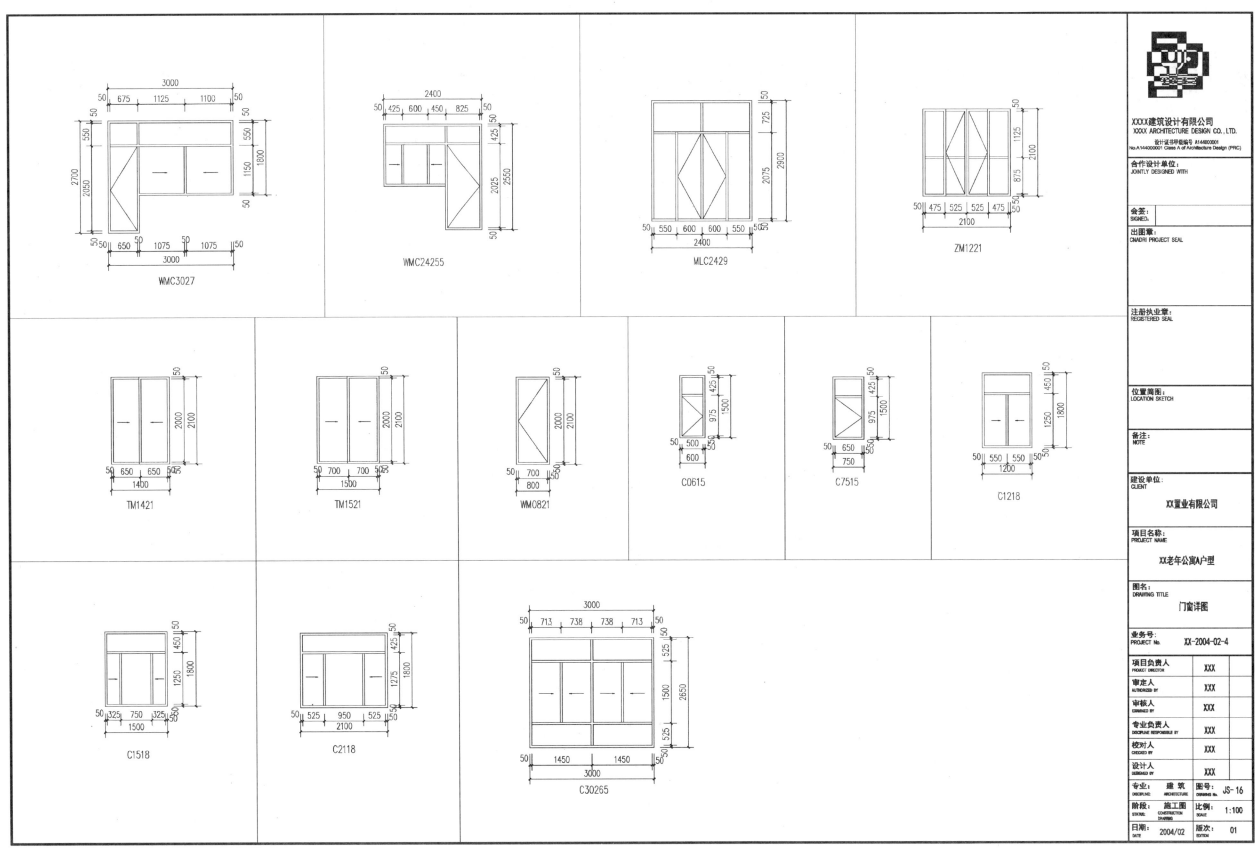

WMC3027

WMC24255

MLC2429

ZM1221

TM1421

TM1521

WM0821

C0615

C7515

C1218

C1518

C2118

C30265

XXXX建筑设计有限公司
XXXX ARCHITECTURE DESIGN CO., LTD.
设计证书甲级编号 A144000001
No.A144000001 Class A of Architecture Design (PRC)

合作设计单位:
JOINTLY DESIGNED WITH

会签:
SIGNED.

出图章:
CNADRI PROJECT SEAL

注册执业章:
REGISTERED SEAL

位置简图:
LOCATION SKETCH

备注:
NOTE

建设单位:
CLIENT

XX置业有限公司

项目名称:
PROJECT NAME

XX老年公寓A户型

图名:
DRAWING TITLE

门窗详图

业务号:
PROJECT No.　XX-2004-02-4

项目负责人 PROJECT DIRECTOR	XXX
审定人 AUTHORIZED BY	XXX
审核人 EXAMINED BY	XXX
专业负责人 DISCIPLINE RESPONSIBLE BY	XXX
校对人 CHECKED BY	XXX
设计人 DESIGNED BY	XXX

专业 DISCIPLINE	建筑 ARCHITECTURE	图号 DRAWING No.	JS-16
阶段 STATUS	施工图 CONSTRUCTION DRAWING	比例 SCALE	1:100
日期 DATE	2004/02	版次 EDITION	01

设计实例二　多层住宅(框架异型柱结构)

　　该建筑为阳晨花园一幢两单元的多层住宅。该建筑功能设置完备,朝向较好、采光、通风良好,十分适合居住。

　　本工程单体建筑面积为 3956.65 m²。建筑占地面积为 534.64 m²。建筑层数为 6 层住宅,1 层跃层(地上),地下为 1 层储藏间,建筑檐口高度为 22.25 m。建筑工程耐久年限为 50 年。防火设计耐火等级为 2 级。抗震设防烈度为 6 度。

　　本工程设计在平面设计上较为简单,但图纸的编制有一定的参考价值。设计者针对该工程 3# 楼住宅,虽然层数和单元数不同,但户型变化不多。在本套施工图设计中详细设计了外墙的保温构造、外墙装修、楼梯、门窗、细部做法等。整套建筑施工图逻辑清晰、交代详细、使施工人员方便施工,并满足规范要求。

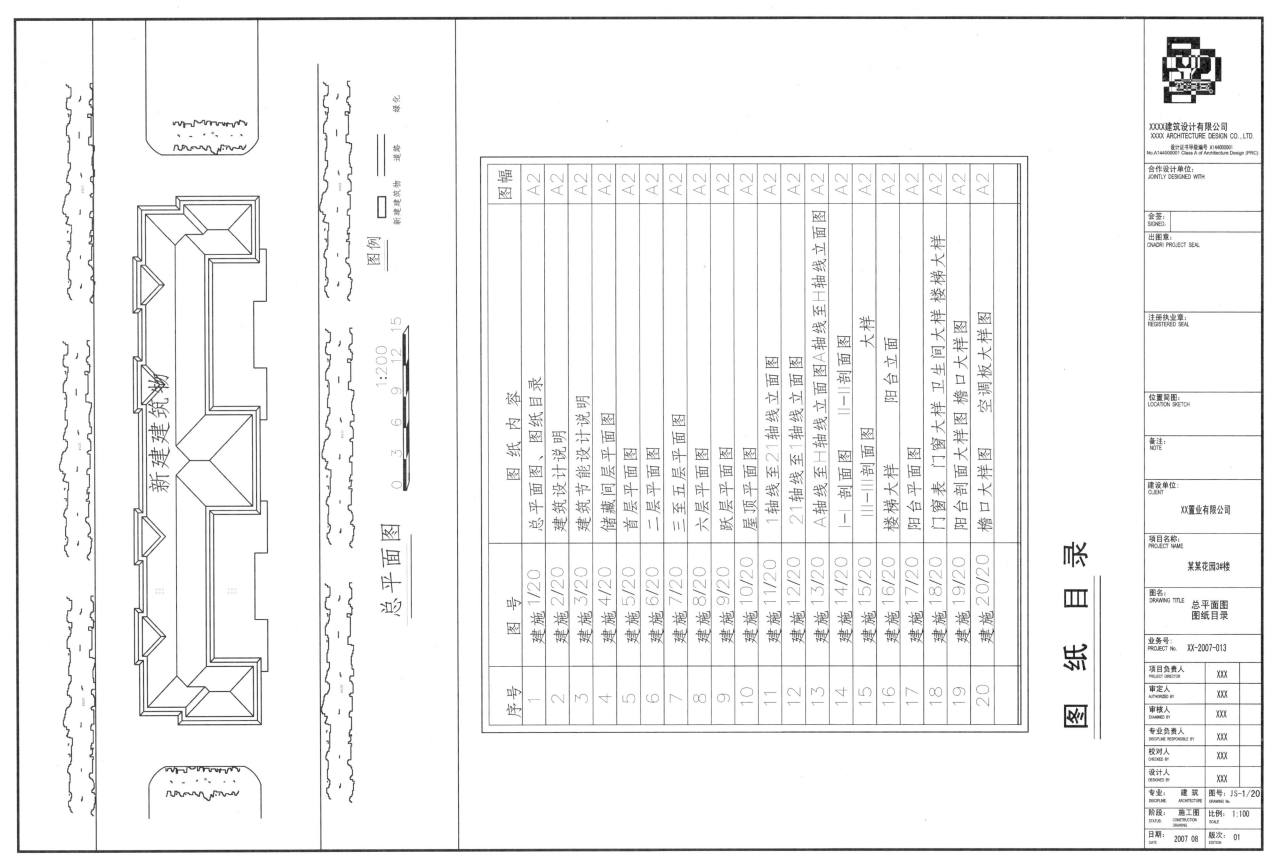

总 平 面 图

新建建筑物

图例

新建建筑物 □ □
道路
绿化

0 3 6 9 12 15
1:200

序号	图号	图 纸 内 容	图幅
1	建施 1/20	总平面图、图纸目录	A2
2	建施 2/20	建筑设计说明	A2
3	建施 3/20	建筑节能设计说明	A2
4	建施 4/20	储藏间层平面图	A2
5	建施 5/20	首层平面图	A2
6	建施 6/20	二层平面图	A2
7	建施 7/20	三至五层平面图	A2
8	建施 8/20	六层平面图	A2
9	建施 9/20	跃层层平面图	A2
10	建施 10/20	屋顶平面图	A2
11	建施 11/20	1轴线至21轴线立面图	A2
12	建施 12/20	21轴线至1轴线立面图	A2
13	建施 13/20	A轴线至H轴线立面图A轴线至H轴线立面图	A2
14	建施 14/20	I—I剖面图 II—II剖面图	A2
15	建施 15/20	III—III剖面图	A2
16	建施 16/20	楼梯大样 阳台立面 大样	A2
17	建施 17/20	阳台平面图	A2
18	建施 18/20	门窗表 门窗大样 卫生间大样 楼梯大样	A2
19	建施 19/20	阳台剖面大样 檐口大样图	A2
20	建施 20/20	檐口大样图 空调板大样图	A2

XXXX建筑设计有限公司
XXXX ARCHITECTURE DESIGN CO.,LTD.

设计证书甲级编号 A144000001
No.A144000001 Class A of Architecture Design (PRC)

合作设计单位:
JOINTLY DESIGNED WITH

会签:
SIGNED:

出图章:
CNADRI PROJECT SEAL

注册执业章:
REGISTERED SEAL

位置简图:
LOCATION SKETCH

备注:
NOTE

建设单位:
CLIENT

XX置业有限公司

项目名称:
PROJECT NAME

某某花园3#楼

图名:
DRAWING TITLE

总平面图
图纸目录

业务号:
PROJECT No.

XX-2007-013

项目负责人 PROJECT DIRECTOR	XXX	
审定人 AUTHORIZED BY	XXX	
审核人 EXAMINED BY	XXX	
专业负责人 DISCIPLINE RESPONSIBLE BY	XXX	
校对人 CHECKED BY	XXX	
设计人 DESIGNED BY	XXX	

专业 DISCIPLINE	建筑 ARCHITECTURE	图号: DRAWING No.	JS-1/20
阶段 STATUS	施工图 CONSTRUCTION DRAWING	比例 SCALE	1:100
日期 DATE	2007.08	版次 EDITION	01

建筑设计说明

一、设计依据

1.用地现状图、规划道路座标图、红线图及规控指标文本
2.项目立项报告
3.建设单位设计委托书
4.国家有关规范和标准

《房屋建筑制图统一标准》GB/T 50001-2001 《全国民用建筑工程设计技术措施——规划建筑》
《建筑设计防火规范》GBJ 50016-2006 《夏热冬冷地区居住建筑节能设计标准》JGJ134-2001
《住宅设计规范》GB 50368-2005

5.其他相关的建筑及规划设计规范、其他相关的建筑资料集、某某地区的气候特点及气象资料

二、工程概况

1.工程项目名称:某某花园3#楼
2.建筑概况、层数:本建筑为多层住宅建筑,下设储藏闷层,上为六层(顶层为跃层)
3.建筑面积:3956.65m²
4.建筑占地面积:534.64m²
5.建筑高度:22.250m²
6.建筑结构形式为框架结构,使用年限为50年,抗震设防烈度为6度
7.建筑耐火等级:二级

三、设计标高及建筑定位

1.本工程设计标高±0.000,与绝对标高关系现场定,建筑定位详见总平面图
2.本图除标高总图以m计外,其余均以毫米为单位,图面尺寸以所注尺寸为准
3.建筑平、立、剖图面上所注标高除特殊注明外均为建筑标高

四、墙体工程

1.本工程墙体所用的砖、砌块和砂浆标号以及各承重柱做法均详结施图,建施图仅作示意
2.墙身防潮层:在室内地坪下60处做20厚1:2水泥砂浆内加5%防水剂的墙身防潮层
(在此标高为钢筋混凝土构造,或下为砌石构造时可不做)
3.凡未特别注明的安装门扇墙垛为120,或以柱边
4.门前和易碰撞部位的阳角,除图注和修系采取保护措施外,一律以1:2水泥砂浆做护角,其高度不小于2m,每侧宽度不小于50mm,面粉相同邻近墙面
5.卫生间楼面结构层四周支承处(除门洞外),均应设置500高混凝土翻边,宽同墙厚,按构造配筋,用30厚1:2.5水泥砂浆内掺水泥重量10%的JJ91硅质密实剂外粉,卫生间隔离层采用防水涂膜(聚氨酯类涂料)三道并延伸至墙身2000
6.凡与屋面相交的外墙(门洞除外),若室外屋面完成面高于室内,应增设30高同墙混凝土翻边
7.内隔墙:
(1)外墙、分户墙、楼梯间内墙均采用200厚烧结多孔砖。内墙采用100厚烧结多孔砖
(2)▽±0.000以下采用MU10机砖,M5水泥砂浆砌筑
8.墙体预留洞及封墙
(1)钢筋混凝土墙上的留洞,砌墙上的预留洞详见建施、结构和设施
(2)门窗留洞及其他墙体预留洞详见建施
(3)空调洞留洞在钢筋砼墙上预埋柔性套管,在砌筑墙上预理圆柔性套管,预留洞由室内往室外按1%坡,具体位置见建施
(4)混凝土墙留洞的封堵见结施,其余砌筑墙留洞待安装设备安装完成后,用C15细石混凝土填实
9.墙体图例:

▬▬▬ 200 厚烧结多孔砖 ═══ 100 厚烧结多孔砖 ■■■ 钢筋混凝土墙、柱、楼板

五、屋面工程

1.本工程屋面防水等级为Ⅱ级,防水层合理使用年限为 10 年
2.屋面防水材料采用 1.2厚KG防水卷材,找坡材料采用 1:8水泥膨胀珍珠岩,保温隔热材料采用30mm挤塑聚苯乙烯泡沫塑料板
3.屋面均采用有组织排水,排水坡度不小于3%,当相邻高屋面往低屋面有组织排水时,低屋面上受水淋部位须加铺一层防水并在出口处加铺C15宽500×500混凝土防护板,水落管采用Φ110UPV管(颜色与墙面同)明(暗)敷设,接口严密,具体做法及屋面排水组织见施工平面图
4.屋面天沟纵坡按1%设计,在水落斗周围500mm范围内坡度不小于5%,并应涂防水涂料或密实材料
5.凡突出屋面的构件(女儿墙、烟囱、管道等)与屋面连接处,以及天沟、屋脊转角处,均做半圆径为50的圆角或倒角,再做沉水
6.屋面具体做法:
(1)上人平屋面参照赣 03ZJ207 ⑪ IG 坡屋面参照赣 03ZJ207 ⑪
(2)所有与屋面相交的外墙均做泛水,做法参照赣 03Z.J207 ⑪
(3)天沟泛水参照赣03ZJ207 ⑪,屋面必须按赣03ZJ207 ⑪,做法进行分格缝的施工
(4)所有雨蓬均加铺10厚油膏

六、门窗工程

1.门窗玻璃的选用应遵照《建筑玻璃应用技术规程》JGJ113和《建筑安全玻璃管理规定》发改运行[2003]2116号及地方主管部门的有关规定
2.各类门窗及五金配件均应符合国家现行有关质量标准和有关图集要求
3.建筑物门窗的气密性等级,不应低于现行国家标准《建筑外窗空气渗透性能分级及其检测方法》GB 7107规定的Ⅲ级
4.窗扇面积大于5m²或窗台高度小于500的外窗玻璃均采用安全玻璃
5.门窗立面均表示洞口尺寸,门窗加工尺寸要按照装修面厚度由承包商予以调整
6.门窗立樘:除特殊注明外,双向平开门立樘墙中,单向平开门立樘平开启方向墙中,管道竖井门设门槛,高300;窗立樘居墙中
7.本工程门窗采用海蓝色玻璃,厚度按分割大小经有关计算后再定。白色塑钢框门窗框料采用90系列型材
8.窗台高于800的外墙处,应设≥050高垂直线净高110防护栏杆
9.所有疏散门均向疏散方向开启
10.木门框靠墙体、入墙木砖须刷防腐热沥青一道

七、外装修工程

1.外装修设计和做法索引见立面图及外墙详图,厚质涂料饰面做法见赣02J802 ⑪
2.承包商进行二次设计轻钢结构、装饰物等,经确认后,向建筑设计单位提供预埋件的设置要求
3.外装修选用的各材料其材质、规格、颜色等,均由施工单位提供样板,经建设和设计单位确认后方可施工,并据此验收

八、内装修工程

1.内装修工程执行《建筑内部装修设计防火规范》GB 50222,楼地面部分执行《建筑地面设计规范》GB 50037
2.凡设有地漏的房间应做防水层,图中未注明整个房间做坡度者,均在地漏周围1m范围内做1%~2%坡度坡向地漏或地沟
3.有水房间的楼地面应低于相邻房间或做挡水门槛
4.卫生间比同层楼(地)面低20,塑洗室比同层楼(地)面低20
5.内装修选用的各材料,均由施工单位制作样板和选择,经确认后方可施工,并据此进行验收

九、油漆涂料工程

1.室内装修所采用的油漆涂料见"室内装修做法表"
2.木门、楼梯木扶手均刷漆树脂漆两遍,面色栗色,做法见国标03J930-1 ⑪
3.室内外各项露明金属件先刷防锈漆二遍后再刷同室内外部分相同颜色的调和漆,做法详见国标03J930-1 ⑪
4.各项油漆均由施工单位制作样板,经确认后方可施工,并据此验收

十、楼梯

1.楼梯详见大样,楼梯水平段栏杆长度大于0.5m时,其扶手高度应为1.10m
2.木门、楼梯木扶手均漆树脂漆两遍,面色栗色
3.配电箱、消火栓箱及所有外露铁件均做环保底调和漆面,颜色与墙体构件相同。具体位置见备图

十一、其他

1.本图所标注的各种留洞与预埋件应与各工种密切配合后,确认无误方可施工
2.两种材料的墙体交接处,应根据饰面材质在做饰面前加钉金属网或在施工中加贴玻璃丝网格布,防止裂缝
3.预埋木砖及贴砼墙体的木质面均做防腐处理,露明铁件均做防锈处理
4.楼板留洞的封墙:待设备管线安装完毕后,用C20细石混凝土封土墙密实,管道竖井(风井、烟井除外),每层进行封墙
5.建筑物四周做600宽散水,见首层平面图,做法详见04J701 ⑪
6.所有女儿墙压顶板、窗台、线脚、雨蓬等突出部位,均做滴水及流水线
7.所有防护栏杆均应满足安全和牢固要求
8.卫生洁具、成品隔断由建设单位与设计单位商定,并应与工配合
9.厨房设备、工艺等应按国家有关的规定及法规进行设计施工
10.施工中应严格执行国家各项施工质量验收规范
11.各层走道至活动室有高差处均向走道外边方向做坡处理

室内装修一览表

部位	楼(地)面	踢脚(墙群)	墙面	天棚或吊顶	备注
卫生间,厨房	彩色釉面砖楼(地)面(防潮)详见01J301 ⑪	5厚墙磁板至吊顶详见02J802 ⑪		铝塑板顶棚详见02J802 ⑪	
起居室、卧室、餐厅	水泥砂浆楼面详见01J301 ⑪	水泥砂浆踢脚线详见01J301 ⑪	厚质涂料墙面详见02J802 ⑪	厚质涂料顶棚详见02J802 ⑪	
楼梯间	彩色釉面砖楼(地)面详见01J301 ⑪	釉面砖踢脚线详见01J301 ⑪	厚质涂料墙面详见02J802 ⑪	厚质涂料顶棚详见02J802 ⑪	
储藏间	细石混凝土地坪地面详见01J301 ⑪ 混凝土楼层顶到下20mm处配置Φ4@150双向钢丝网	水泥砂浆踢脚线详见02J802 ⑪	厚质涂料墙面详见02J802 ⑪	厚质涂料顶棚详见02J802 ⑪	

备注:室内面层做法仅供参考,具体由甲方自理。

XXXX建筑设计有限公司
XXXX ARCHITECTURE DESIGN CO.,LTD.

设计证书甲级编号 A144000001
No.A144000001 Class A of Architecture Design (PRC)

合作设计单位:
JOINTLY DESIGNED WITH

会签:
SIGNED:

出图章:
CNADRI PROJECT SEAL

注册执业章:
REGISTERED SEAL

位置简图:
LOCATION SKETCH

备注:
NOTE

建设单位:
CLIENT

XX置业有限公司

项目名称:
PROJECT NAME

某某花园3#楼

图名:
DRAWING TITLE

业务号:
PROJECT No. XX-2007-013

项目负责人
PROJECT DIRECTOR XXX

审定人
AUTHORIZED BY XXX

审核人
EXAMINED BY XXX

专业负责人
DISCIPLINE RESPONSIBLE BY XXX

校对人
CHECKED BY XXX

设计人
DESIGNED BY XXX

专业 建筑
DISCIPLINE ARCHITECTURE

图号: JS-2/20
DRAWING No.

阶段 施工图
STATUS CONSTRUCTION DRAWING

比例: 1:100
SCALE

日期 2007 08
DATE

版次 01
EDITION

建筑节能设计说明

一、设计依据

1. 《民用建筑热工设计规范》GB 50176 93
2. 《夏热冬冷地区居住建筑节能设计标准》JGJ134 2001
3. 《江西省居住建筑节能设计标准》
4. 《建筑外窗气密性能分级及其检测方法》GB T7107 2002
5. 《住宅建筑规范》GB 50368 2005
6. 其他相关标准、规范

二、建筑概况

建筑方位：正南正北 结构类型：框架 建筑面积：3956.65m²
建筑层数：GF1层 建筑高度：22.25m 建筑体型：一字型
建筑表面积：3251.5m² 建筑体积：11296.9m³ 体型系数：0.29

三、总平面设计节能措施

1. 总体布局：一字型排布
2. 朝向：正南正北
3. 间距：1:1.1
4. 通风组织：南北通风
5. 绿化系统：高矮搭配

四、维护结构节能措施

1. 屋顶

简图	工程做法	传热系数K	热惰性指标D
(图)	1.面层:铺砌块材1:1水泥砂浆填缝 2.结合层:25厚1:3干硬性水泥砂浆 3.干铺聚酯无纺布一层 4.保温层:30厚挤塑聚苯乙烯冷凝泡塑料板 5.防水层:1.2厚KG防水卷材二道 6.找平层:20厚1:3水泥砂浆 7.找平层:20厚1:3干水泥砂浆 8.找坡层:80厚(平均)水泥膨胀珍珠岩 9.结构层:100厚现浇钢筋混凝土屋面板 10.粉刷层:20厚水泥石灰砂浆	0.665	3.24

2. 外墙

简图	工程做法	平均热系数Km	热惰性指标D
(图)	1.粉刷层:20厚砂浆 2.结构层:240厚黏土多空砖(P型) 3.保温层:30厚胶粉苯颗粒浆料 4.保护层:10厚抗裂砂浆 5.饰面层:白色面砖	0.8	4.89

3. 分户墙

简图	工程做法	传热系数K
(图)	1.刷内墙涂料 2.6厚1:0.3:3水泥石灰膏砂浆压实抹光 3.12厚1:1:6水泥石灰膏砂浆打底扫毛 4.喷(刷)加气砼界面处理剂一遍(200厚加气砼块) 5.240厚黏土多空砖 6.喷(刷)加气砼界面处理剂一遍 7.12厚1:1:6水泥石灰膏砂浆打底扫毛 8.6厚1:0.3:3水泥石灰膏砂浆压实抹光 9.刷内墙涂料	1.75

4. 楼板

简图	工程做法	传热系数K
(图)	1.50X18长条硬木企口地板 2.20厚杉木毛底板45°斜铺,上铺防潮卷材一道 3.30X50木龙骨@400空20,表面刷防腐剂 4.60厚水泥膨胀珍珠岩保温层 5.结构层:100厚现浇钢筋混凝土楼板 6.20厚水泥石灰砂浆粉刷层	1.82

5. 底部自然通风的架空楼板

简图	工程做法	传热系数K
(图)	1.20厚1:2.5水泥砂浆 2.结构层:100厚现浇钢筋混凝土楼板 3.界面砂浆 4.30厚胶粉聚苯颗粒浆料保温层 5.金属六角与顶板上带尾孔射钉双向@500绑扎 6.6厚抗裂砂浆 7.风格布 8.弹性底涂、柔性腻子 9.涂料面层	

6. 地面

简图	工程做法	热阻值R
(图)	1.20厚1:2.5水泥砂浆 2.30厚1:3干硬性水泥砂浆结合层,表面撒水泥粉 3.聚氨酯防水层1.5厚 4.20厚1:3水泥砂浆找平层 5.300厚水泥膨胀珍珠岩保温层 6.300厚碎石混凝土 7.夯实土	1.254

7. 地下室外墙

简图	工程做法	热阻值R
(图)	1.2:8灰土分层夯实 2.120厚粘土砖护墙 3.30厚硬质挤塑聚苯板保温层 4.1.5KG防水卷材一道 5.KG水性基层处理剂涂刷一遍 6.20厚1:3防水水泥砂浆找平层 7.200厚钢筋混凝土地下室墙板 8.20厚1:2防水水泥砂浆粉刷层 9.内墙涂料面层	

8. 户门、外门窗

(1) 外门窗汇总表

类别	编号	门窗洞口面积(m²)	材料		开启方式	传热系数K
			框料	玻璃		
外窗	SGC 1	1.2X0.3=0.36	塑料	隔热中空	平开	2.8
	SGC 2	0.9X0.3=0.27	塑料	隔热中空	平开	2.8
	SGC 3	0.6X0.3=0.18	塑料	隔热中空	平开	2.8
	SGC 4	1.8X1.5=2.7	塑料	隔热中空	平开	2.8
	SGC 5	0.6X1.5=0.9	塑料	隔热中空	平开	2.8
	SGC 6	1.2X1.5=1.8	塑料	隔热中空	平开	2.8
	SGC 7	0.9X1.5=1.35	塑料	隔热中空	平开	2.8
	SGC 8	1.2X1.2=1.44	塑料	隔热中空	平开	2.8
外门		2.1X2.1=4.41	断热铝合金	中空'10'4中反玻璃	推拉	2.5
		2.7X2.1=5.67	断热铝合金	中空'10'4中反玻璃	推拉	2.5
	TM1	1.8X2.1=3.78	断热铝合金	中空'10'4中反玻璃	推拉	2.5
	TM2	0.9X2.1=1.89	木框	胶合板	平开	
户门	TM2					
	M1					
	FDM	1X2.1=2.1	钢框	钢板	平开	

(2) 外门窗安装时,其门窗框与洞口之间应采用发泡胶填充塞满,以避免形成冷桥。

(3) 1~6层外窗气密性不应低于GB/T 7107~2002规定的3级,7~30层外窗气密性不应低于GB/T 7107~2002规定的4级

(4) 以上所用各种材料,须在材料和安装工艺上把好关,并经过必要的抽样检测,方可正式制作安装

XXXX建筑设计有限公司
XXXX ARCHITECTURE DESIGN CO.,LTD.
设计证书甲级编号 A144000001
No.A144000001 Class A of Architecture Design (PRC)

9. 屋顶透明部分(天窗)

屋顶透明部分面积	屋顶透明部分面积/屋顶总面积 X100%	材料	传热系数	遮阳系数
			K	SC

五、节点大样做法或图集索引编号

(以赣02SJ102 1图集为例)

设计部位	构造做法(或图集索引编号)
檐口	赣02SJ102 1第34页 2
女儿墙	赣02SJ102 1第36页 2
外墙阴、阳角热桥	赣02SJ102 1第23页1、2
热桥	赣02SJ102 1第33页、第36页
外门洞口	赣02SJ102 1第27页1、第23页 3
外窗洞口	赣02SJ102 1第29页3、第27页1、3
凸窗洞口	赣02SJ102 1第29页3
阳台	赣02SJ102 1第31页 1
雨篷	赣02SJ102 1第32页 1
空调搁板	赣02SJ102 1第39页 2
变形缝	赣02SJ102 1第39页 1
分格缝	赣02SJ102 1第39页 4
勒脚	赣02SJ102 1第24页 1
穿墙管	赣02SJ102 1第32页 2

六、建筑节能设计汇总表

设计部位		规定性指标		计算数值		有温材料及节能措施	备注
屋顶	实体部分	K<1.0, D>3.0		K=0.665 D=3.21		30厚挤塑聚苯乙烯冷凝泡塑料板	
		K<0.8, D>2.5					
	透明部分	面积<1% K<1.0		首层 —			
		SC<0.5		SC —			
外墙		K<1.5,D>3.0		K =0.8 D=1.89		50厚胶粉聚苯颗粒浆料	
		K<1.0, D>2.5					
分户墙		K<2.5		K =1.75		水泥石灰膏砂浆	
楼板		K<2.0		K =1.82		水泥膨胀珍珠岩	
架空楼板		K<1.5					
户门		K<3.0				木质材料夹板门	

外窗(含阳台透明部分)	方向	窗外环境条件		窗墙面积比	K	窗墙面积比	K
	北	冬天最冷月室外平均气温	>5℃	<0.15	<2.5	0.261	1.7
			<5℃	<0.15			
	东、西	外遮阳措施	无	<0.50	<3.2	0	1.7
			有	<0.50	<2.5		
	南			<0.50	<2.5	0.359	3.2
	气密性等级	1~6层外窗≥3级			≥3级		
		1~30层≥1级					

节能综合指标 Ehc<Ehc		能源种类	能耗	单位面积能耗	能耗	单位面积能耗
	设计建筑Ehc				参照建筑物体Ehc	
		空调耗能量				
		采暖耗能量				
		总				

塑料框隔热中空玻璃(6 12A 6)

注：K为传热系数[μ·(m²·K)] D为热惰性指标 SC为遮阳系数 能耗单位：k/h 单位面积能耗单位：kh/h

合作设计单位：
JOINTLY DESIGNED WITH

会签：
SIGNED:

出图章：
CNADRI PROJECT SEAL

注册执业章：
REGISTERED SEAL

位置简图：
LOCATION SKETCH

备注：
NOTE

建设单位：
CLIENT

XX置业有限公司

项目名称：
PROJECT NAME

某某花园3#楼

图名：
DRAWING TITLE

建筑节能设计说明

业务号：
PROJECT No. XX-2007-013

项目负责人 PROJECT DIRECTOR	XXX
审定人 AUTHORIZED BY	XXX
审核人 EXAMINED BY	XXX
专业负责人 DISCIPLINE RESPONSIBLE BY	XXX
校对人 CHECKED BY	XXX
设计人 DESIGNED BY	XXX

专业：建筑
DISCIPLINE ARCHITECTURE

图号：JS-3/20
DRAWING No.

阶段：施工图
STATUS CONSTRUCTION DRAWING

比例：1:100
SCALE

日期：2007 08
DATE

版次：01
EDITION

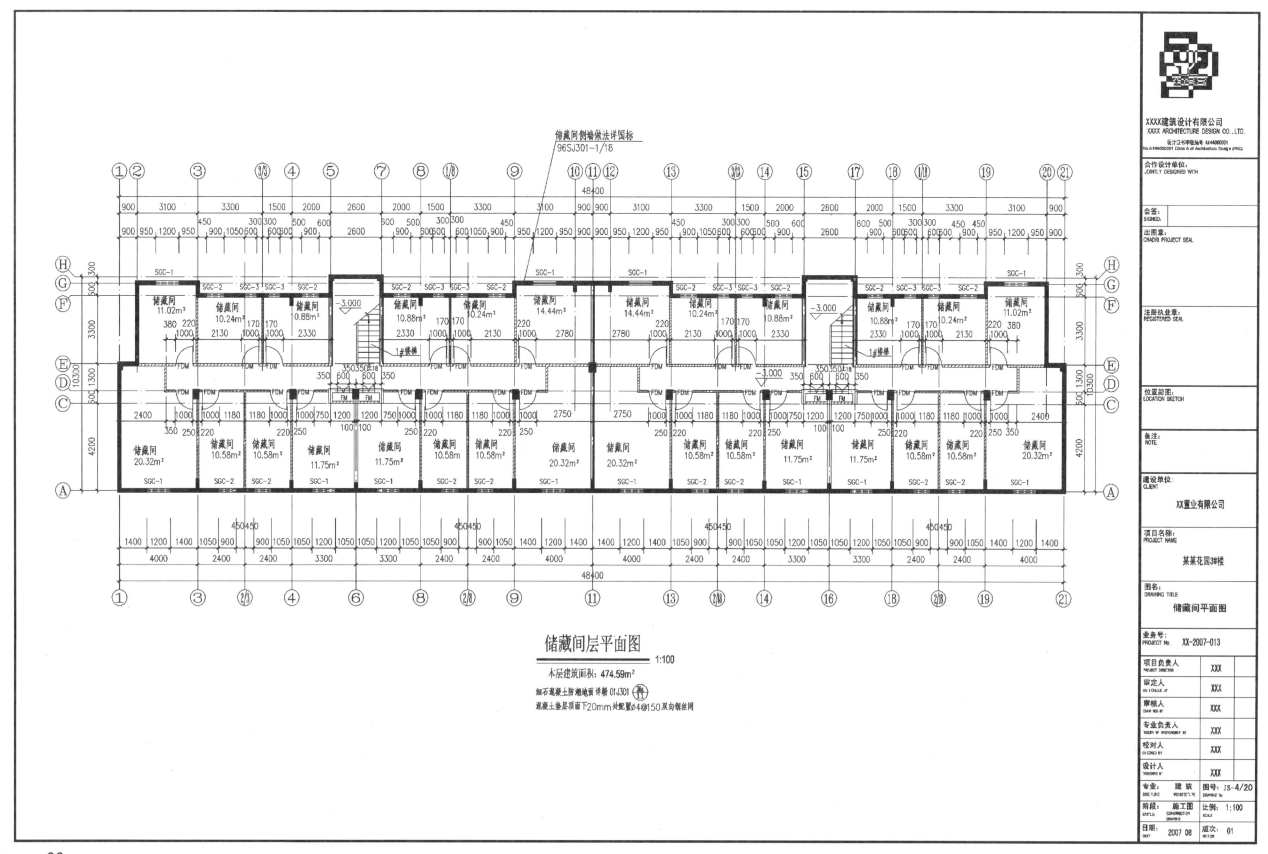

储藏间层平面图

1:100

本层建筑面积: 474.59m²

细石混凝土防潮地面详楼 01J301 (楼)

混凝土垫层顶面下20mm处配置Φ4@150双向钢丝网

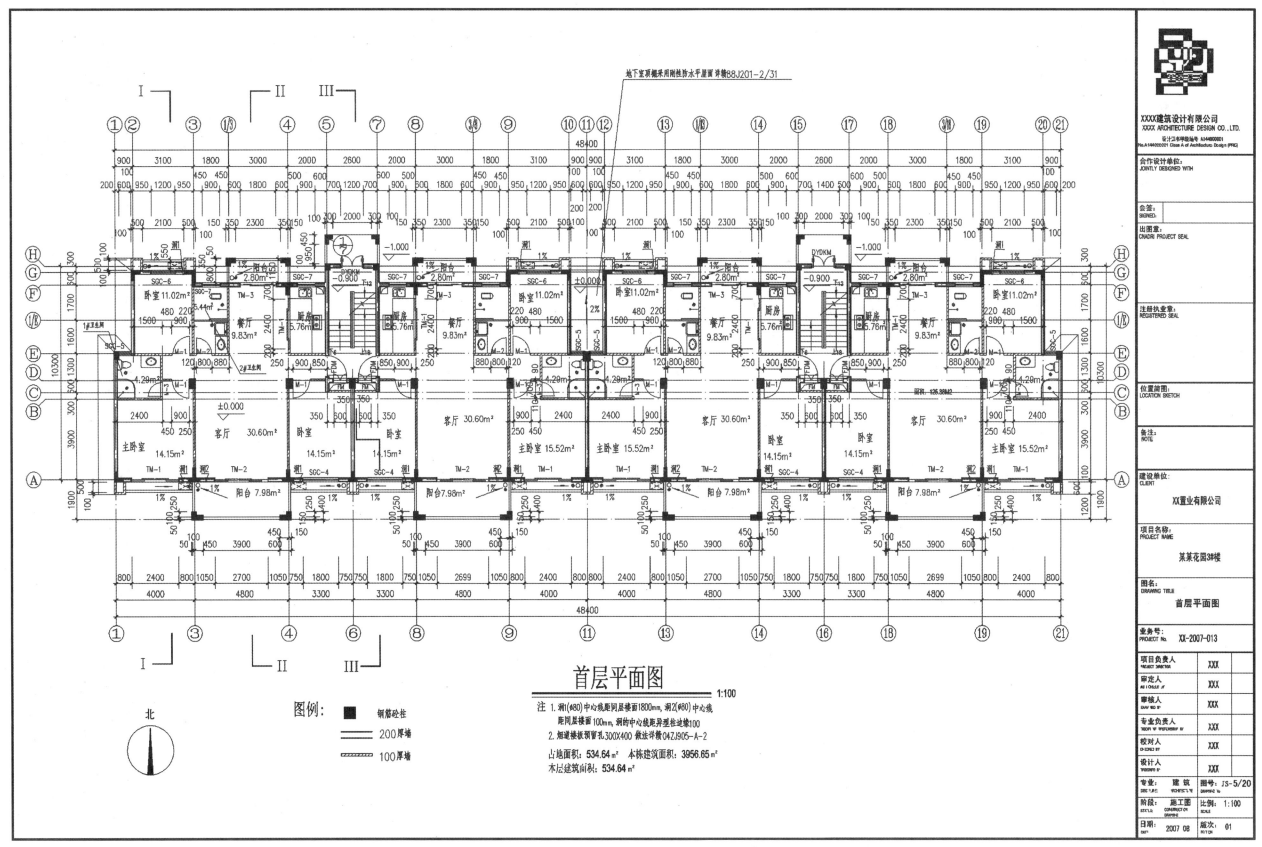

首层平面图
1:100

注 1. 洞1(φ80)中心线距同层楼面1800mm,洞2(φ80)中心线距同层楼面100mm,洞的中心线距异型柱边缘100
2. 烟道楼板须留孔300X400 做法详楼04ZJ905-A-2

占地面积:534.64 ㎡　本栋建筑面积:3956.65 ㎡
本层建筑面积:534.64 ㎡

北

图例:
钢筋砼柱
200厚墙
100厚墙

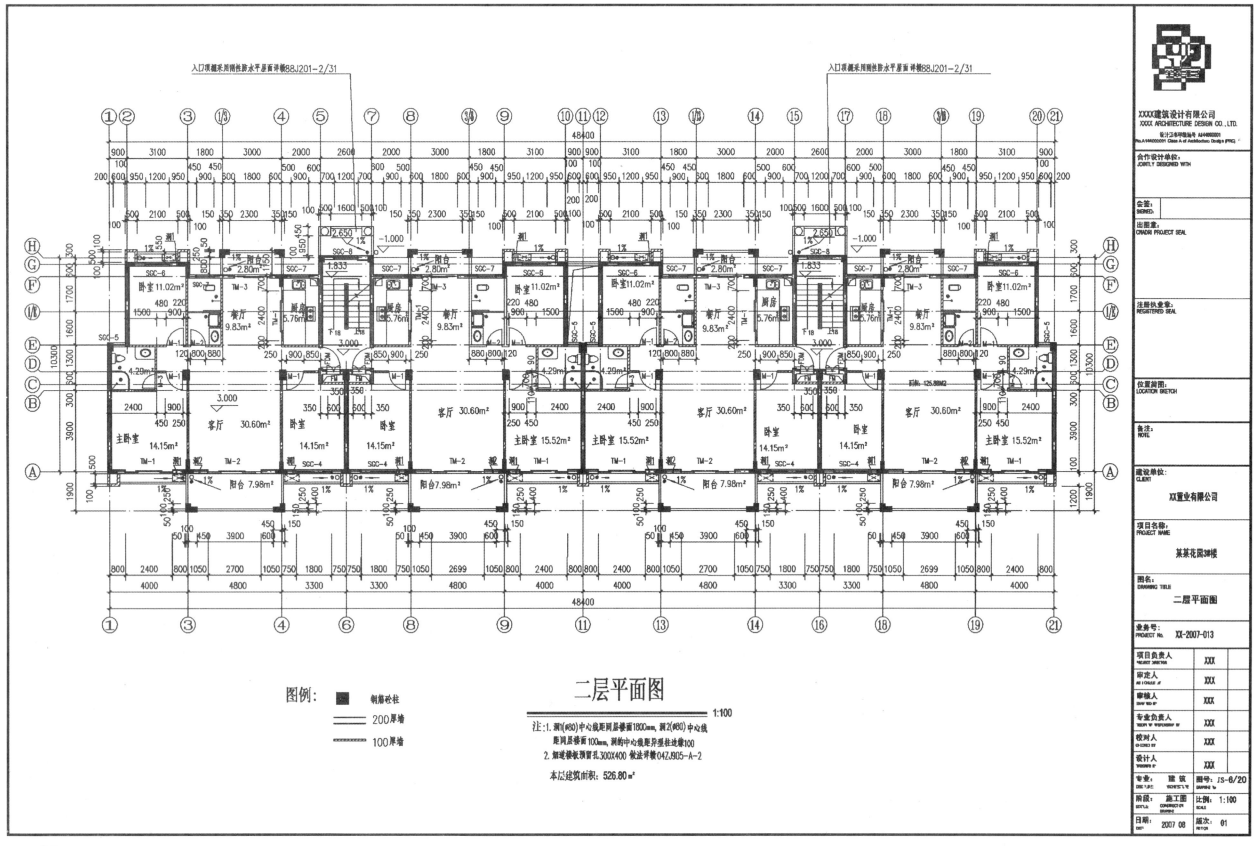

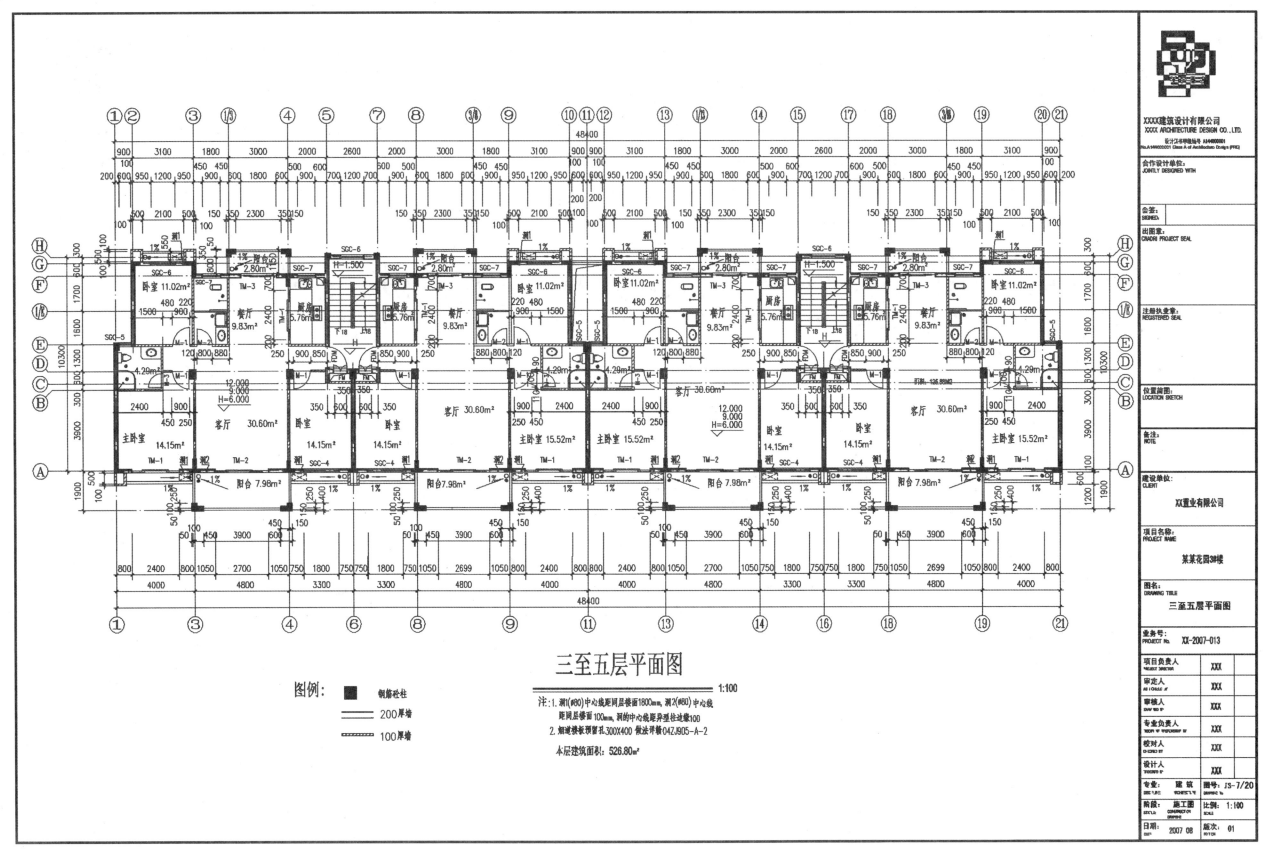

三至五层平面图

1:100

图例：
■ 钢筋砼柱
── 200厚墙
▨ 100厚墙

注：1.洞1(#80)中心线距同层楼面1800mm，洞2(#80)中心线距同层楼面100mm，洞的中心线距异型柱边缘100
2.如遇楼板预留孔300X400 做法详标04ZJ905-A-2

本层建筑面积：526.80㎡

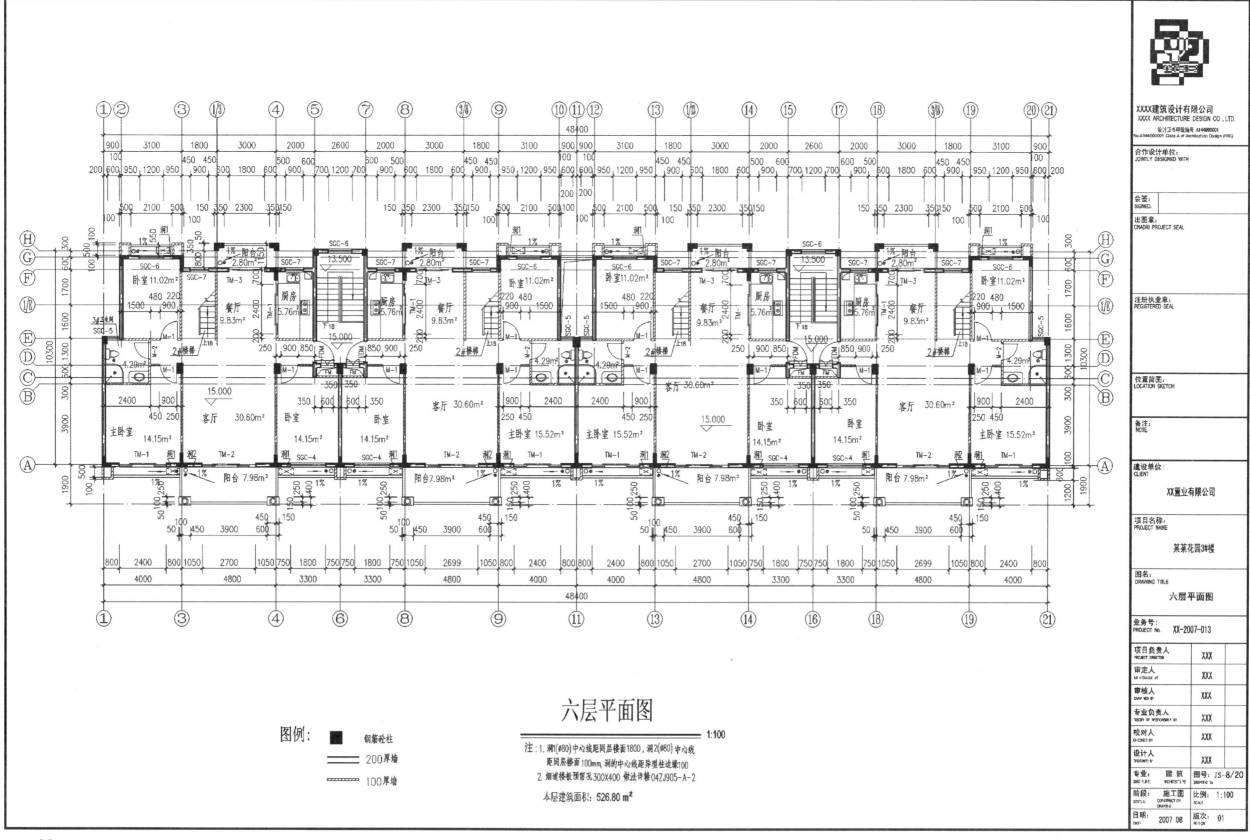

六层平面图

1:100

图例：

■ 钢筋砼柱

— 200厚墙

~~~ 100厚墙

注：1. 洞1(φ60)中心线距同层楼面1800，洞2(φ60)中心线
距同层楼面100mm，洞的中心线距异型柱边缘100
2. 烟道楼板预留孔300X400 做法详翻04ZJ905-A-2

本层建筑面积：526.80 m²

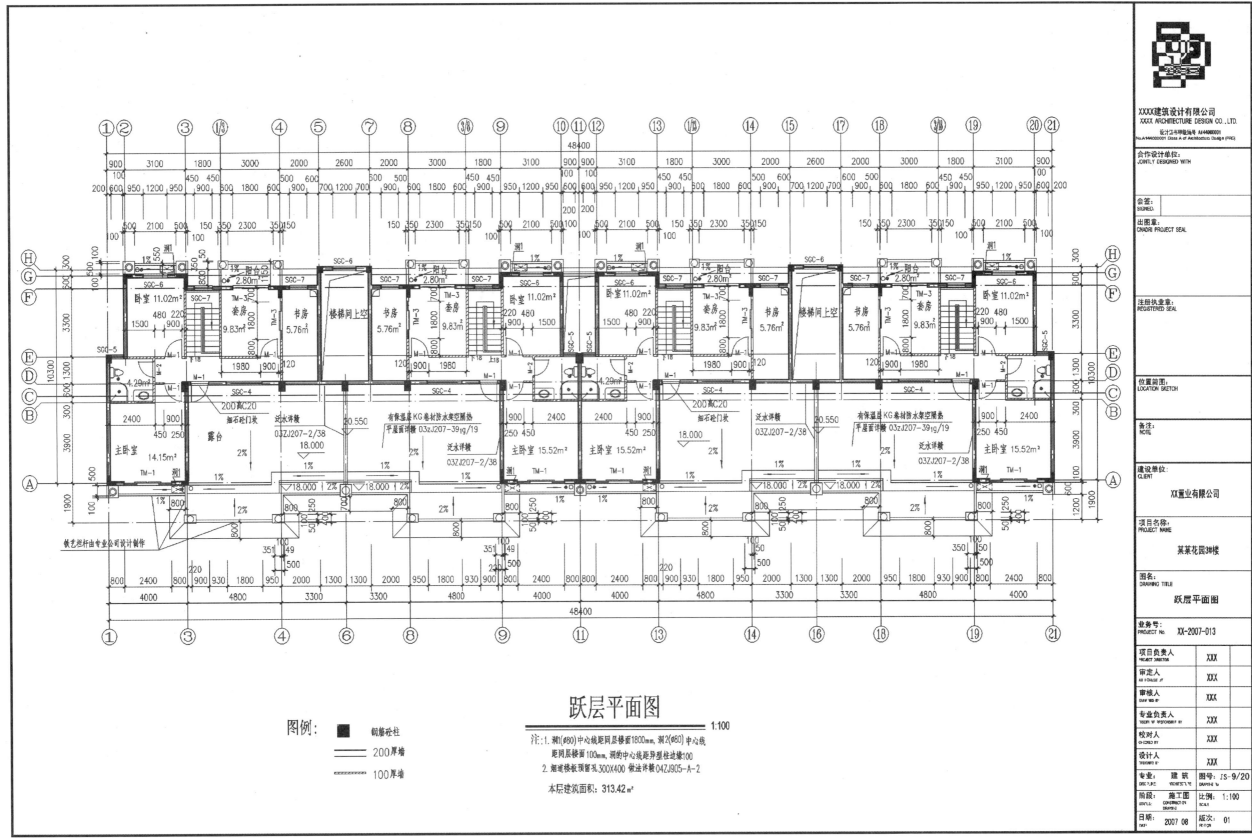

跃层平面图

1:100

注：1. 洞1(φ80)中心线距同层楼面1800mm，洞2(φ80)中心线
距同层楼面100mm，洞的中心线距异型柱边缘100
2. 烟道楼板预留孔300X400 做法详番04ZJ905-A-2

本层建筑面积：313.42m²

图例：
■ 钢筋砼柱
—— 200厚墙
┈┈ 100厚墙

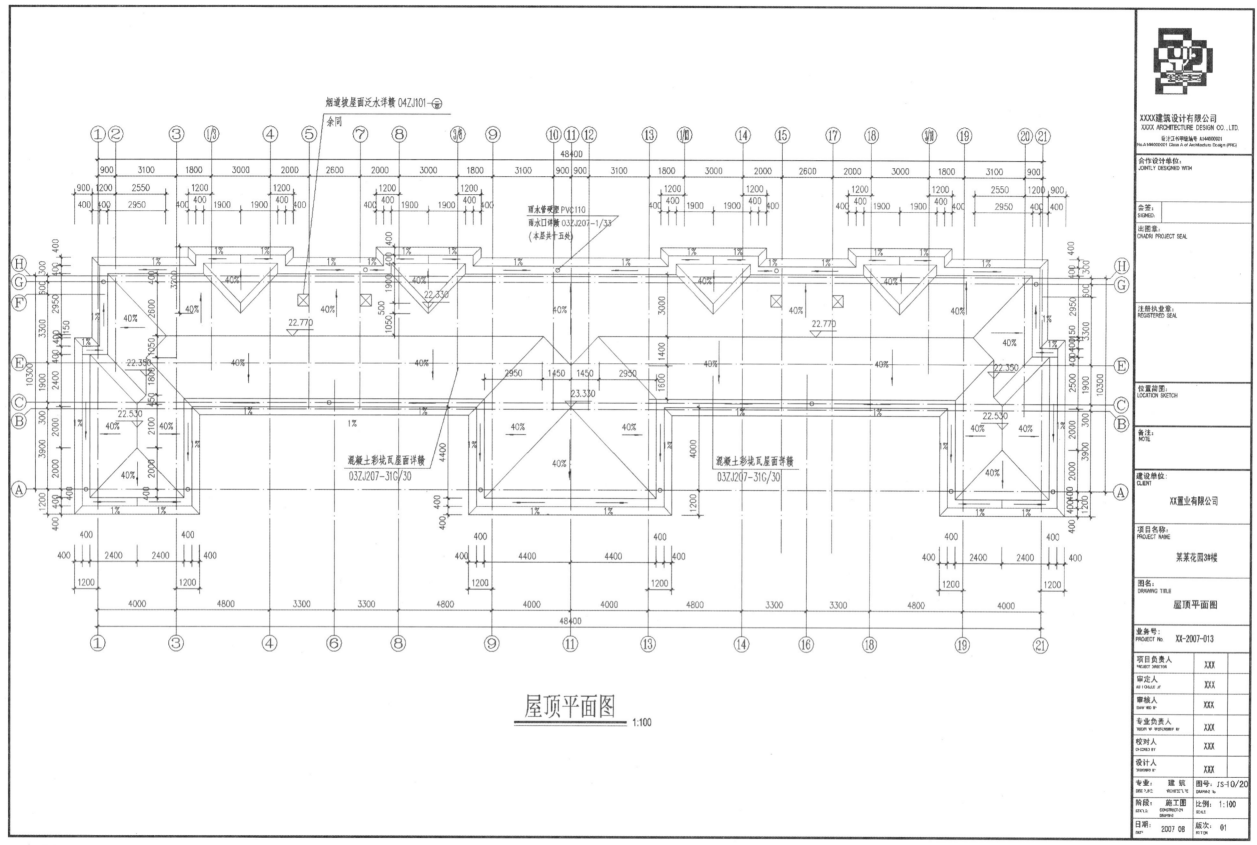

屋顶平面图
1:100

1轴线至21轴线立面图
———————————— 1:100

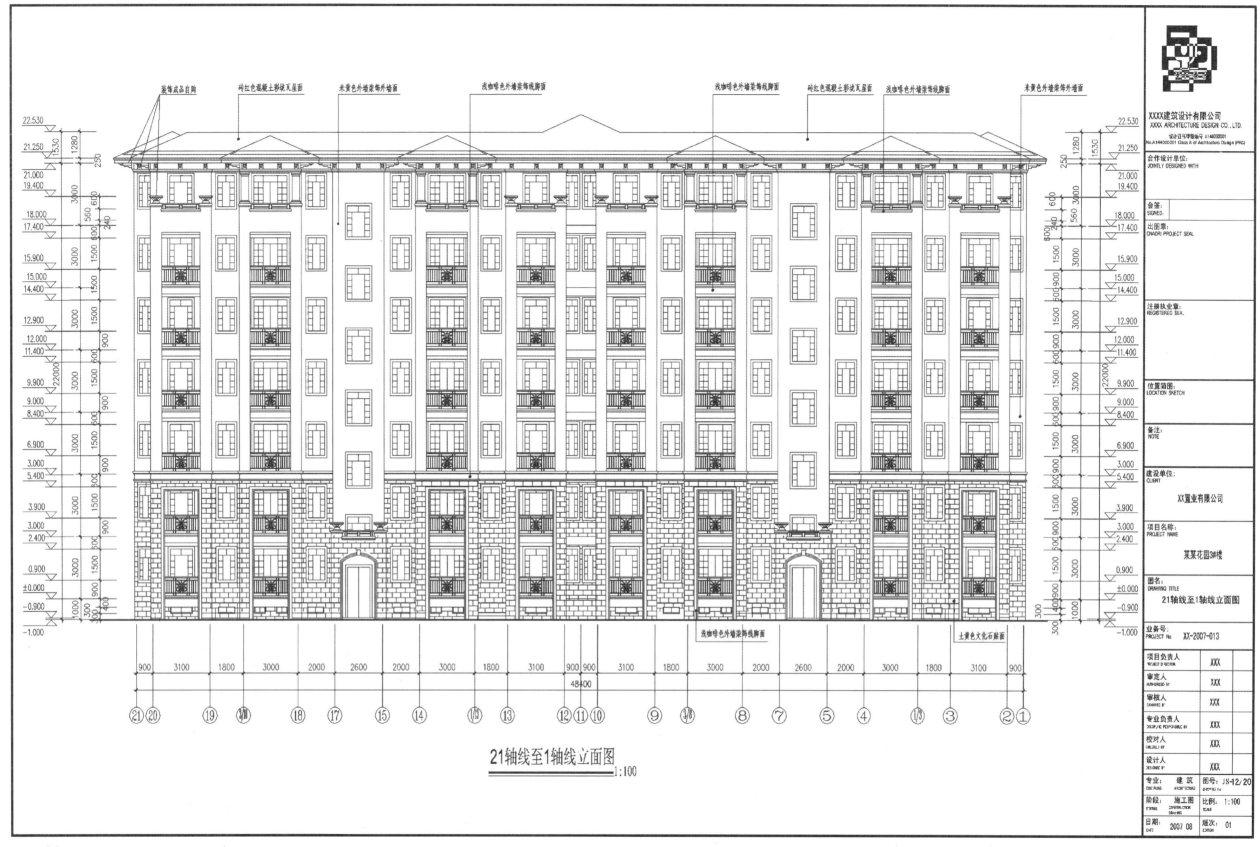

21轴线至1轴线立面图

1:100

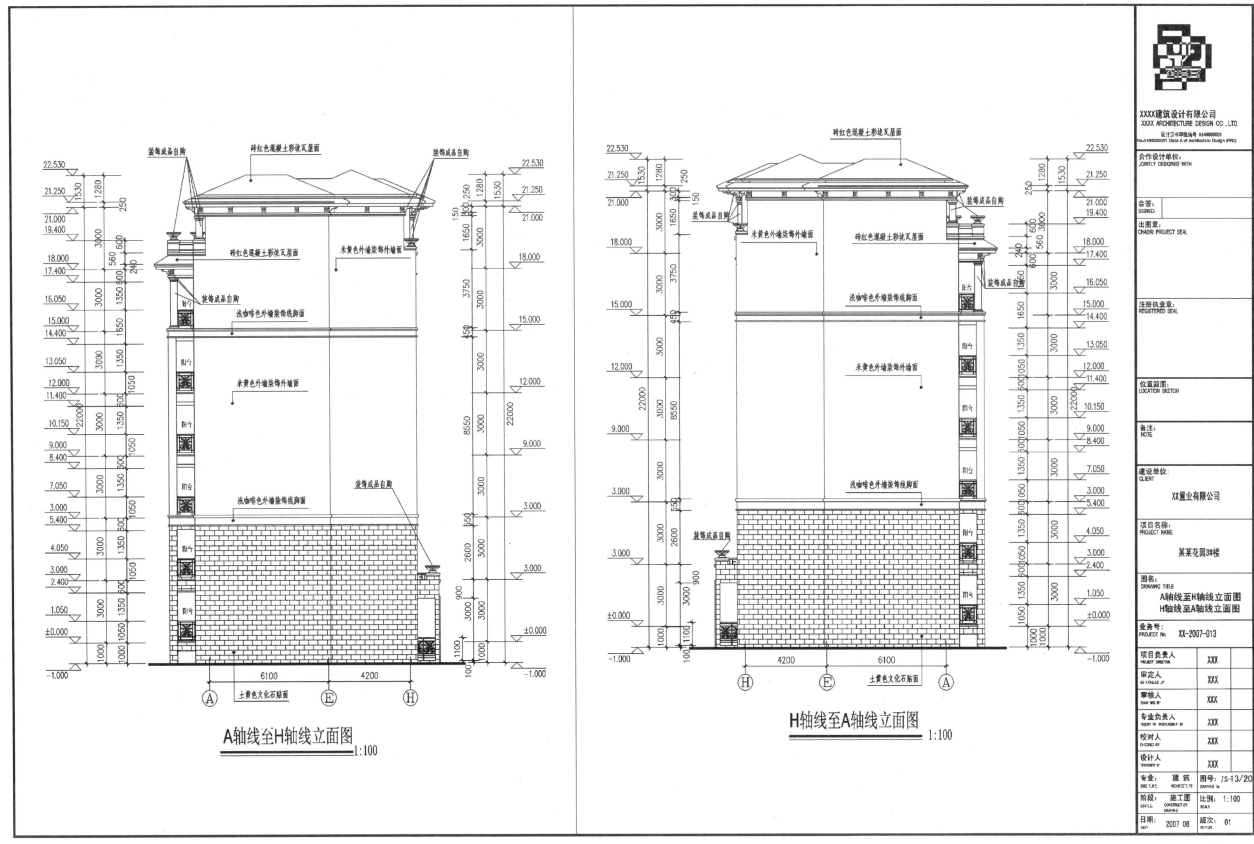

A轴线至H轴线立面图 1:100

H轴线至A轴线立面图 1:100

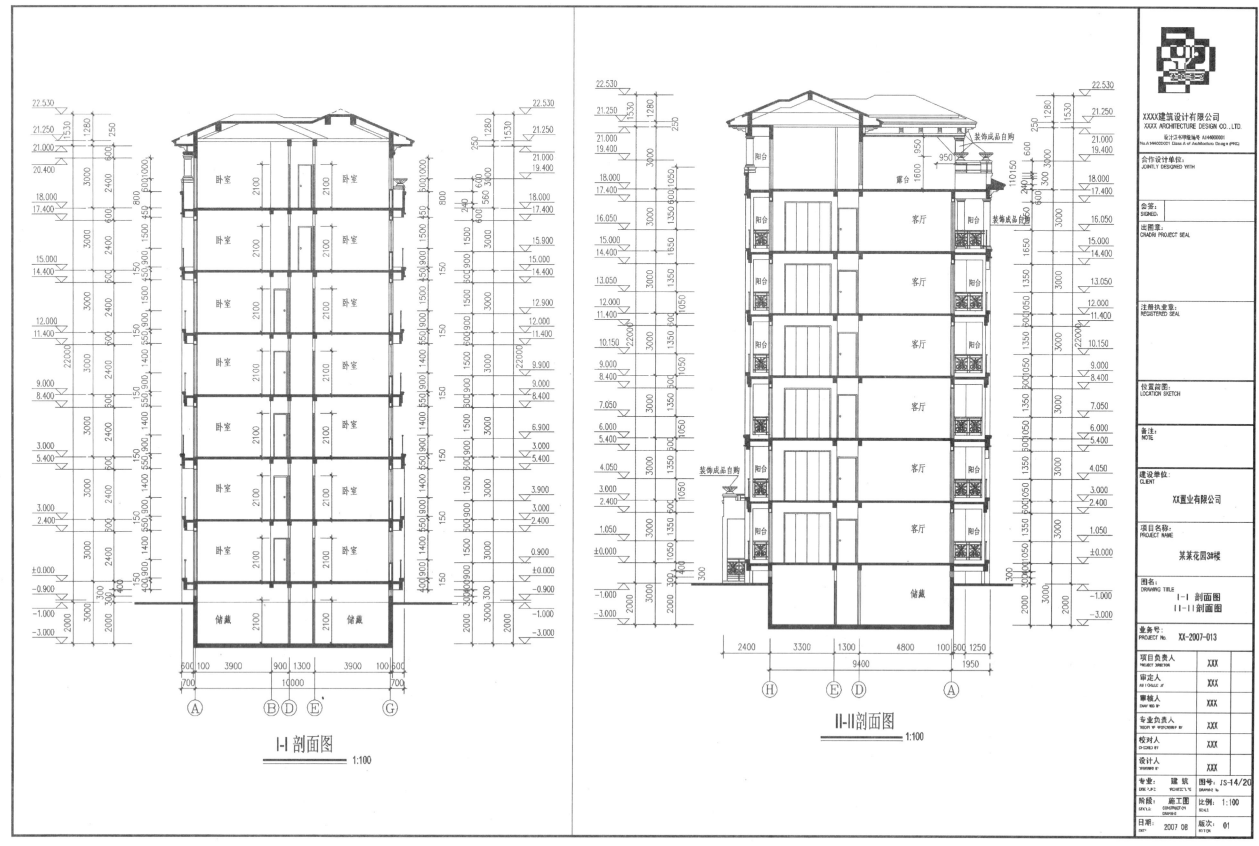

I-I 剖面图

1:100

II-II剖面图

1:100

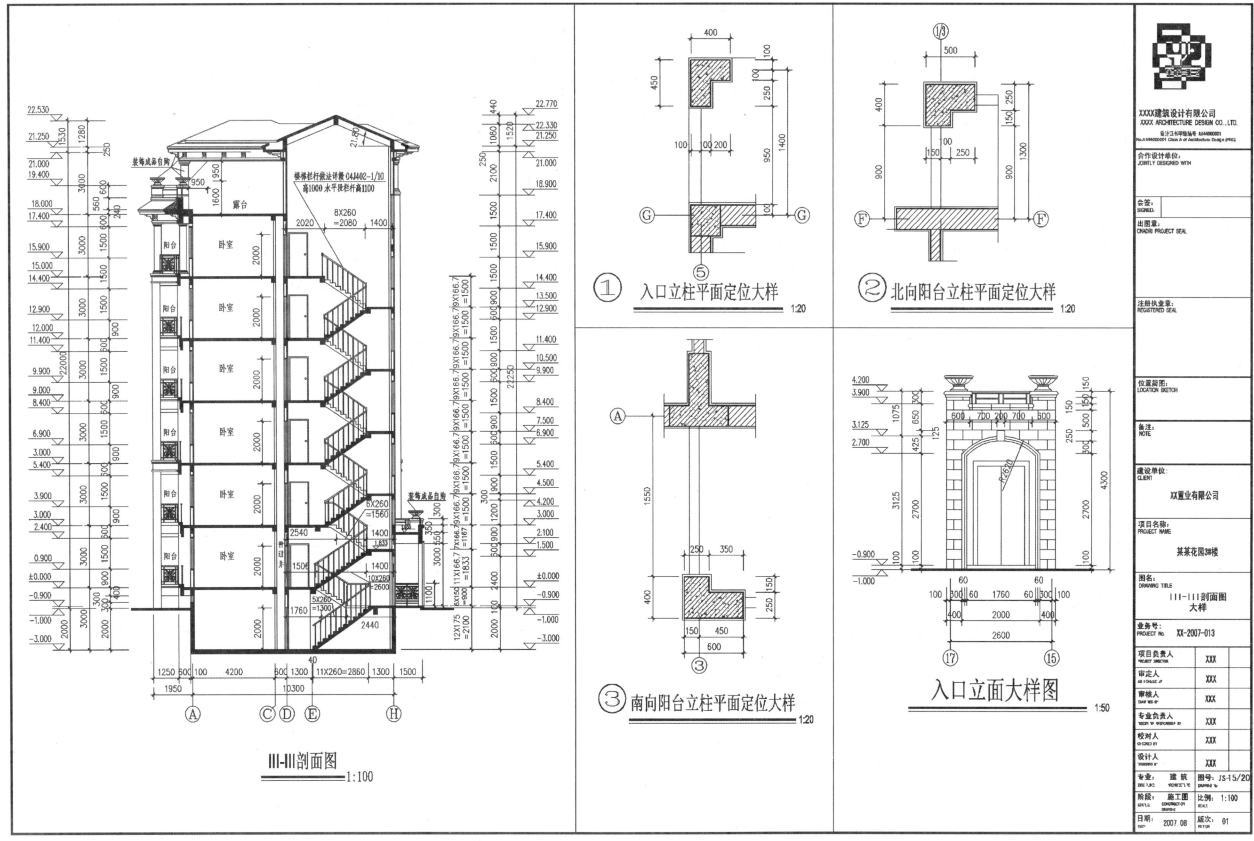

III-III剖面图
1:100

① 入口立柱平面定位大样 1:20

② 北向阳台立柱平面定位大样 1:20

③ 南向阳台立柱平面定位大样 1:20

入口立面大样图 1:50

楼梯栏杆做法详图04J402-1/10
高1000 水平挡栏杆高1100

装饰成品自购

装饰成品自购

露台

阳台 卧室

XXXX建筑设计有限公司
XXXX ARCHITECTURE DESIGN CO.,LTD.
设计工证书甲级编号 AJ44000001
No.AJ44000001 Class A of Architecture Design (PRC)

合作设计单位:
JOINTLY DESIGNED WITH

会签:
SIGNED

出图章:
CNADRI PROJECT SEAL

注册执业章:
REGISTERED SEAL

位置简图:
LOCATION SKETCH

备注:
NOTE

建设单位:
CLIENT
XX置业有限公司

项目名称:
PROJECT NAME
某某花园3#楼

图名:
DRAWING TITLE
III-III剖面图
大样

业务号:
PROJECT No.
XX-2007-013

项目负责人 PROJECT DIRECTOR	XXX
审定人 AUTHORIZED	XXX
审核人 CHIEF-ED BY	XXX
专业负责人 TECH.'R IN PERSON BY	XXX
校对人 CHECKED BY	XXX
设计人 DESIGNED BY	XXX

专业 DISC.	建筑	图号 DRAWING No.	JS-15/20
阶段 SIZE	施工图 CONSTRUCTION DRAWING	比例 SCALE	1:100
日期 DATE	2007.08	版次 REVISION	01

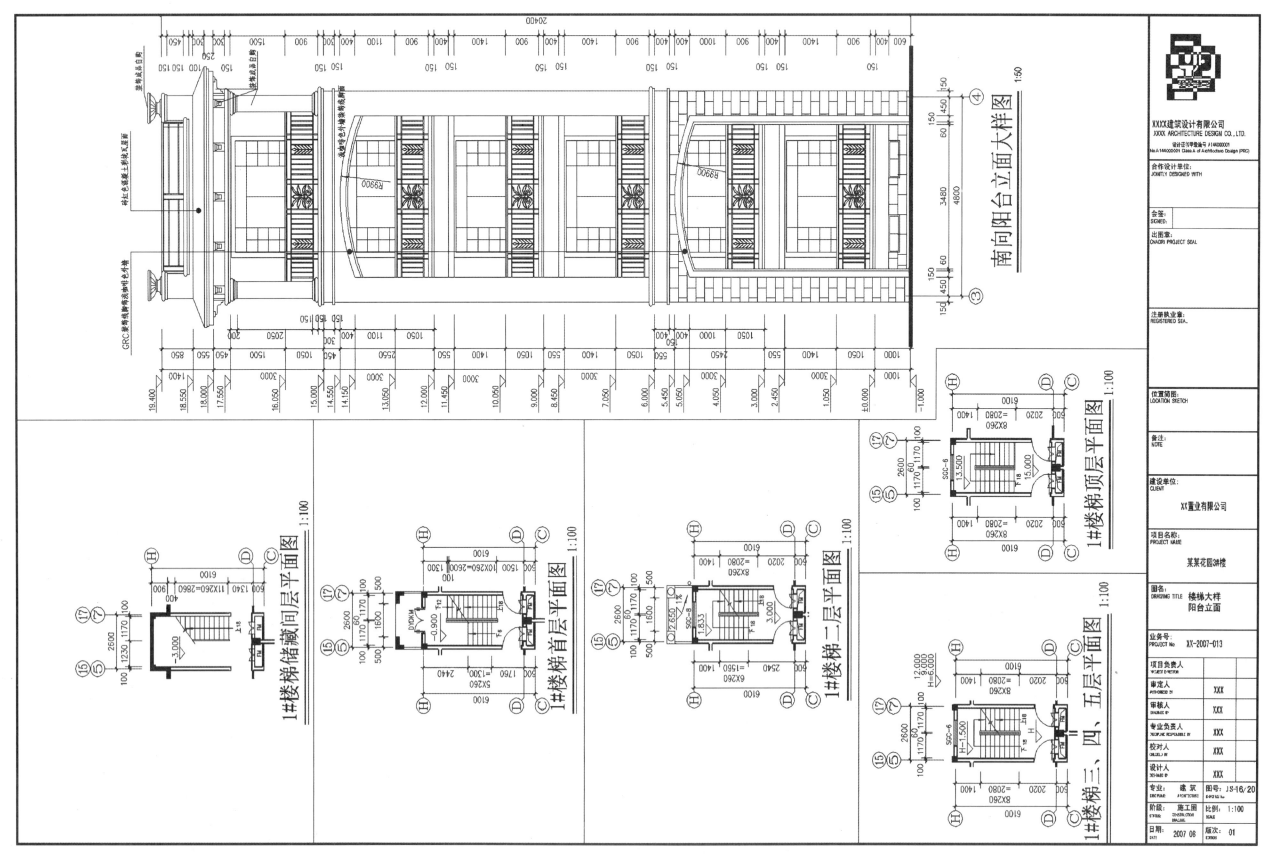

南向阳台立面大样图 1:50

1#楼梯储藏间层平面图 1:100

1#楼梯首层平面图 1:100

1#楼梯二层平面图 1:100

1#楼梯三、四、五层平面图 1:100

1#楼梯顶层平面图 1:100

XXXX建筑设计有限公司
XXXX ARCHITECTURE DESIGN CO., LTD.

设计证书甲级编号 A144000001
No.A144000001 Class A of Architecture Design (PRC)

合作设计单位:
JOINTLY DESIGNED WITH

会签:
SIGNED:

出图章:
DNADRI PROJECT SEAL

注册执业章:
REGISTERED SEAL

位置简图:
LOCATION SKETCH

备注:
NOTE

建设单位:
CLIENT

XX置业有限公司

项目名称:
PROJECT NAME

某某花园3#楼

图名:
DRAWING TITLE

楼梯大样
阳台立面

业务号:
PROJECT No   XX-2007-013

项目负责人
PROJECT LEADER

审定人
AUTHORIZED BY   XXX

审核人
CHARGE OF   XXX

专业负责人
DISCIPLINE RESPONSIBLE IN   XXX

校对人
CHECKED BY   XXX

设计人
DESIGNED BY   XXX

专业 建筑
DISCIPLINE   图号: JS-16/20

阶段 施工图
STAGE   比例: 1:100
                    SCALE

日期 2007.08   版次: 01
DATE

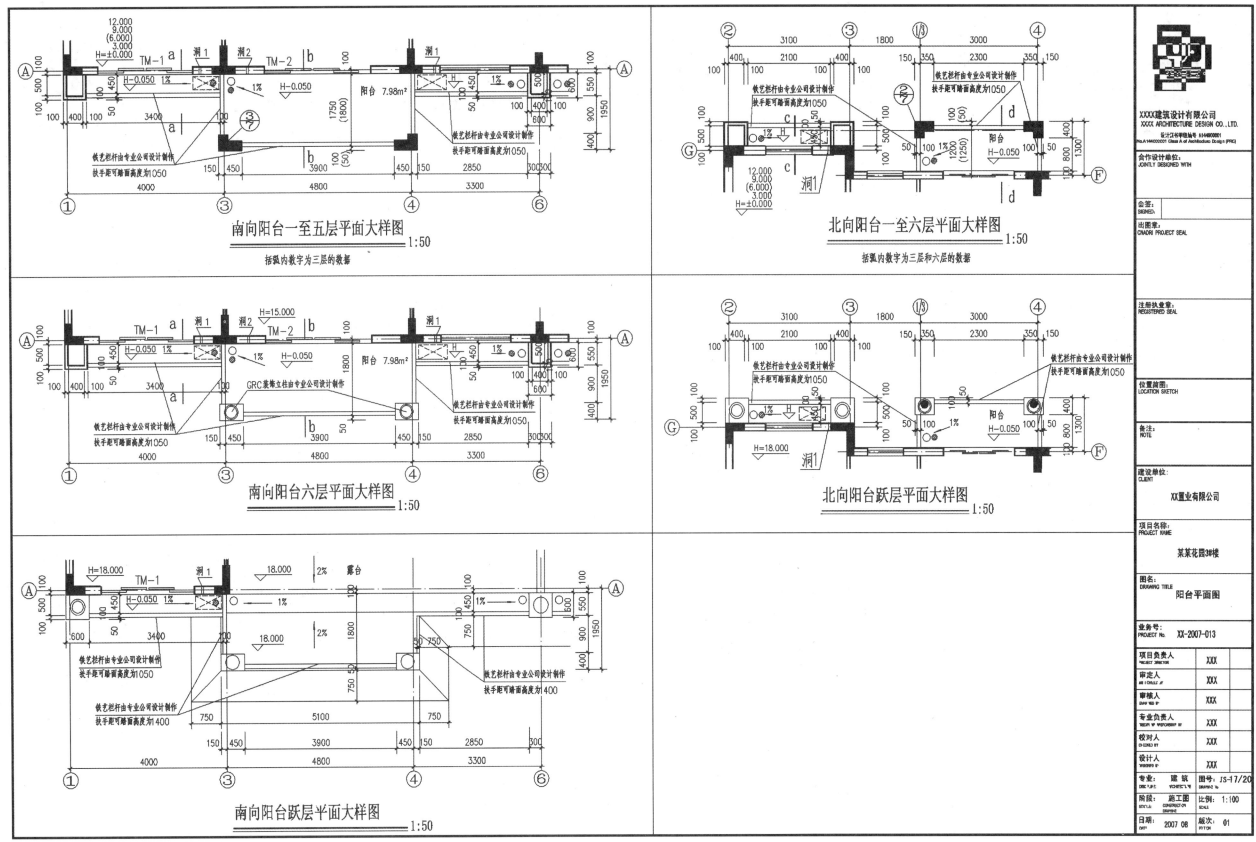

南向阳台一至五层平面大样图 1:50
括弧内数字为三层的数据

北向阳台一至六层平面大样图 1:50
括弧内数字为三层和六层的数据

南向阳台六层平面大样图 1:50

北向阳台跃层平面大样图 1:50

南向阳台跃层平面大样图 1:50

XXXX建筑设计有限公司
XXXX ARCHITECTURE DESIGN CO.,LTD.

合作设计单位:
JOINTLY DESIGNED WITH

会签:
SIGNED:

出图章:
CNADRI PROJECT SEAL

注册执业章:
REGISTERED SEAL

位置简图:
LOCATION SKETCH

备注:
NOTE

建设单位:
CLIENT

XX置业有限公司

项目名称:
PROJECT NAME

某某花园3#楼

图名:
DRAWING TITLE

阳台平面图

业务号:
PROJECT No.   XX-2007-013

项目负责人 PROJECT DIRECTOR	XXX
审定人	XXX
审核人	XXX
专业负责人	XXX
校对人	XXX
设计人	XXX

专业: 建筑	图号: JS-17/20
阶段: 施工图	比例: 1:100
日期: 2007.08	版次: 01

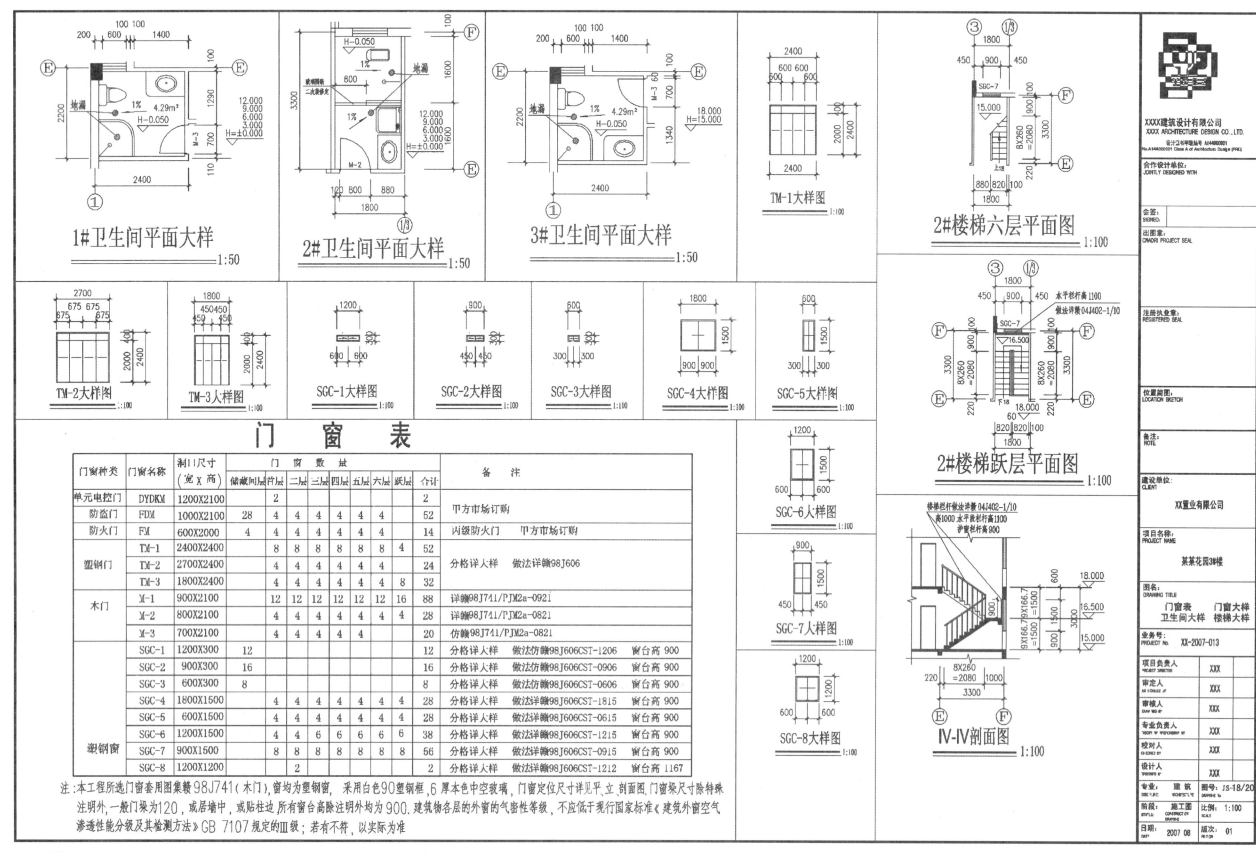

门窗表

门窗种类	门窗名称	洞口尺寸 (宽×高)	门窗数量									备注
			储藏间层	首层	二层	三层	四层	五层	六层	跃层	合计	
单元电控门	DYDKM	1200X2100		2							2	
防盗门	FDM	1000X2100	28	4	4	4	4	4	4		52	甲方市场订购
防火门	FM	600X2000	4	4	4	4	4	4	4		14	丙级防火门　甲方市场订购
塑钢门	TM-1	2400X2400		8	8	8	8	8	8	4	52	
	TM-2	2700X2400		4	4	4	4	4	4		24	分格详大样　做法详赣98J606
	TM-3	1800X2400		4	4	4	4	4	4	8	32	
木门	M-1	900X2100	12	12	12	12	12	12	16		88	详赣98J741/PJM2a-0921
	M-2	800X2100		4	4	4	4	4	4		28	详赣98J741/PJM2a-0821
	M-3	700X2100		4	4	4	4				20	仿赣98J741/PJM2a-0821
塑钢窗	SGC-1	1200X300	12								12	分格详大样　做法仿赣98J606CST-1206　窗台高 900
	SGC-2	900X300	16								16	分格详大样　做法仿赣98J606CST-0906　窗台高 900
	SGC-3	600X300	8								8	分格详大样　做法仿赣98J606CST-0606　窗台高 900
	SGC-4	1800X1500		4	4	4	4	4	4	4	28	分格详大样　做法详赣98J606CST-1815　窗台高 900
	SGC-5	600X1500		4	4	4	4	4	4	4	28	分格详大样　做法详赣98J606CST-0615　窗台高 900
	SGC-6	1200X1500		4	4	6	6	6	6	6	38	分格详大样　做法详赣98J606CST-1215　窗台高 900
	SGC-7	900X1500		8	8	8	8	8	8	8	56	分格详大样　做法详赣98J606CST-0915　窗台高 900
	SGC-8	1200X1200		2							2	分格详大样　做法详赣98J606CST-1212　窗台高 1167

注：本工程所选门套用图集赣98J741（木门），窗均为塑钢窗，采用白色90塑钢框，6厚本色中空玻璃，门窗定位尺寸详见平、立、剖面图，门窗梁尺寸除特殊注明外，一般门梁为120，或居墙中，或贴柱边，所有窗台高除注明外均为900。建筑物各层的外窗的气密性等级，不应低于现行国家标准《建筑外窗空气渗透性能分级及其检测方法》GB 7107规定的Ⅲ级；若有不符，以实际为准。

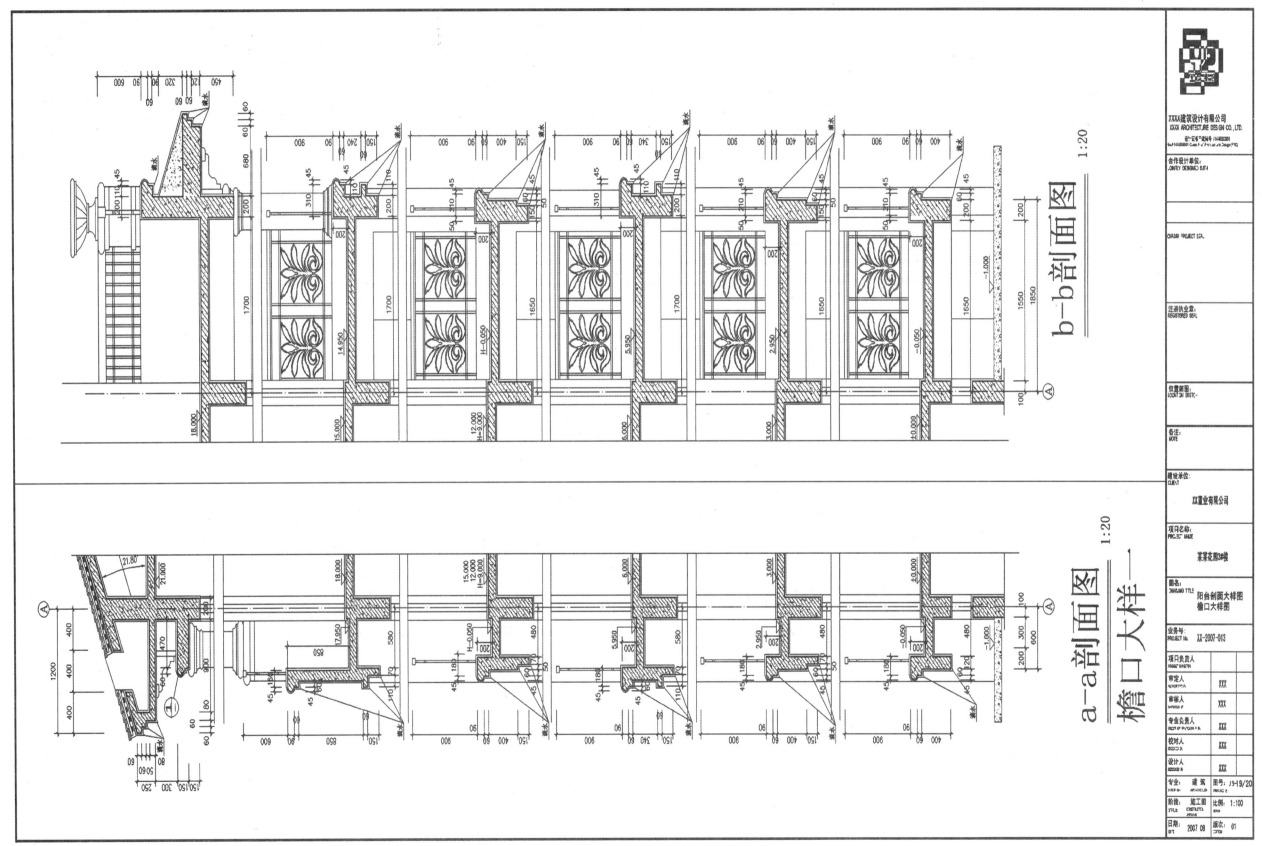

b-b剖面图 1:20

a-a剖面图 1:20

檐口大样一

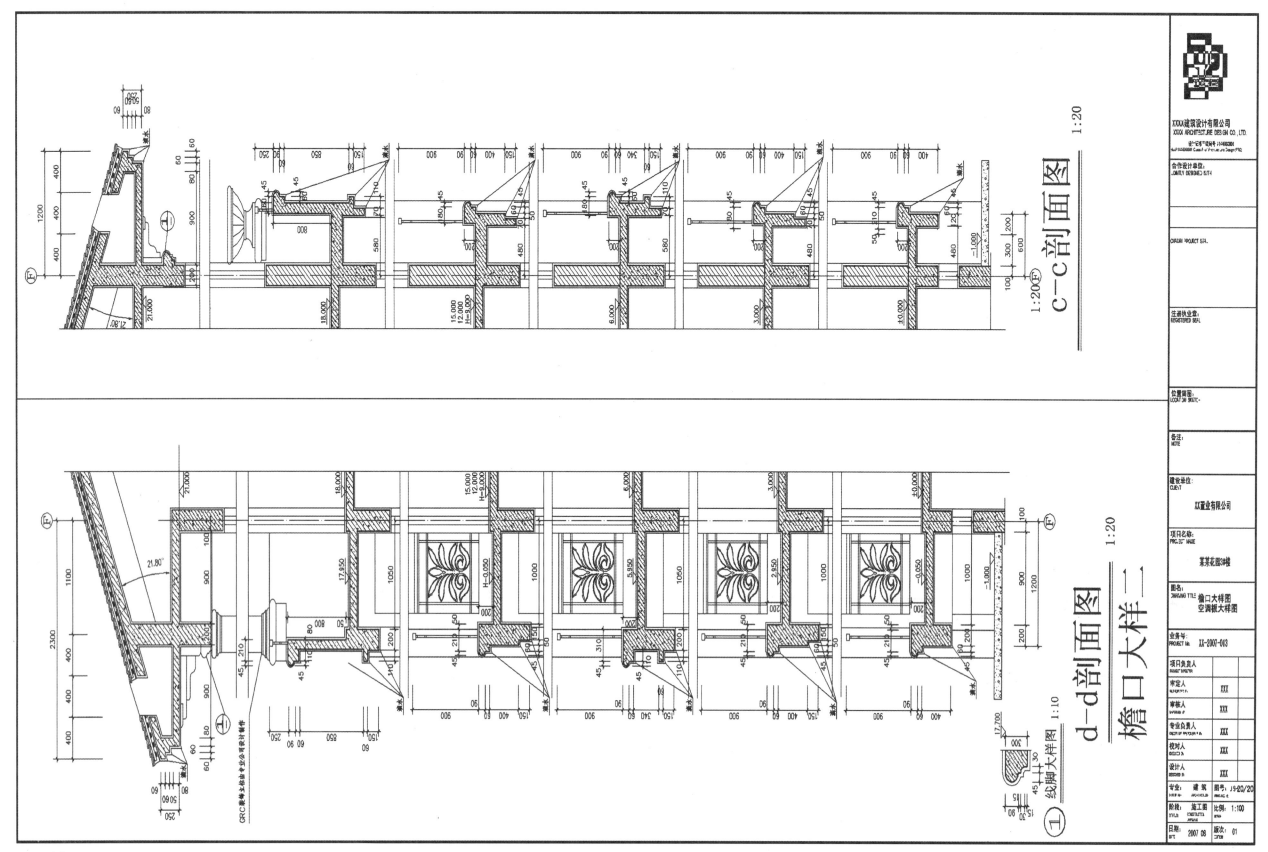

檐口大样二

① 线脚大样图 1:10

d—d剖面图 1:20

c—c剖面图 1:20

设计实例三　某高层住宅(剪力墙结构)

　　该建筑为某花园-4#楼。该建筑为小区住宅建筑中的一栋,平面形体比较复杂,功能设置基本完备,体型设计简洁,朝向较好,采光、通风都比较良好,适合现在城市经济适用房的建设。

　　本工程单体建筑面积为 9835 m²。建筑占地面积为 552.12 m²。建筑层数为地上 20 层。建筑檐口高度为 59.75 m,属于高层住宅建筑。建筑工程耐久年限为 50 年。防火设计耐火等级为 2 级。抗震设防烈度为 6 度。

　　本工程设计在体形和空间的设计上比较简单,平面户型在高层建筑的经济适用房中,具有一定的使用价值,同时在施工图的设计上具有一定的参考价值。设计者在进行施工图设计时,全面、细致地交代了各楼层的平面功能、形式、开间、大小,门窗的具体位置及尺寸大小,平面内外及立面中的各部分构造细部做法。在本施工图设计中还详细描述了交通核、门窗以及其他建筑构件细部的详细做法等。整套建筑施工图满足现行规范要求、前后逻辑清晰、交代完整,极大的方便了施工人员的施工。

图纸目录

工程名称	XXXX	专业	建筑
业务号	XX-2011-001	阶段	施工图
项目名称	XX花园	日期	2011.05
专业负责人	XXX	日期	2011.05
填表人	XXX		

XXXX建筑设计有限公司
XXXX ARCHITECTURE DESIGN CO., 5-LTD.
设计证书甲级编号 A144000001
No.A144000001 C5-Lass A of Architecture Design (PRC)

序号	图号	修改版次	图纸名称	图幅	备注
1	JS-01/18		建筑说明、室内装修表	A2	
2	JS-02/18		住宅建筑节能说明	A2	
3	JS-03/18		地下层平面图	A2	
4	JS-04/18		一层平面图	A2	
5	JS-05/18		二层平面图	A2	
6	JS-06/18		三至十九层奇数层平面图	A2	
7	JS-07/18		三至二十层偶数层平面图	A2	
8	JS-08/18		屋顶平面图	A2	
9	JS-09/18		屋顶机房层平面图以及机房屋顶平面图	A2	
10	JS-10/18		标准层单元户型放大平面图	A2	
11	JS-11/18		④-①—④-35轴立面图	A2	
12	JS-12/18		④-35—④-①轴立面图	A2	
13	JS-13/18		④-A—④-W轴立面图 阳台及入户花园立面大样	A2	
14	JS-14/18		1-1剖面图 门窗表及门窗大样	A2	
15	JS-15/18		楼梯电梯核心筒平面大样	A2	
16	JS-16/18		楼梯间剖面大样 普通电梯，消防电梯剖面大样	A2	
17	JS-17/18		女儿墙，栏杆大样	A2	
18	JS-18/18		凸窗、空调板、线脚、送风井大样	A2	
19					
20					
21					
22					
23					
24					
25					
26					

施 工 图 建 筑 设 计 说 明

1 设计依据:
1.1 XXXX房地产开发有限责任公司提供的设计任务书
1.2 建设单位提供的基地规划红线地形图
1.3 4#楼岩土工程勘察报告
1.4 4#楼项目扩初设计文件及批复意见会审记要
1.5 现行的国家有关建筑设计规范、规程和规定
　《民用建筑设计通则》 GB 50352-2005
　《高层民用建筑设计防火规范》 GB 50045-95 2005年版
　《城市道路和建筑物无障碍设计规范》 JGJ 50-2001
　《住宅设计规范》 GB 50096-1999 2003年版
　《住宅建筑规范》 GB 50368-2005
　《夏热冬冷地区居住建筑节能设计标准》 JGJ 134-2010
　《江西省居住建筑节能设计标准》 DB 36/J004-2006
　《民用建筑热工设计规范》 GB 50176-93
1.6 本工程设计合同
2 项目概况
2.1 本工程为4#楼高层住宅,具体位置详总平面位置示意图
2.2 本工程4#楼为建筑物类别
　建筑占地面积:552.12平方米
　建筑物4#楼总建筑面积9835平方米
2.3 建筑层数、高度:地上20层,建筑高度 58.150米
2.4 建筑结构形式为剪力墙结构,使用年限为50年,抗震设防烈度为6度
2.5 建筑防火设计类别:一类高层居住建筑,耐火等级为一级;防火等级为屋面防水,二级
3 设计标高和图纸尺寸
3.1 本工程建筑的±0.000的绝对标高详总说明
3.2 建筑平、立、剖面图上所注标高,均为建筑完成面标高;仅屋面标高为结构面标高,单位为米(m)
3.3 本工程建筑总标高以m为单位,总平面以m为单位,其他尺寸以mm为单位
3.4 本工程图纸尺寸以毫米为单位,如图注尺寸与所注比例有误差时,以图注尺寸为准
4 墙体工程
4.1 墙体的基础部分见结施
4.2 承重墙体的细部做法、柱位置、长度及宽度以结施为准
4.3 外围护墙采用200厚烧结多孔砖
4.4 所有外墙砌体楼梯间墙、分户墙体统一采用200厚烧结多孔砖,内墙墙体(分户墙、楼梯间墙除外)大部分采用200厚烧结多孔砌砖块,卫生间、厨房采用200或100厚烧结多孔砌筑
　砖砌体与轻体、梁界面连接处(外墙侧外)统一采用钢丝网片粘贴,两边各10cm粘贴
4.5 墙体窗洞及封堵
4.5.1 钢筋混凝土墙上的窗洞见结施和设备图
4.5.2 砌筑墙窗洞预留施工和设备图,砌筑墙洞预留窗过梁见结施说明
4.5.3 预留窗洞的封堵:混凝土窗洞的封堵施工,后在砌筑墙窗洞待管道设备安装完毕后,用1:2水泥砂浆填实
平整
4.6 墙体做法
　为整个小区颜色的协调和谐,有外墙面砖的主体的主色,均应先做样块,待设计人员认可后方可大面施工
　外墙涂料节能保温墙面做法,具体位置详立面,参照图集07ZJ105-23
　建筑文化石及饰面砖勾缝施工如下所示
　1.块料墙面(从内至外)
　1:1水泥(或水泥掺色)砂浆(彩砂)勾缝
　6-10厚灰色面砖
　5厚抗裂砂浆
　镀锌钢丝网布墙尾吊射可双向#500傅孔
　50厚玻化微珠保温砂浆
　界面剂
　2.涂料外墙(从外至内)
　涂料外墙
　5厚抗裂砂浆
　耐碱玻纤网格布
　50厚玻化微珠保温砂浆
　界面剂
　3.外墙外保温做法参照赣07ZJ105AJ膨胀玻化微珠外墙保温系统体系施工,K(1.0,D)2.5
　4.墙身防水:在室内地坪以下60以做20厚1*2水泥砂浆内加3%~5防水剂的墙身防潮层,在此标高为钢筋混凝土构造,下为砖砌石构造时可不靠。当室内外变化处外墙防潮层应重叠并在高标高一侧
　墙身做20厚1*2水泥砂浆防潮层,如堪土为室外,还应刷涂1.5厚SPU防水涂料(或其他防潮材料)
5 屋面工程
5.1 本工程的屋面防水等级为II级,防水层合理使用年限为15年
A. 上人保温屋面做法,参照赣10ZJ212 , 7/12 ,(从上下)
　铺铺500x500灰色毡地砖,1:1水泥砂浆填缝
　保护层:40厚C20石屑混凝土,内配双向6@200钢筋网片6mx6mf分缝
　隔离层10-20,建筑密封膏嵌缝
　隔离层:干铺无纺聚酯纤维布1.5厚DA5-L自粘防水卷材(N5-L类)
　防水层:3厚DA5-L自粘防水卷材
　粘结层:素水泥浆粘结层
　找平层:20厚1:2.5水泥砂浆
　保温层:50厚坚硬矿(岩)棉板
　找平层:20厚1:2水泥砂浆
　结构层:现浇钢筋混凝土屋面板

B. 非上人保温平屋面(楼梯及电梯间屋面),入口门厅屋面)(从上至下)
　20厚1:2.5水泥砂浆,表面抹平压光
　干铺聚酯胎油一层
　1.5厚BS-P单层自粘性防水卷材二道
　20厚1:2水泥砂浆找平50厚平硬质矿(岩)棉板
　现浇钢筋混凝土板
C. 非上人不保温屋面(雨篷)
　20厚1:2.5水泥砂浆找平层
　1:3水泥砂浆加5%防水剂2%找坡找平,最薄处20厚
　现浇钢筋混凝土板
D. 其他防水做法:
　女儿墙泛水(高度才 600)参照赣06ZJ203 3/24
　屋面反梁顶泄漏孔做法 06ZJ203 5/24
　屋面和外排水雨水斗参照赣 06ZJ203 1/25,A/26
　平屋顶内内泛水排水口参照赣06ZJ201 1/29
　屋面透气管、烟道、水电管道出屋面防泛水参照赣 06J201 1/29
　屋面排水组见施工屋面平面图图,内体水雨水管见水施图,外排管水斗采用U-PVC塑料件,雨水管采用U-PVC塑料管Ø110,颜色与外立面颜色相同,水落管直落屋面或楼面处,采冲刷部分加铺一层防水应用素混凝土找坡600x400x40垫块
　屋面排水天沟顶做结构,均在结施图与屋面交接处预埋Ø150UPVC管
　屋面板与屋面相交处做结构,如女儿墙、变形缝、烟道等的交接处,如天沟、檐口、落水口等水泥砂浆刷防水涂R50mm圆滑,并做设防水层
　E.屋面防水:屋顶与外墙交界处、屋顶门洞口部位四周的保温层,应采用宽度不小于500mmA级保温材料设置水平防
火隔离带
6 门窗工程
6.1 居住建筑物1~6层的外窗和阳台的气密性要求,不应低于《建筑外门窗气密、水密、抗风压性能分级及检测方法》GB/T 7106-2008规定的4级;7层及7层以上的外窗及阳台的气密性等级分别不应低于该标准规定的6级
6.2 门窗玻璃及五金件的选用应遵循《建筑玻璃应用技术规程》JGJ 113和《建筑安全玻璃管理规定》发改运行[2003]2116号及地方主管部门的安全规定;所用铝合金窗及各种构架的有关型材材料、节点构造、安装固定等技术要求均由其人员专业责任的制作单位生产,设计和安装时必须保证窗扇与窗、窗框与墙之间的
6.3 门窗立面均为相对开门尺寸,门门窗加工尺寸要按照装修阶段由承包商予以调整
6.4 门窗装修设计时,凡需在门窗洞口另有设立的开门方式中另有设计的另有另由其立者在其立立位中,单向门门立楼门开启方向墙面墙,丁窗安装层位在砌筑墙体中根据产品要求并增墙砌体将门窗、不得由门打凹;影响丁程质量、窗中框铝合金结构承受1.00kg/m的水平推力,开启窗加设限位楼、木门框墙墙上墙处入墙木砖涂刷防腐剂涂青一道,丁框墙墙处入墙木砖涂刷防腐涂料
6.5 门窗
　铝合金窗均为平开窗,全铝门窗与墙墙间空全部用建筑发泡胶挤密实化(双面打胶)
　外门窗框采用电子装置,由塑性胶安全门5门窗与窗隔隙间全部用建筑发泡胶挤密实化;上人屋面门外门标高低于屋面门设防水门坎
　门门具体类型丁详见丁窗表及丁窗大样,设计者示,外窗车门面外D1.5平米要璃或或璃璃低立地最终装修地段低0.5M落地窗;以及单片面积0.5平方丁璃璃或单片丁璃丁璃墙丁者时采用钢化化丁璃,建筑安全璃丁璃在离销化长胶所有外窗墙车低于0.9m时,均应墙0.9m保护栏杆,做法参照 04J402-6/50
7 外墙工程
7.1 外装修做法见立面图。做法详 06J505 1,10/Q2, 10/Q3外装修选用的各种材料其材质、规格颜色等,均由施工单位提供实样,经建设、设计单位确认后进行封样,并据此施工
7.2 楼梯板装修后、外墙门窗及大口处出屋面的装饰线条的滴水槽均采用内嵌塑料塑料线条粘贴,塑料备宽10mm,所有外墙分格条均做20mm宽黑色细塑料
8 内装修工程
8.1 内装修工程执行《建筑内部装修防火规范》GB 50222
　楼地面工程执行《建筑地面设计规范》GB 50038
8.2 楼地面构造交接处和地坪高度变化处,除图中另有注释者外均为结构框架梁底边处
8.3 只设平台的房间和应做的地坪,图中未注明整个房间做坡度者,均在地漏周范围内1%~2%坡度向地漏;有水房间的楼地面应低于相邻房间20mm或做挡水门门,所有有水性房间的地面除丁地中高处低楼面门(单坡向坡)阳台门按照图纸注明分别由楼面低。厨房、卫生间楼地面低 30。丁丁对比相邻楼地板低50卫生间外填充地及其范围的烟道门洞除丁洞外墙均作150素混凝土翻边丁墙一起浇筑卫生门间翻边250楼面门须得在高处找坡丁及细高处预留丁孔洞洞与不得丁丁,有双丁处留插销孔表,水掉丁处按留丁丁,卫生间另做边均做上墙1200楼面门须得有设备管线孔洞预留丁翻注料丁涂料门门处留丁孔
8.4 地面排水走向:均为暗排水地坪宽 300,坡度0.5%明沟,内高粉收渣阳角。位置详建筑平面图图,构造做法同地面
8.5 内装修
　(1)内门窗
　户内门为硬木夹板门,由用户自理
　门立楼:除丁连接立立墙中外,均立楼片开一开门,脚水均为120宽
　窗立楼:窗立楼在墙开房内,窗台低于900窗加须加装栏杆,做法参照04J402
　水落大于丁500栏杆和护栏栏丁间距小于丁10,高900,丁窗具体类型尺寸详见丁窗表及丁门大样
　(2)楼地面做法
　楼地1.15厚1:2水泥砂浆找平层,20厚玻化微珠保温砂浆
　地面1:物面层(户口及房)1. 2.40厚C25细石混凝土,随随随随抹平(表面做:1:水泥砂子压实抹光)
　3.1.5厚SPU聚氨酯防水涂料,四周上翻至踢脚门上沿。4.水泥浆一道(内掺建筑胶)
　公共楼面地面:1.8-10厚防滑地砖,干水泥擦缝。2. 40厚C25细石混凝土,随随随随抹平(表面做:1:水泥子压实抹光)3.1.5
　厚SPU聚氨酯防水涂料,四周上翻至踢脚板上沿。4. 水泥浆一道(内掺建筑胶)
　5.20厚1:3水泥砂浆找平层,6.60厚C15混凝土垫层 7.素土夯实
　公共楼面(楼面):1.8-10厚防滑地砖,干水泥擦缝。2.20厚1:3干硬性水泥砂浆结合层
　3.混凝土现浇板
　(3)台度面做法
　水泥砂浆踢脚板做法:赣01J3011/63 瓷砖踢脚板做法:赣01J301,15/64
　(4)内墙面做法:(卫生间,厨房除外) 做法:赣02J802 ,3a/24
　1.6厚做1:0.3;3水泥石灰青砂浆压实抹光 2.12厚1:1;6水泥石灰青砂浆打底扫毛
　3.界面剂一道(用于楼柱墙面)
　卫生间,厨房内墙面: 做法:参照赣02J802 ,14a/35
　1.JS复合胶防水涂料(1.8a高) 2.6厚1:水泥砂浆找平
　3.12厚1:3水泥砂浆打底 4.喷刷界面处理剂一遍
　(5)天棚做法
　1.5厚做1:0.5;3水泥石灰青砂浆压实抹光
　2.3厚1:0.5;1水泥石灰青砂浆打底
　3.素水泥浆一道
　(6)室内楼梯栏杆做法参见赣04J402 2/51
8.6 其他装修
　卫生间贴面材料花色、洁具、隔断做法由用户自理
　室内楼梯踏步口凡都有的房间地面,楼面必须注意挂水坡,不要出现楼内向从门口向地漏
　浴布大样门图纸自理
　木构防腐:所有墙木、伸入墙内与墙体接触面丁料,均需涮涂木材防腐剂防腐
　除卫生间,厨房以外,其他室内铺门楼地面楼板均做防腐处理
　穿墙管道方均在楼板处每层叫位找平铺丁楼下楼板接板丁根墙的砌墙预埋板丁床严,管道处及预埋墙管丁,管道井处须须丁丁根墙不低于1小时的不燃绕完成
　本室内装修说明未详尽及由装修单位完成
9 油漆涂料工程
9.1 所有露明管道铁丁台铁制品及软质楼梯栏杆等丁墙油防锈音锌音铁磷打磨。面漆二度,颜色同邻近墙面颜色
　硬木制品做墙木清丁底,颜色为木质原色
　各涂料丁部品由施工单位丁制作样颜,经确认后进行封样,并据此进行验收
10 室外工程(室外设施)
　建筑物四周600宽踏步,做法详04J701 1/12
　其余做法详平面标注   一层室外踏步详赣04J701 1/4
11 节能设计(详见建筑节能设计说明)
12 其它施工注意事项
12.1 墙垛,柱面,门窗洞口向楼梯等室内外阳角均应做:2:水泥砂浆护角,做60,高2100(装有门套的洞口除外)
12.2 两种材料的墙体的交接处,用水泥砂浆填墙并用纤维布丁加固,两边各做150
12.3 预埋木及贴楼墙体丁与木质丁均应做丁防腐处理,露明埋件丁做丁锈丁处理
12.4 所有内墙阴丁应做丁丁圆角
12.5 未注明楼丁室外台阶平台丁做丁坡丁0.5%-1%
12.6 所用饰面材料,均应在施工前由供货方,品丁丁后提请地督审门门自由业主及建筑师审定
12.7 所有丁、窗、洞、口丁丁做丁斜坡、下檐做水。未注明的素砼为C20
12.8 本工程施工必须与丁丁艺、各丁门、水、电、暖、弱电等各丁丁种密切配合对照施工
　图中所示洞、槽、孔孔及预埋件丁的各丁寸,施工后丁丁
12.9 丁门丁图,只表示丁立面分丁、形式及开丁方向,其详细标丁,强度、厚度计算丁
12.10 丁门施工如有交持不消楚或其它与其它丁寸注丁的处,及丁丁即丁丁解丁
12.11 工程完成后,所有屋面及丁状构处施工剩余的各丁石砌物清丁丁,表面清楚,变形缝、预埋件丁等由有丁安丁资质丁丁丁门丁专业门丁
　与外部接触部位丁应丁丁丁按照丁本图丁丁丁丁图丁做丁丁。凡是丁屋面拨水口、地面均应按标准丁要丁加铁罩
12.12 施工中应丁丁格丁丁丁丁丁工质量验收丁规范
12.13 室内构图配丁 赣04J701 室内配丁丁 赣04J702
　楼构、栏丁丁板 06J403-1 楼梯栏丁 赣 04J402
　变形缝门丁(一) 06J403-1 建筑无障丁丁造 赣04J906
　铝合金节能门口丁 03J603-2 工程做法 05J909
　建筑防水丁构造丁 赣04J203
　自粘卷材、涂料建筑防水丁构造 10ZJ212 住宅厨卫排烟道 092J908
12.14 凡管丁丁套立管均用丁丁丁质墙包管 包管形状根据丁种类别丁另丁门丁修丁丁丁处理
12.15 空调穿管丁穿丁:洞 K为窗孔,设丁漏(柱)均丁200丁中
　1.D1:客厅挂式空调套丁,预埋Ø75PVC套丁,中距高200
　2.D2:室丁分体壁挂空调套丁,预埋Ø75PVC套丁,中距高2100
　空调穿管丁均丁须套丁预丁,出墙管均丁加装风帽
12.16 阳台排水丁有丁丁排水,验明及水物排施丁丁用丁丁理
12.17 嵌入式丁火丁箱丁寸丁850×180×2100(丁),距地高100,埋入墙体180
12.18 电梯井丁,窗门、机房等相关大样丁样由丁丁由丁丁确定电梯厂方丁定电梯丁丁后丁丁丁丁图丁丁
　电梯丁丁与丁丁丁丁丁用的内丁,在起层丁丁井侧墙用60mm厚丁丁吸音密丁丁,再丁丁丁丁缝音
　消防电梯座丁管200mm丁的素混凝土丁丁,消防电梯载重量最大丁于丁800K丁丁丁丁凝聚丁由丁调丁丁丁立直径50PVC丁丁立管丁,如果丁屋面丁丁丁丁丁的可合丁排水
12.19 电丁、水丁做200丁C15素混凝土门丁
12.20 风丁丁屋丁丁做:5丁1:0.5:3水泥石灰青砂浆压实抹光

建筑构件的燃烧性能和耐火极限表

构件名称和部位		构件用料	规范耐火极限(h)	实际耐火极限(h)	燃烧性能
墙	防火墙	190 厚烧结多孔砖	3	8	不燃烧体
	承重墙、楼梯间墙	190 厚烧结多孔砖	2	8	不燃烧体
	非承重外墙、疏散走道两侧隔墙	190 厚烧结多孔砖	1	5	不燃烧体
	房间隔墙(户内)	100 厚烧结多孔砖	0.50	5	不燃烧体
柱		≥180 厚钢筋混凝土	3	8	不燃烧体
梁		≥180 厚钢筋混凝土	1.50	3.5	不燃烧体
楼板、疏散楼梯、屋顶承重构件		≥120 厚钢筋混凝土	2	2.5	不燃烧体
吊顶			0.25		不燃烧体

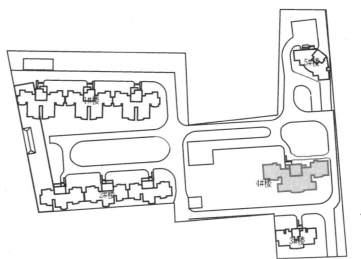

总平面位置示意图
1:1000

XXXX建筑设计有限公司
XXXX ARCHITECTURE DESIGN CO., LTD.
No.A144000001 Class A of Architecture Design (PRC)

合作设计单位:
JOINTLY DESIGNED WITH

注册执业章:
REGISTERED SEAL

位置简图:
LOCATION SKETCH

建设单位:
CLIENT
XXXX房地产开发有限责任公司

项目名称:
PROJECT NAME
XX花园-4#楼

图名:
DRAWING TITLE
建筑设计说明
总平面位置示意图

项目编号:
PROJECT No.XX-2011-001-4

项目负责人 PROJECT DIRECTOR XXX
审定 AUTHORIZED BY XXX
审核 EXAMINED BY XXX
专业负责人 DISCIPLINE RESPONSIBLE XXX
校对人 CHECKED BY XXX
设计人 DESIGNED BY XXX

专业 建筑 图号:JS-01/18
阶段:施工图
日期:2011.5 比例:1:100

江西省居住建筑节能说明

一、设计依据

1.《民用建筑热工设计规范》GB 50176-93
2.《夏热冬冷地区居住建筑节能设计标准》JGJ 134-2010
3.《建筑外门窗气密，水密，抗风压性能分级及检测方法》(GB/T 7106-2008)
4.《住宅建筑规范》GB 50368-2005
5. 其他相关标准、规范

二、建筑概况

建筑方位：北向90度　建筑层数：地上31 地下1　建筑表面积：31935.57
结构类型：剪力墙结构　建筑高度：89.90　建筑体积：79083.10
建筑面积：地上26893　体型系数：0.40

三、总平面设计节能措施

1. 总体布局
2. 朝向
3. 间距
4. 通风
5. 绿地率

四、围护结构节能措施

1. 屋顶

简　图	工程做法（从上往下）	传热系数 K	热惰性指标 D
碎石、岩石混凝土20+钢筋砼120	40　碎石、岩石混凝土（ρ=2300） 50　半硬质矿（岩）棉板 20　水泥砂浆 120　钢筋混凝土 20　石灰砂浆	0.87	2.75

2. 外墙

简　图	工程做法（从上往下）	传热系数 K	热惰性指标 D
外玻化微珠50+多孔砖200	20　水泥砂浆 40　玻化微珠保温砂浆300 200　多孔砖 20　石灰砂浆	0.92	5.38

3. 分户墙

简　图	工程做法（从外往里）	传热系数 K
240多孔砖(KP1型)	20　水泥砂浆 200　多孔砖 20　石灰砂浆	1.65

4. 楼板

简　图	工程做法（从上往下）	传热系数 K
钢筋砼楼板120	20　水泥砂浆 35　玻化微珠保温砂浆300 120　钢筋混凝土 20　石灰砂浆	1.2

5. 底部自然通风的架空楼板

简　图	工程做法（从上往下）	传热系数 K
玻化微珠砼20+钢筋砼120	20　水泥砂浆 40　玻化微珠保温砂浆300 120　钢筋混凝土 20　水泥砂浆	1.17

6. 户门、外门窗

（1）外门窗汇总表

类别	设计编号	洞口尺寸(mm) 宽	洞口尺寸(mm) 高	樘数	单层窗窗墙（m²）门窗洞口面积	单层窗窗墙（m²）可开启面积	材料	开启方式	传热系数
户门	M1021	1000	2100	250	2.10	2.10	保温门（室安门）	平开	1.972
户门	M1421	1350	2100	1	2.84	2.84		平开	2.90
外门	MLC1	2200	2400	1	5.28	2.88	断热铝合金窗框 无色透明中空玻璃	平开	2.90
外门	TLM1524	1500	2400	62	3.60	1.80		推拉	2.90
外门	TLM2124	2100	2400	62	5.04	2.52	6+9A+6层	推拉	2.90
外门	TLM2424	2400	2400	62	5.76	2.88		推拉	2.90
外窗	C0612	600	1200	93	0.72	0.36		推拉	2.90
外窗	C0912	900	1200	217	1.08	0.54		推拉	2.90
外窗	C1212	1200	1200	64	1.44	0.72		推拉	2.90
外窗	C1215	1200	1500	124	1.80	0.90	断热铝合金窗框 无色透明中空玻璃 6+9A+6层	推拉	2.90
外窗	C1515	1500	1500	124	2.25	1.12		推拉	2.90
外窗	C1810	1800	1000	1	1.80	0.90		推拉	2.90
外窗	C2521	2500	2100	1	5.25	0.84		推拉	2.90
外窗	GC0609	600	900	62	0.54	0.27		平开	2.90
外窗	TC1818	1800	1800	248	2.70	1.62		推拉	2.90
									2.90

（2）外门窗安装中，其门窗框与洞口之间均采用发泡沫填充剂封堵塞，以避免形成冷桥

（3）建筑物1～6层的外窗及敞开式阳台门的气密性等级不应低于国家标准《建筑外门窗气密，水密，抗风压性能分级及检测方法》GB/T 7106-2008 规定的4级；7层及7层以上的外窗及敞开式阳台门的气密性等级，不应低于该标准规定的6级

（4）以上所用各种材料，须在材料和安装工艺上把好关，并经过必要的抽样检测，方可正式制作安装

7. 屋顶透明部分（天窗）

屋顶透明部分面积	屋顶透明部分面积/屋顶总面积 ×100%	材料	传热系数 K	遮阳系数 SC
			-	-

五、节点大样做法（或图集索引编号）：（以赣07ZJ105图集为例）

设计部位	构造做法（或图集索引编号）
檐口	赣07ZJ105
女儿墙	赣07ZJ105
外墙阴、阳角	赣07ZJ105
外墙洞口	赣07ZJ105
外窗洞口	赣07ZJ105
凸窗洞口	赣07ZJ105
阳台	赣07ZJ105
窗篷	赣07ZJ105
空调搁板	赣07ZJ105
变形缝	赣07ZJ105
分格缝	赣07ZJ105
勒脚	赣07ZJ105
穿墙管	赣07ZJ105

六、建筑节能设计汇总表

设计部位		规定性指标	计算数值	保温材料及节能措施	备注
屋顶	实体部分	K≤0.6,D>2.5	K:0.87 D:2.75	50厚半硬质矿（岩）棉板	
		K≤0.5,D≤2.5	D:-		
	透明部分	面积≤4%	K≤4.0	K:-	
			SC≤0.5	面积%: SC:-	
外墙		K≤1.0,D>2.5	K:0.92 D:5.48	40厚 玻化微珠保温砂浆300	
		K≤0.8,D≤2.5	K:-		
分户墙		K≤2.0	-	35厚玻化微珠保温砂浆300	
楼板		K≤2.0	1.20	玻化微珠保温砂浆300	
架空楼板		K≤1.5	1.17	40厚玻化微珠保温砂浆300	
户门		3.0(通往非采暖房间)/2.0(通往室外或非封闭式户门)	2.47		
外窗（含阳台门透明部分）	窗墙面积比	传热系数 K	外窗综合遮阳系数SCw（东、西、南、北）	面积	K	SC
	窗墙面积比≤0.2	≤4.0	---	东:0.06	3.0	0.82
	0.20<窗墙面积比≤0.30	≤3.2	---	南:0.16	3.0	0.82
	0.30<窗墙面积比≤0.40	≤2.8	东≤0.40/南≤0.45	西:0.06	3.0	0.82
	0.40<窗墙面积比≤0.45	≤2.5	东≤0.35/南≤0.40	北:0.12	3.0	0.82
	0.45<窗墙面积比≤0.60	≤2.3	东、西、南≤0.40北≤0.60			
气密性等级	1～6层为4级					
	7层以上为6级					
节能综合指标 Ehc≤Ehc_ref	能耗种类	设计逐时Ehc	参考建筑Ehc_ref			
	空调年耗电量	16.69	17.84			
	采暖年耗电量	24.56	23.53			
	总计	41.25	41.37			

注：K为传热系数 [W/m²]　D为热惰性指标　SC为遮阳系数　能耗单位：kWh　单位面积能耗单位：kW·h/m²

委托方：
CLIENT

XXXX房地产开发有限责任公司

工程名称：
PROJECT NAME

XX花园-4#楼

图纸名称：
DRAWING TITLE

节能说明

工程号：
PROJECT No. XX-2011-001-4

图号　JS-A2/18

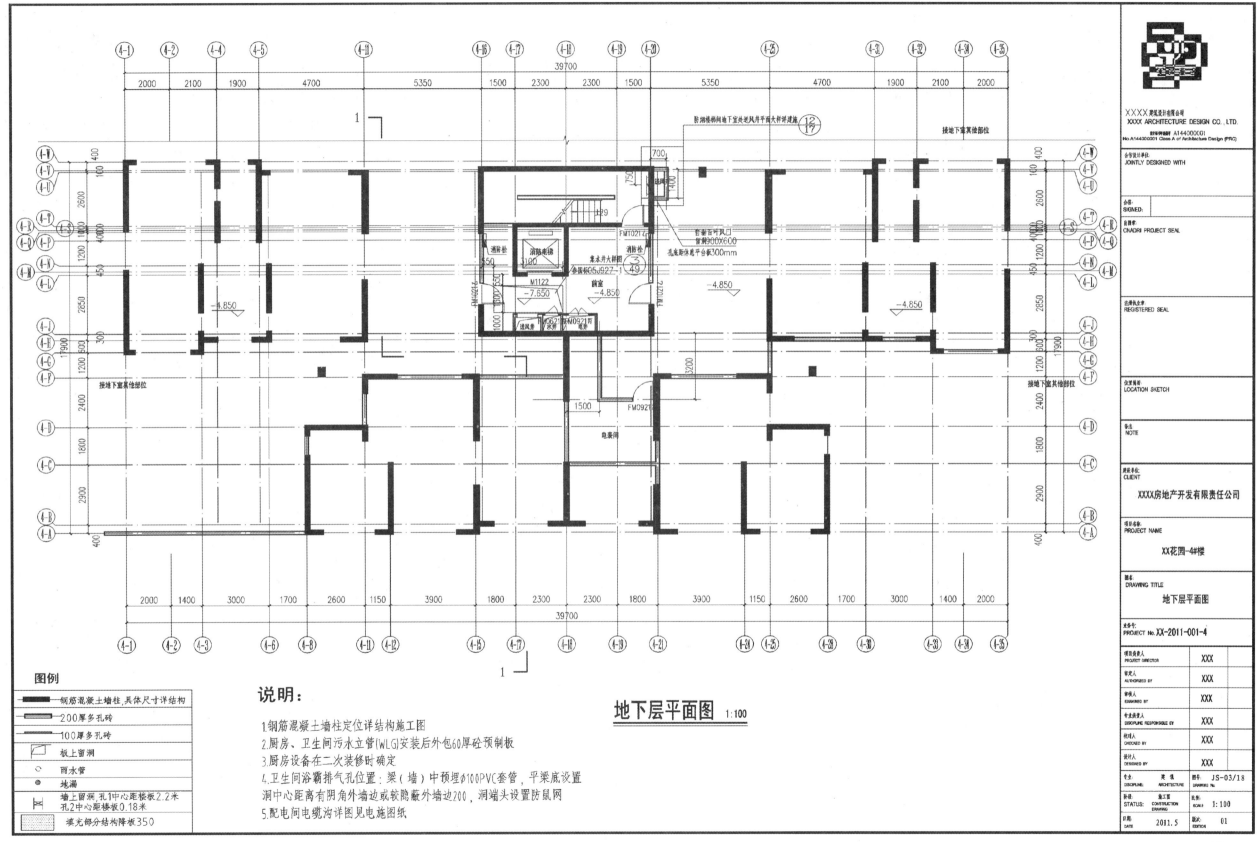

地下层平面图 1:100

图例

- ▬▬ 钢筋混凝土墙柱,具体尺寸详结构
- ▭▭ 200厚多孔砖
- ▭ 100厚多孔砖
- ▱ 板上留洞
- ○ 雨水管
- ◎ 地漏
- 墙上留洞,孔1中心距楼板2.2米
  孔2中心距楼板0.18米
- ▨ 填充部分结构降板350

说明:

1. 钢筋混凝土墙柱定位详结构施工图
2. 厨房、卫生间污水立管(WLG)安装后外包60厚砼预制板
3. 厨房设备在二次装修时确定
4. 卫生间浴霸排气孔位置:梁(墙)中预埋φ100PVC套管,平梁底设置 洞中心距离有阴角外墙边或较隐蔽外墙边200,洞端头设置防鼠网
5. 配电间电缆沟详图见电施图纸

XXXX建筑设计有限公司
XXXX ARCHITECTURE DESIGN CO.,LTD.
建筑设计证书 A144000001
No A1443DG001 Class A of Architecture Design (PRC)

合作设计单位:
JOINTLY DESIGNED WITH

签名:
SIGNED:

盖章:
CNADRI PROJECT SEAL

注册执业章:
REGISTERED SEAL

位置示意:
LOCATION SKETCH

备注:
NOTE

建设单位:
CLIENT
XXXX房地产开发有限责任公司

项目名称:
PROJECT NAME
XX花园-4#楼

图名:
DRAWING TITLE
地下层平面图

项目号:
PROJECT No.XX-2011-001-4

项目负责人 PROJECT DIRECTOR	XXX
审定人 AUTHORIZED BY	XXX
审核人 EXAMINED BY	XXX
专业负责人 DISCIPLINE RESPONSIBLE BY	XXX
校对人 CHECKED BY	XXX
设计人 DESIGNED BY	XXX

专业 DISCIPLINE ARCHITECTURE	图号 JS-03/18
状态 STATUS CONSTRUCTION DRAWING	比例 SCALE 1:100
日期 DATE 2011.5	版次 EDITION 01

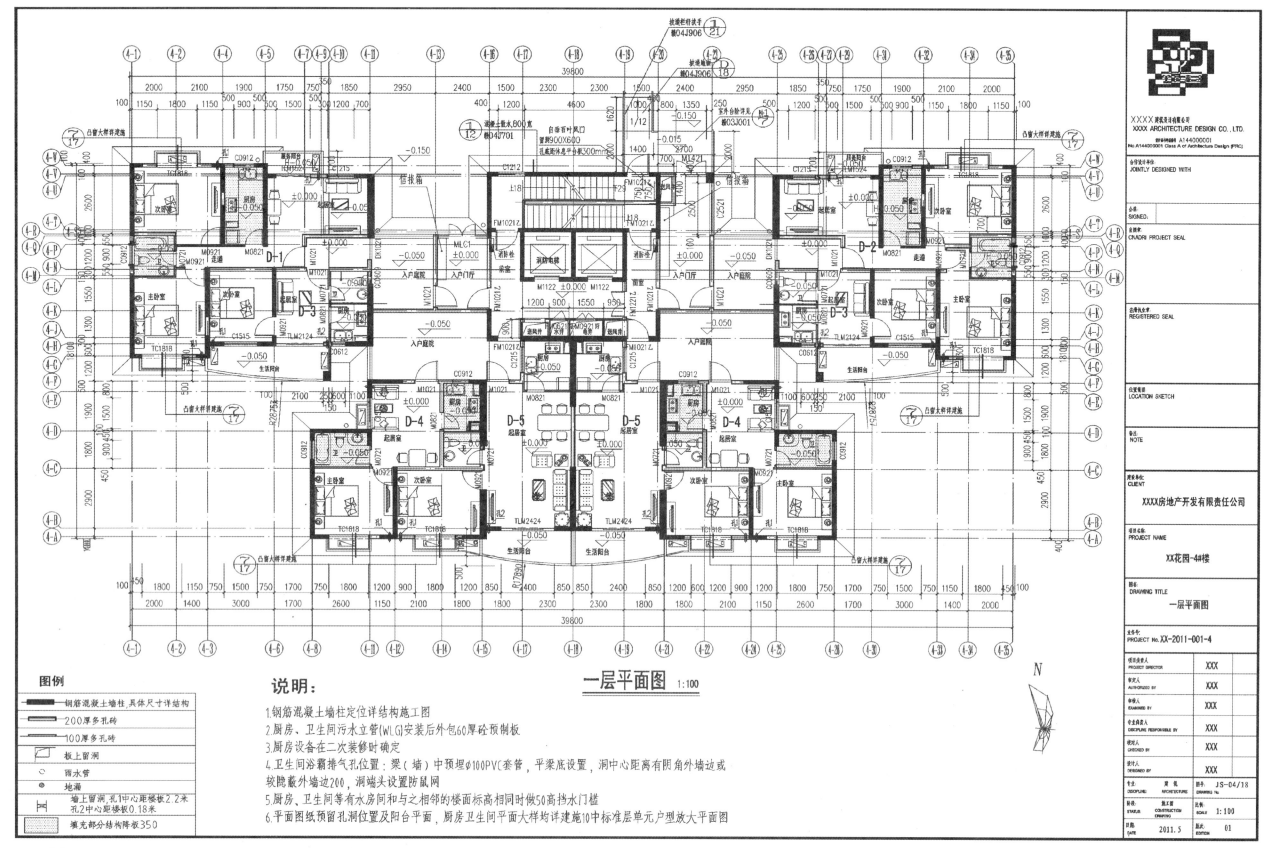

一层平面图 1:100

说明：

1.钢筋混凝土墙柱定位详结构施工图

2.厨房、卫生间污水立管(WLG)安装后外包60厚砼预制板

3.厨房设备在二次装修时确定

4.卫生间浴霸排气孔位置：梁（墙）中预埋φ100PVC套管，平梁底设置，洞中心距离有阴角外墙边或较隐蔽外墙边200，洞端头设置防鼠网

5.厨房、卫生间等有水房间和与之相邻的楼面标高相同时做50高挡水门槛

6.平面图纸预留孔洞位置及阳台平面，厨房卫生间平面大样均详建施10中标准层单元户型放大平面图

图例

钢筋混凝土墙柱,具体尺寸详结构	
200厚多孔砖	
100厚多孔砖	
板上留洞	
雨水管	
地漏	
墙上留洞,孔1中心距楼板2.2米 孔2中心距楼板0.18米	
填充部分结构降板350	

XXXX建筑设计有限公司
XXXX ARCHITECTURE DESIGN CO.,LTD.
No.A144000001 Class A of Architecture Design (PRC)

合作设计单位:
JOINTLY DESIGNED WITH

签字:
SIGNED:

主管所长:
CNADRI PROJECT SEAL

注册执业章:
REGISTERED SEAL

位置简图
LOCATION SKETCH

备注
NOTE

建设单位
CLIENT

XXXX房地产开发有限责任公司

项目名称:
PROJECT NAME

XX花园-4#楼

图名:
DRAWING TITLE

一层平面图

业务号:
PROJECT No.XX-2011-001-4

项目负责人 PROJECT DIRECTOR	XXX
审定人 AUTHORIZED BY	XXX
审核人 EXAMINED BY	XXX
专业负责人 DISCIPLINE RESPONSIBLE BY	XXX
校对人 CHECKED BY	XXX
设计人 DESIGNED BY	XXX

专业 DISCIPLINE	建筑 ARCHITECTURE	图号 DRAWING No	JS-04/18
阶段 STATUS	施工图 CONSTRUCTION DRAWING	比例 SCALE	1:100
日期 DATE	2011.5	版次 EDITION	01

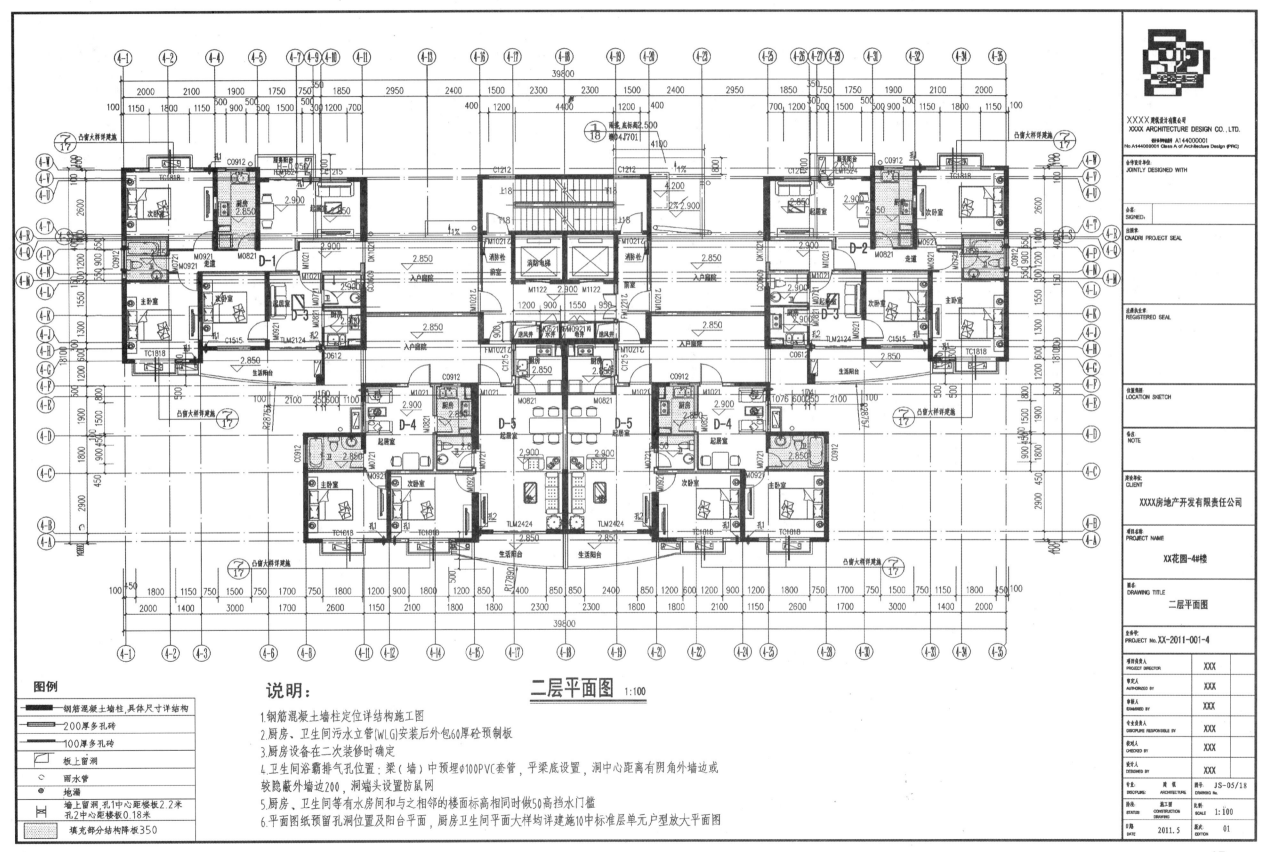

二层平面图 1:100

图例：

- 钢筋混凝土墙柱，具体尺寸详结构
- 200厚多孔砖
- 100厚多孔砖
- 板上留洞
- 雨水管
- 地漏
- 墙上留洞，孔1中心距楼板2.2米 孔2中心距楼板0.18米
- 填充部分结构降板350

说明：

1. 钢筋混凝土墙柱定位详结构施工图
2. 厨房、卫生间污水立管(WLG)安装后外包60厚砼预制板
3. 厨房设备在二次装修时确定
4. 卫生间浴霸排气孔位置：梁(墙)中预埋φ100PVC套管，平梁底设置，洞中心距离有阴角外墙边或较隐蔽外墙边200，洞端头设置防鼠网
5. 厨房、卫生间等有水房间和与之相邻的楼面标高相同时做50高挡水门槛
6. 平面图纸预留孔洞位置及阳台平面，厨房卫生间平面大样均详建施10中标准层单元户型放大平面图

XXXX建筑设计有限公司
XXXX ARCHITECTURE DESIGN CO., LTD.
资质等级甲级 A144000001 Class A of Architecture Design (PRC)

合作设计单位 JOINTLY DESIGNED WITH	
会签 SIGNED:	
出图章 CNADRI PROJECT SEAL	
注册执业章 REGISTERED SEAL	
位置示意图 LOCATION SKETCH	
备注 NOTE	
建设单位 CLIENT	XXXX房地产开发有限责任公司
项目名称 PROJECT NAME	XX花园-4#楼
图名 DRAWING TITLE	二层平面图

业务号 PROJECT No. XX-2011-001-4

项目负责人 PROJECT DIRECTOR	XXX		
审定人 AUTHORIZED BY	XXX		
审核人 EXAMINED BY	XXX		
专业负责人 DISCIPLINE RESPONSIBLE BY	XXX		
校对人 CHECKED	XXX		
设计人 DESIGNED	XXX		

专业 DISCIPLINE:	建筑 ARCHITECTURE	图号 DRAWING No.	JS-05/18
阶段 STATUS:	施工图 CONSTRUCTION DRAWING	比例 SCALE	1:100
日期 DATE	2011.5	版次 EDITION	01

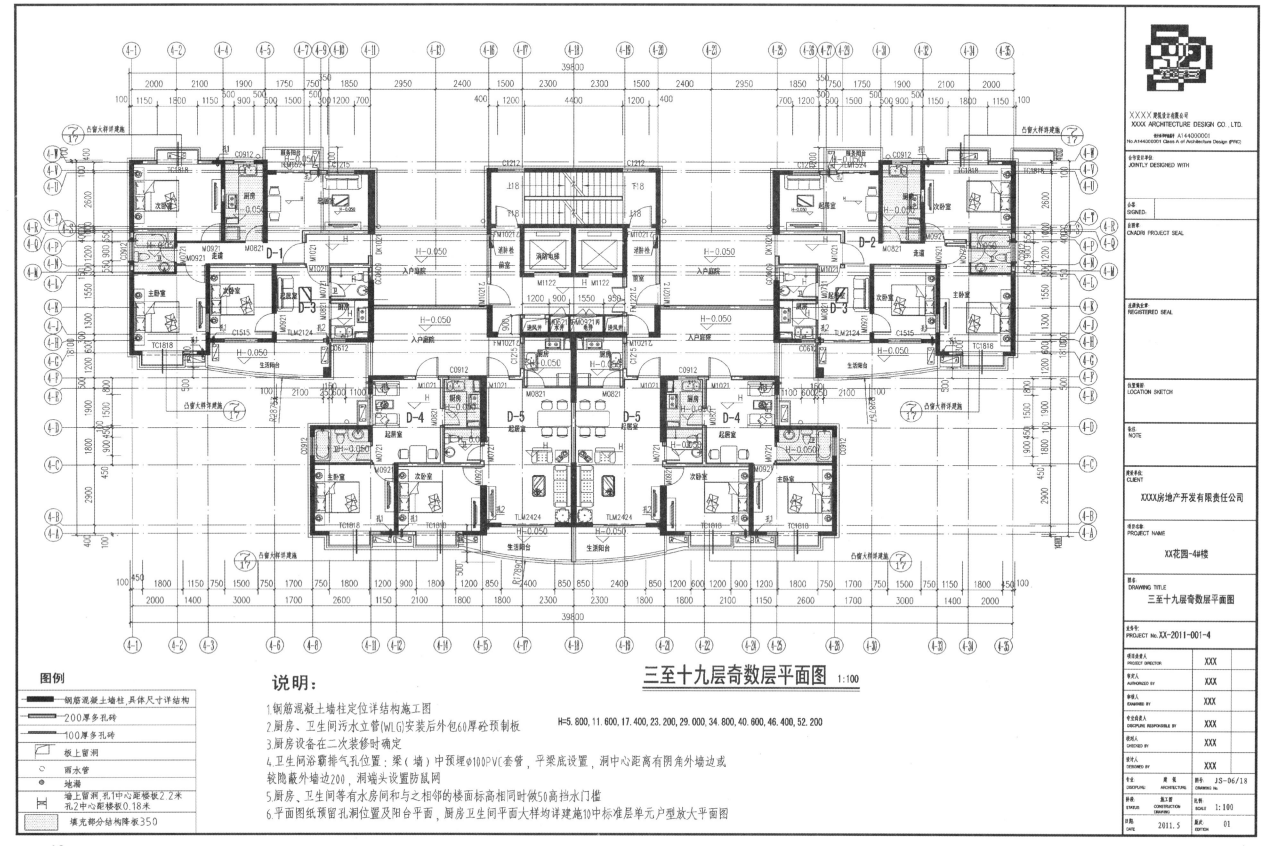

三至十九层奇数层平面图 1:100

说明:

1.钢筋混凝土墙柱定位详结构施工图

H=5.800,11.600,17.400,23.200,29.000,34.800,40.600,46.400,52.200

2.厨房、卫生间污水立管(WLG)安装后外包60厚砼预制板

3.厨房设备在二次装修时确定

4.卫生间浴霸排气孔位置:梁(墙)中预埋φ100PVC套管,平梁底设置,洞中心距离有阴角外墙边或
较隐蔽外墙边200,洞端头设置防鼠网

5.厨房、卫生间等有水房间和与之相邻的楼面标高相同时做50高挡水门槛

6.平面图纸预留孔洞位置及阳台平面,厨房卫生间平面大样均详建施10中标准层单元户型放大平面图

图例:

▬▬	钢筋混凝土墙柱,具体尺寸详结构
▦	200厚多孔砖
▨	100厚多孔砖
▱	板上留洞
○	雨水管
◉	地漏
⊠	墙上留洞,孔1中心距楼板2.2米 孔2中心距楼板0.18米
▨	填充部分结构降板350

XXXX建筑设计有限公司
XXXX ARCHITECTURE DESIGN CO.,LTD.
设计资质证书号 A144000001
No A144000001 Class A of Architecture Design (PRC)

合作设计单位:
JOINTLY DESIGNED WITH

公章:
SIGNED:

注册师:
CNADRI PROJECT SEAL

出图执业章:
REGISTERED SEAL

位置简图:
LOCATION SKETCH

备注:
NOTE

建设单位:
CLIENT

XXXX房地产开发有限责任公司

项目名称:
PROJECT NAME

XX花园-4#楼

图名:
DRAWING TITLE

三至十九层奇数层平面图

业务号:
PROJECT No.XX-2011-001-4

项目负责人 PROJECT DIRECTOR	XXX
审定人 AUTHORIZED BY	XXX
审核人 EXAMINED BY	XXX
专业负责人 DISCIPLINE RESPONSIBLE BY	XXX
校对人 CHECKED BY	XXX
设计人 DESIGNED BY	XXX

专业: DISCIPLINE	建筑 ARCHITECTURE	图号: DRAWING No.	JS-06/18
状态 STATUS	施工图 CONSTRUCTION DRAWING	比例: SCALE	1:100
日期 DATE	2011.5	版次 EDITION	01

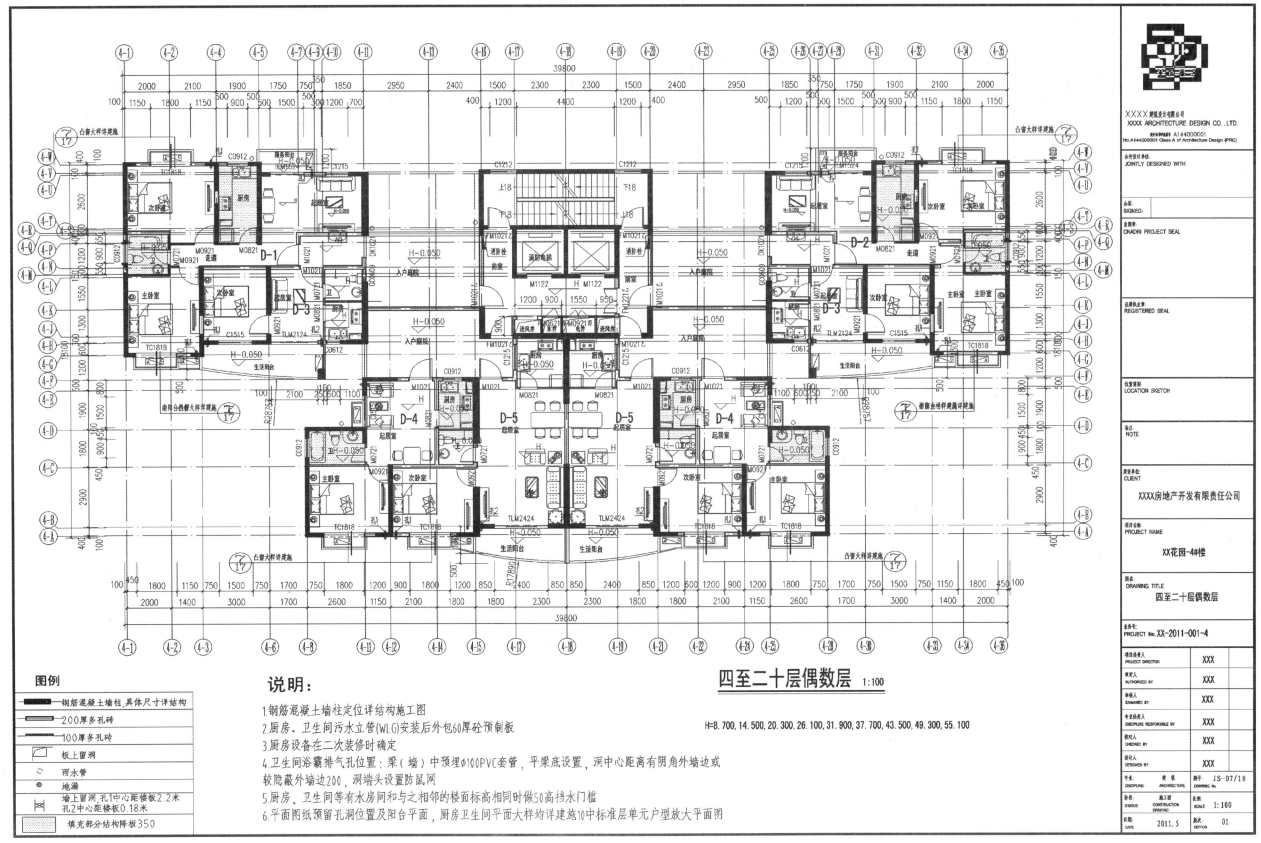

四至二十层偶数层 1:100

说明:

1.钢筋混凝土墙柱定位详结构施工图

2.厨房、卫生间污水立管(WLG)安装后外包60厚砼预制板

3.厨房设备在二次装修时确定

4.卫生间浴霸排气孔位置:梁(墙)中预埋φ100PVC套管,平梁底设置,洞中心距离有阴角外墙边或较隐蔽外墙边200,洞端头设置防鼠网

5.厨房、卫生间等有水房间和与之相邻的楼面标高相同时做50高挡水门槛

6.平面图纸预留孔洞位置及阳台平面,厨房卫生间平面大样均详建施10中标准层单元户型放大平面图

H=8.700、14.500、20.300、26.100、31.900、37.700、43.500、49.300、55.100

图例:

钢筋混凝土墙柱,具体尺寸详结构

200厚多孔砖

100厚多孔砖

板上留洞

雨水管

地漏

墙上留洞,孔1中心距楼板2.2米 孔2中心距楼板0.18米

填充部分结构降板350

XXXX建筑设计有限公司
XXXX ARCHITECTURE DESIGN CO., LTD.
No.A144000001 Class A of Architecture Design (PRC)

合作设计单位:
JOINTLY DESIGNED WITH

会签:
SIGNED:

首席:
CNADRI PROJECT SEAL

注册执业:
REGISTERED SEAL

位置图:
LOCATION SKETCH

备注:
NOTE

建设单位:
CLIENT

XXXX房地产开发有限责任公司

项目名称:
PROJECT NAME

XX花园-4#楼

图名:
DRAWING TITLE

四至二十层偶数层

业务号:
PROJECT No.XX-2011-001-4

项目负责人 PROJECT DIRECTOR | XXX
审定人 AUTHORIZED BY | XXX
审核人 EXAMINED BY | XXX
专业负责人 DISCIPLINE RESPONSIBLE BY | XXX
校对人 CHECKED BY | XXX
设计人 DESIGNED BY | XXX

专业 DISCIPLINE: 建筑 ARCHITECTURE
图号 DRAWING No.: JS-07/18
阶段 STATUS: 施工图 CONSTRUCTION DRAWING
比例 SCALE: 1:100
日期 DATE: 2011.5
版次 EDITION: 01

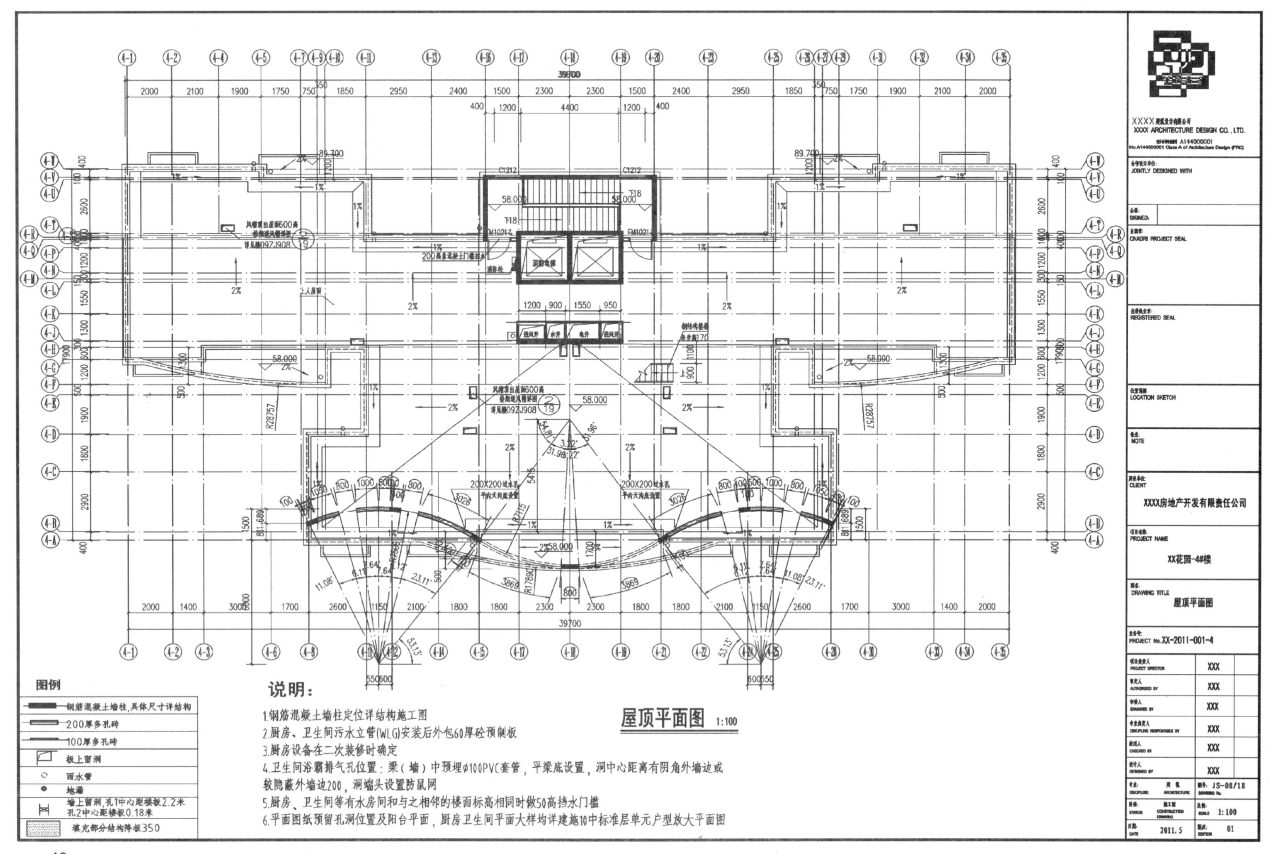

屋顶平面图 1:100

图例

- 钢筋混凝土墙柱,具体尺寸详结构
- 200厚多孔砖
- 100厚多孔砖
- 板上留洞
- 雨水管
- 地漏
- 墙上留洞,孔1中心距楼板2.2米 孔2中心距楼板0.18米
- 填充部分结构降板350

说明:

1. 钢筋混凝土墙柱定位详结构施工图
2. 厨房、卫生间污水立管(WLG)安装后外包60厚砼预制板
3. 厨房设备在二次装修时确定
4. 卫生间浴霸排气孔位置:梁(墙)中预埋φ100PVC套管,平梁底设置,洞中心距离有阴角外墙边或较隐蔽外墙边200,洞端头设置防鼠网
5. 厨房、卫生间等有水房间和与之相邻的楼面标高相同时同时做50高挡水门槛
6. 平面图纸预留孔洞位置及阳台平面,厨房卫生间平面大样均详建施10中标准层单元户型放大平面图

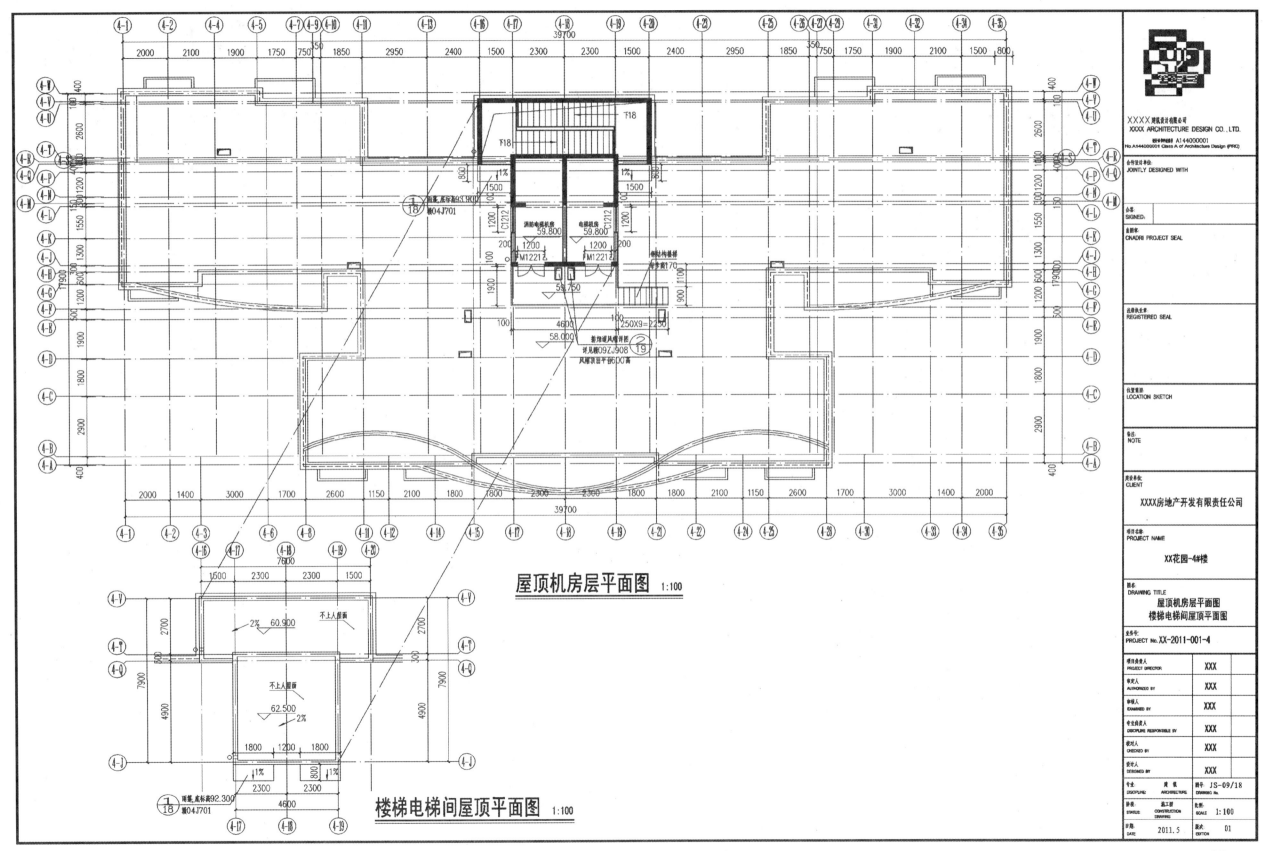

屋顶机房层平面图 1:100

楼梯电梯间屋顶平面图 1:100

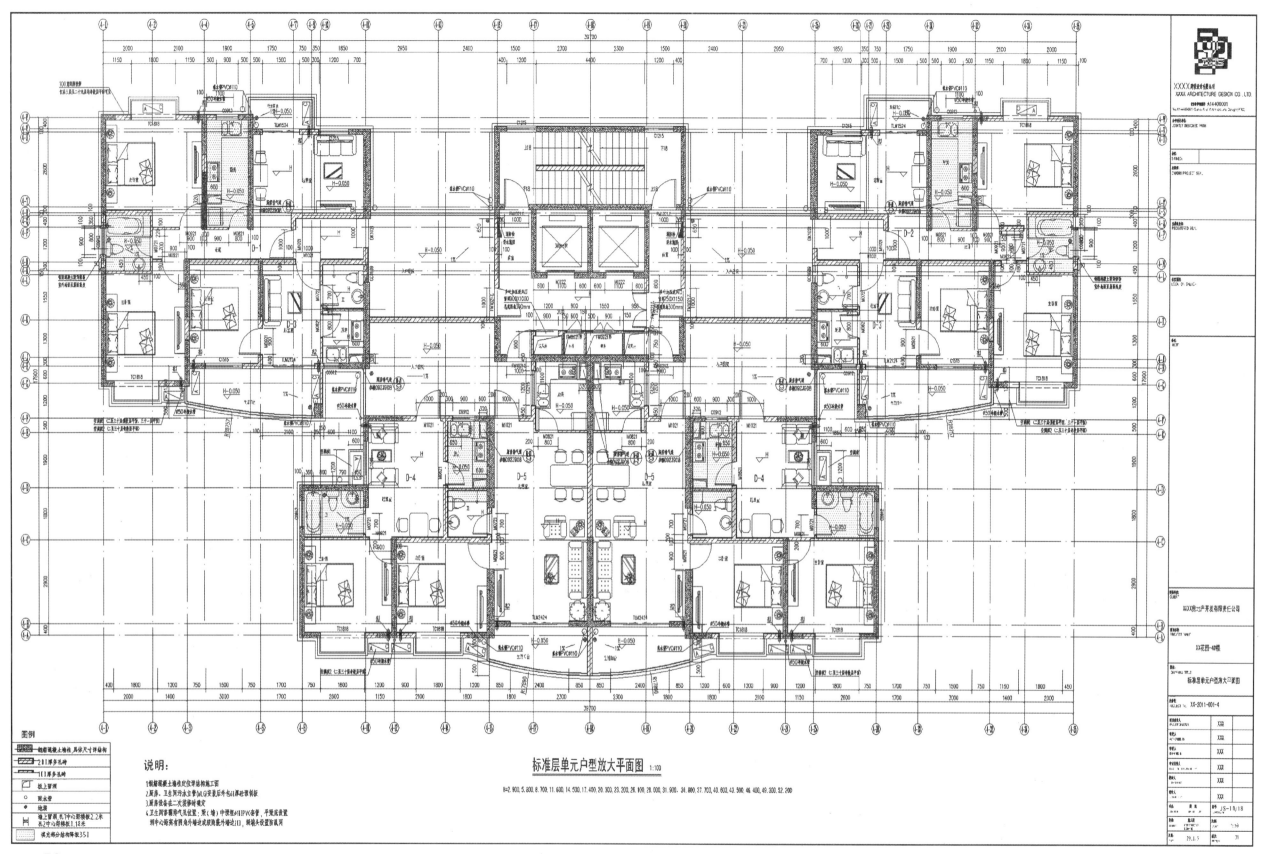

图例：

说明：
1 钢筋混凝土墙柱定位详结构施工图
2 厨房、卫生间污水立管(ML)安装后外包61厚砌制板
3 厨房设备在二次装修时确定
4 卫生间排烟气孔位置：聚(壁)中预埋φ110PVC套管，平装底设置

标准层单元户型放大平面图 1:100

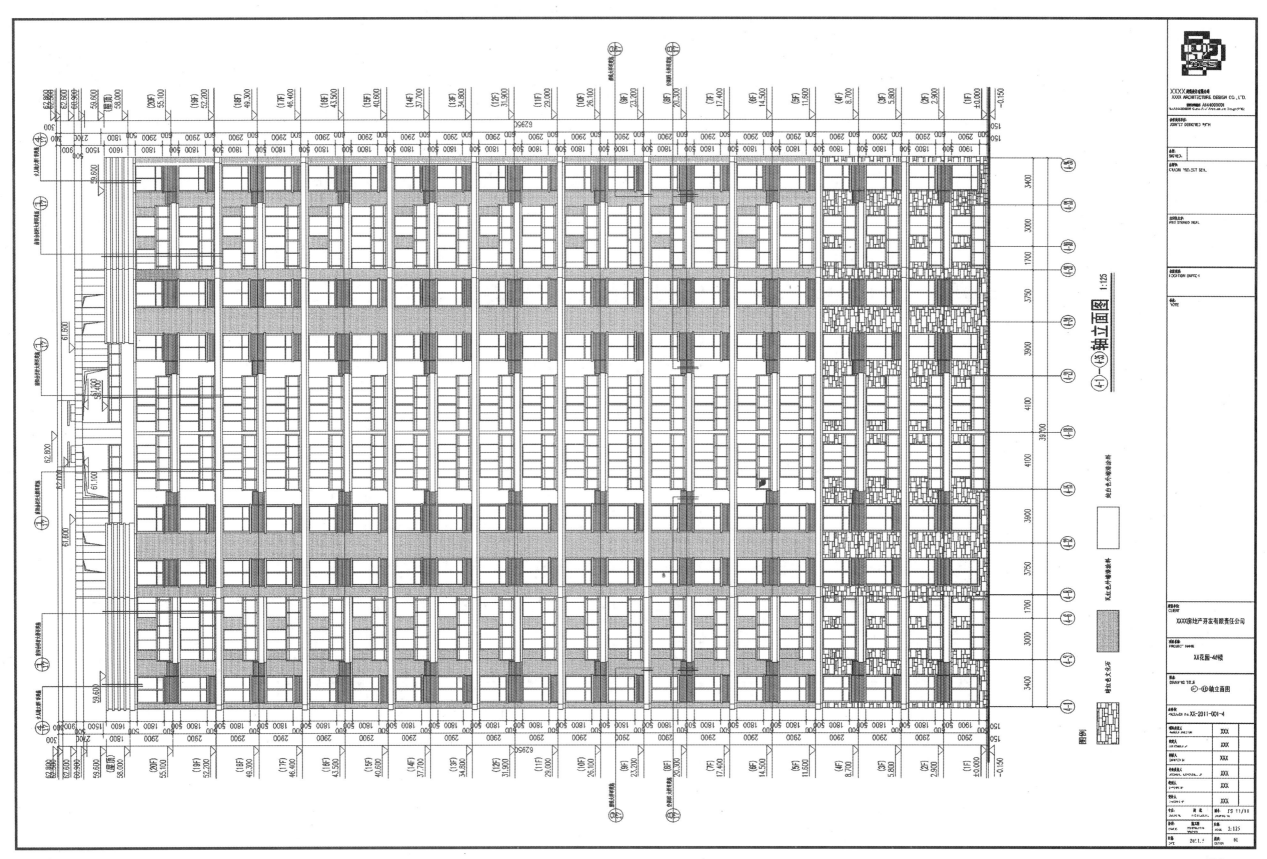

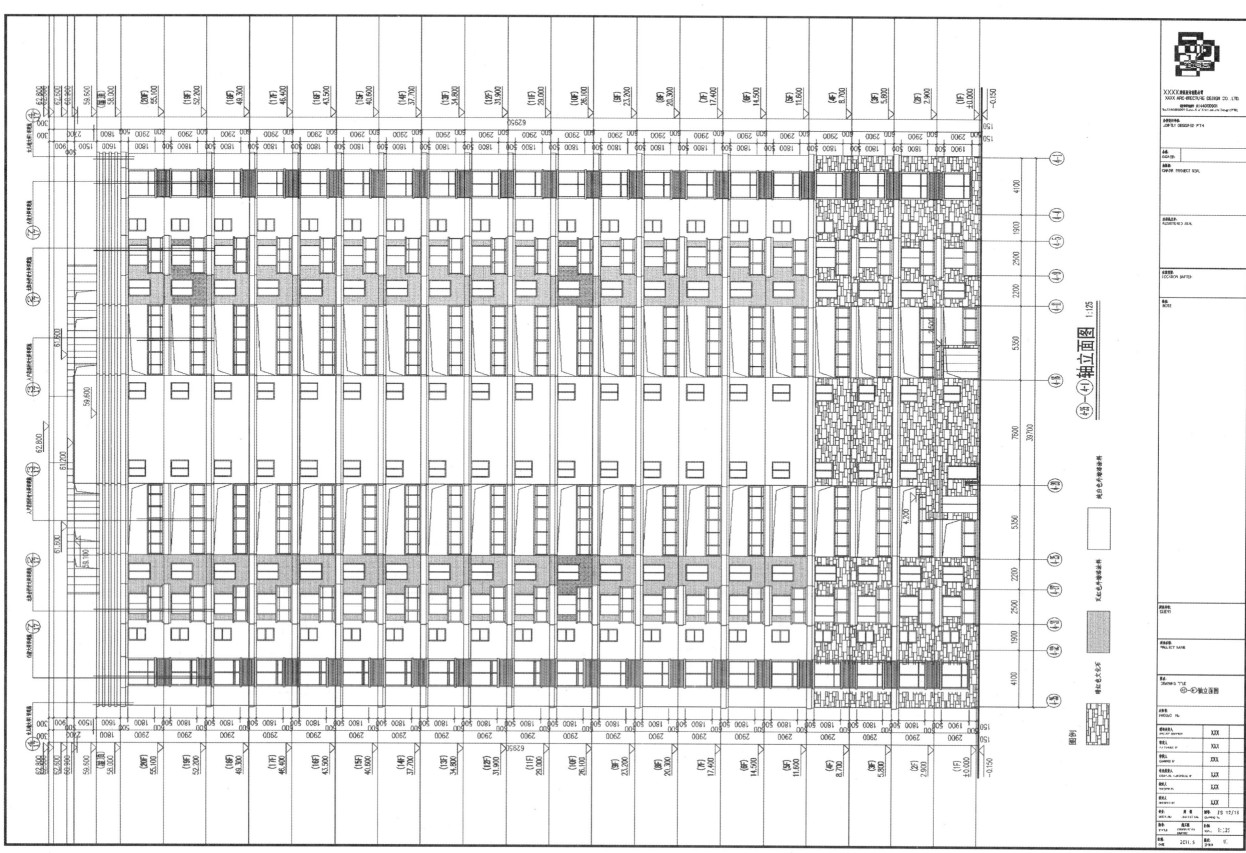

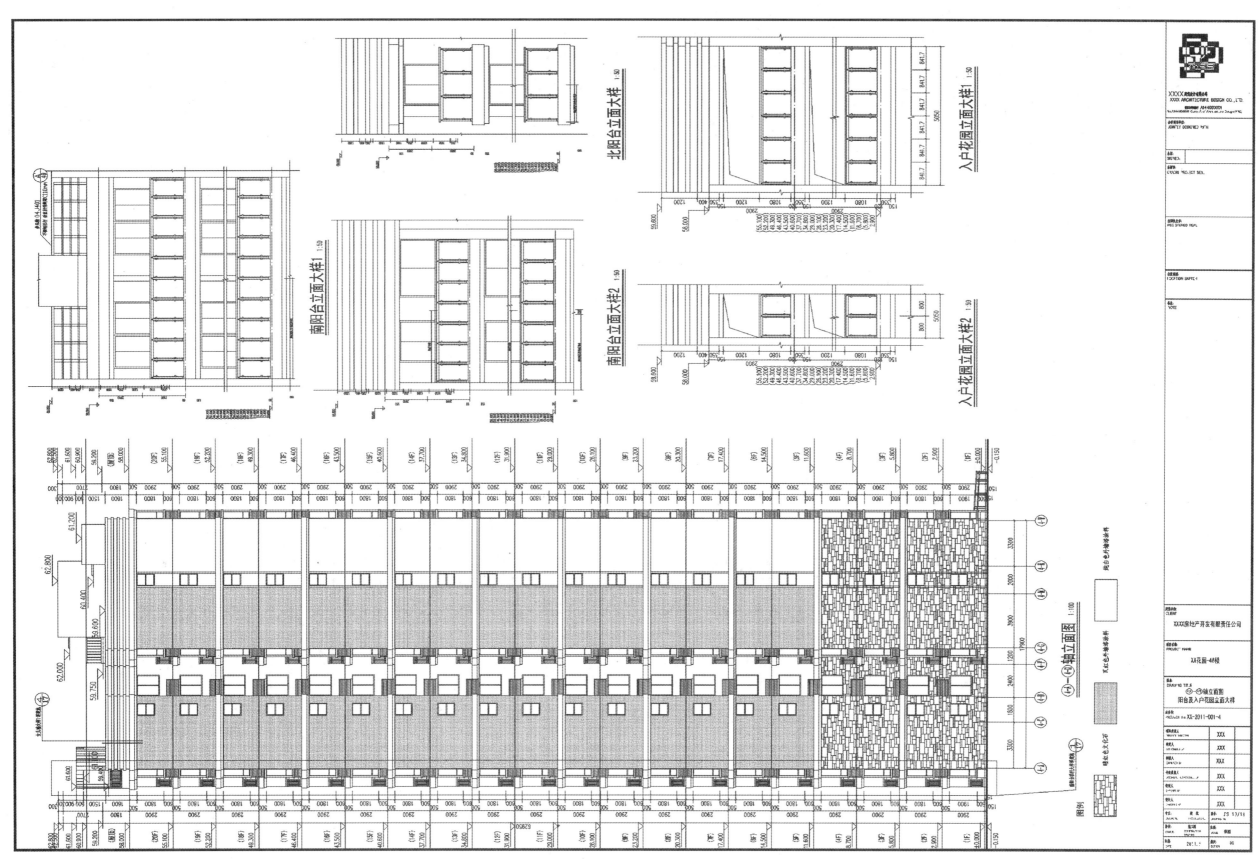

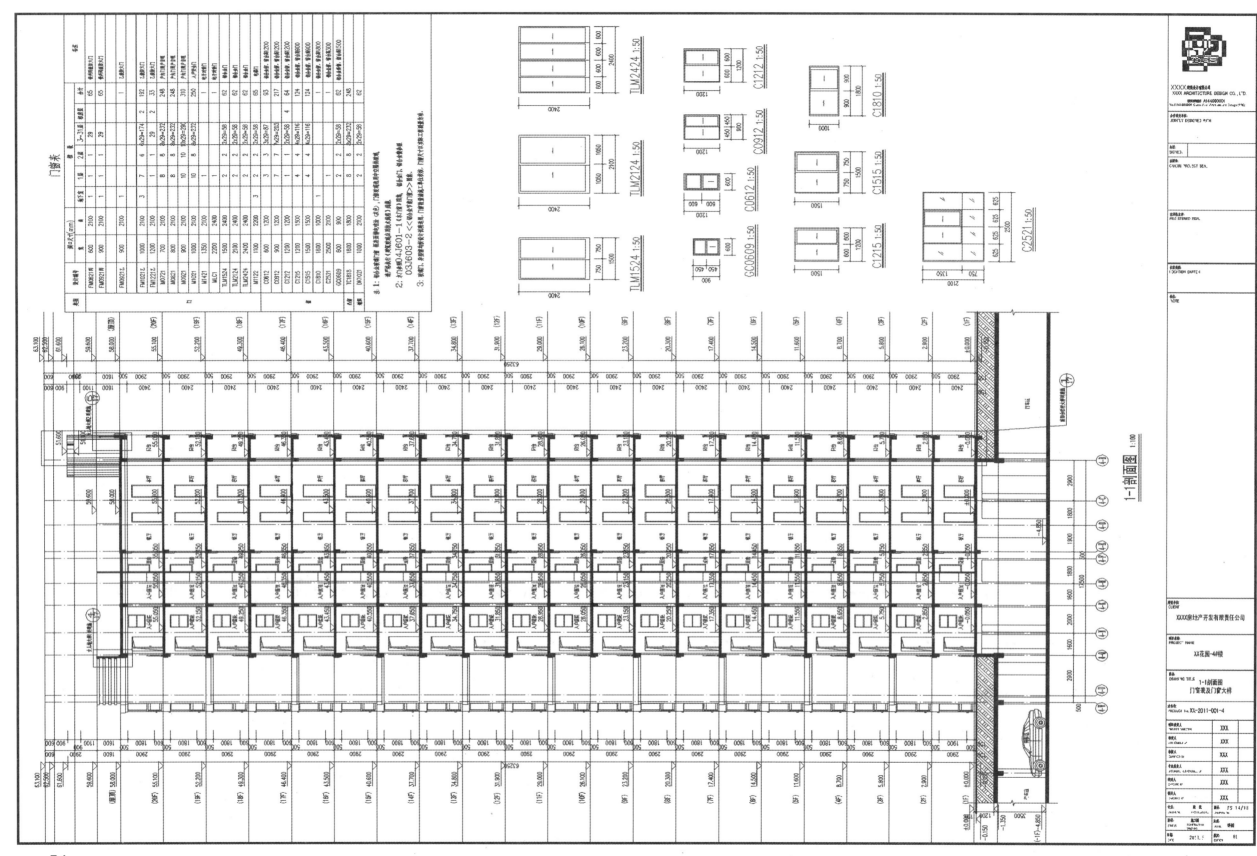

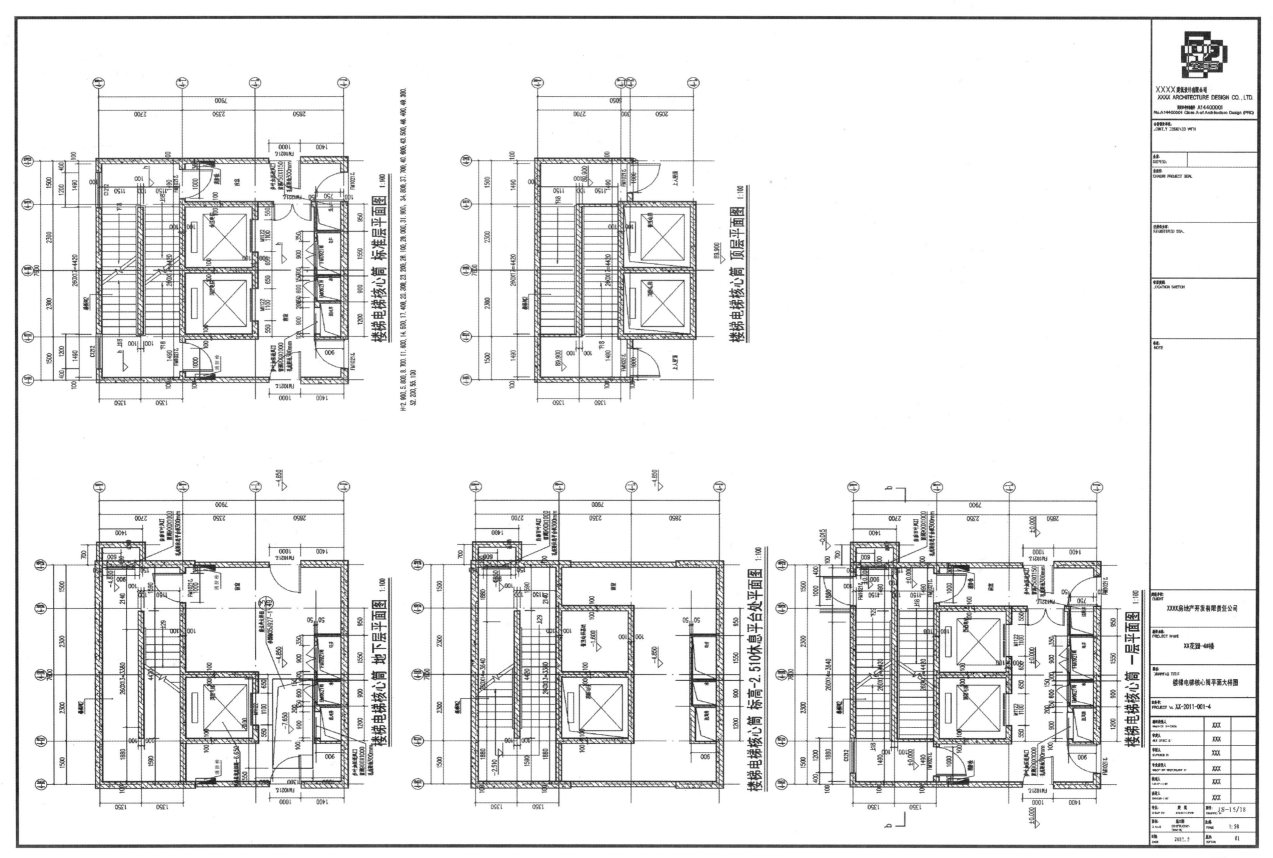

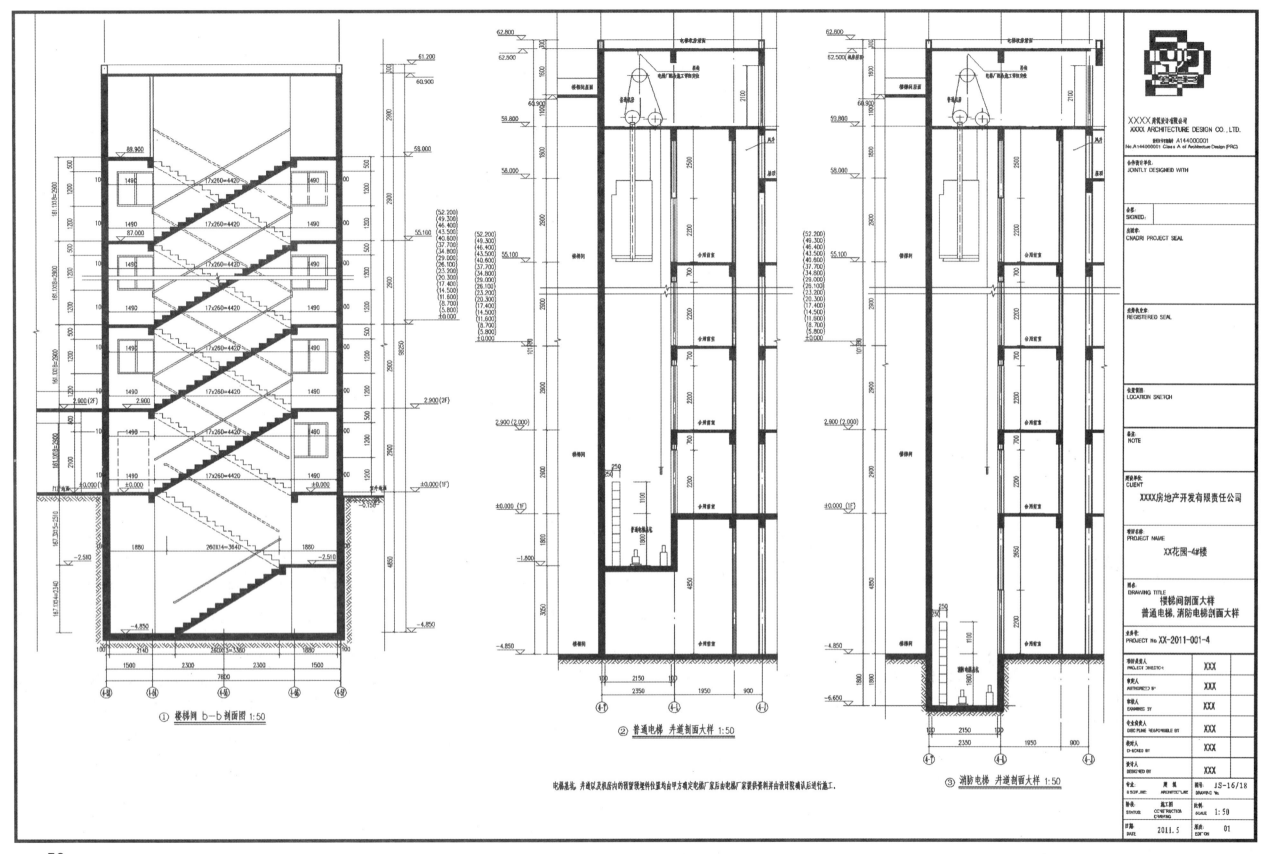

① 楼梯间 b-b 剖面图 1:50

② 普通电梯 井道剖面大样 1:50

③ 消防电梯 井道剖面大样 1:50

电梯基坑、并道以及机房内的预留预埋孔位置均由甲方确定电梯厂家后由电梯厂家提供资料并由设计院确认后进行施工.

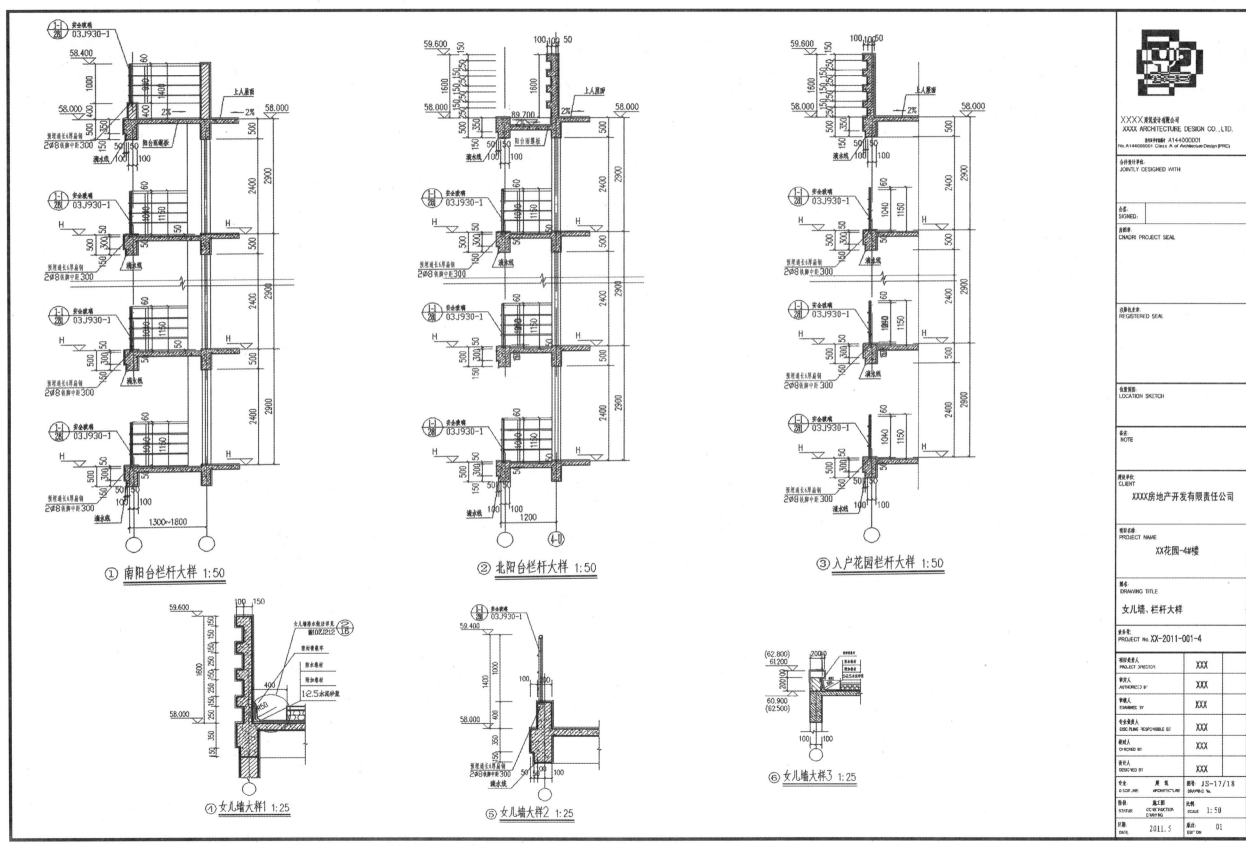

① 南阳台栏杆大样 1:50

② 北阳台栏杆大样 1:50

③ 入户花园栏杆大样 1:50

④ 女儿墙大样1 1:25

⑤ 女儿墙大样2 1:25

⑥ 女儿墙大样3 1:25

XXXX建筑设计有限公司
XXXX ARCHITECTURE DESIGN CO.,LTD.
甲级资质证书号 A144000001
No.A144000001 Class 'A' of Architecture Design (PRC)

合作设计单位
JOINTLY DESIGNED WITH

合签
SIGNED:

设图章
CNADRI PROJECT SEAL

注册执业章
REGISTERED SEAL

位置简图
LOCATION SKETCH

备注
NOTE

建设单位
CLIENT
XXXX房地产开发有限责任公司

项目名称
PROJECT NAME
XX花园-4#楼

图名
DRAWING TITLE
女儿墙、栏杆大样

业务号
PROJECT No.XX-2011-001-4

项目负责人 PROJECT DIRECTOR	XXX
审定人 AUTHORIZED BY	XXX
审核人 EXAMINED BY	XXX
专业负责人 DISCIPLINE RESPONSIBLE BY	XXX
校对人 CHECKED BY	XXX
设计人 DESIGNED BY	XXX

专业 DISCIPLINE	建筑 ARCHITECTURE	图号 DRAWING No.	JS-17/18
阶段 STATUS	施工图 CONSTRUCTION DRAWING	比例 SCALE	1:50
日期 DATE	2011.5	版次 EDITION	01

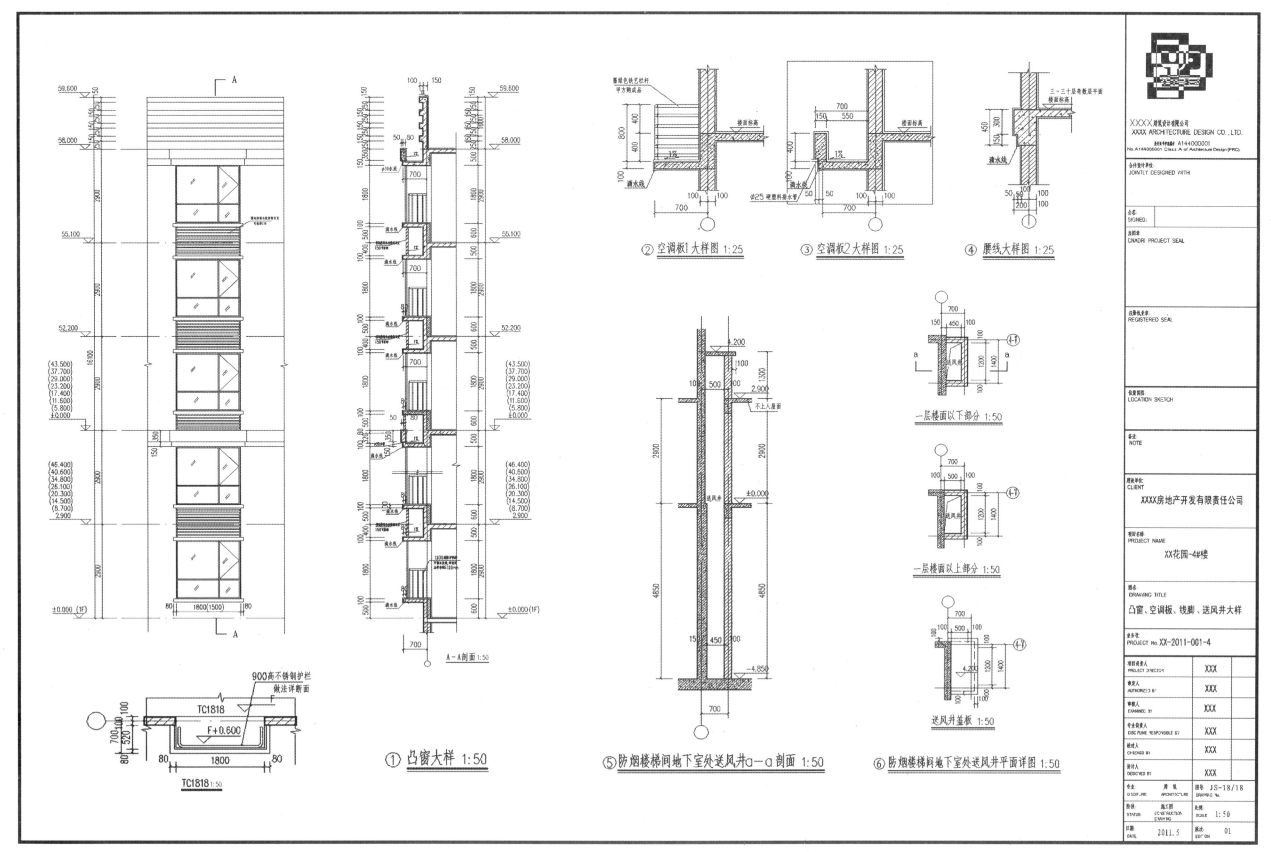

① 凸窗大样 1:50

TC1818 1:50

② 空调板1大样图 1:25

③ 空调板2大样图 1:25

④ 腰线大样图 1:25

⑤ 防烟楼梯间地下室处送风井a-a剖面 1:50

⑥ 防烟楼梯间地下室处送风井平面详图 1:50

一层楼面以下部分 1:50

一层楼面以上部分 1:50

送风井盖板 1:50

设计实例四 某市级检察院技侦大楼(钢筋混凝土框架结构)

　　该建筑为某检察院技侦大楼。该地块地形规则,建筑体型设计简洁,功能设置完备,朝向较好、采光、通风都比较良好,工作环境比较理想。

　　本工程单体建筑面积为 6 653.53 m²。建筑占地面积为 914 m²。建筑层数为地上 8 层。建筑檐口高度为 31.95 m,属于高层办公类建筑。建筑工程耐久年限为 50 年。防火设计耐火等级为 2 级。抗震设防烈度为 6 度。

　　本工程设计在平面、体形和空间的设计上比较简单,但在施工图的设计上有一定的参考价值。设计者针对该工程,详细地交代了各层的平面功能、形式、开间、大小及平面内外的各部分构造的细部做法。在本套施工图设计中还详细设计了电梯、楼梯、门窗以及其他建筑构件的细部做法等。整套建筑施工图逻辑清晰、交代详细、使施工人员方便施工,并满足规范要求。

图纸目录　××××建筑设计有限公司

业务号：XX-2005-10-3

业　主	某市检察院		项目名称	技侦大楼		
工程名称	某市检察院技侦大楼		设计阶段	施工图	专业	建筑
图号	图　　　　名		版本号	图幅	备注	
JS-01	建筑施工图设计说明		01	A1		
JS-02	总平面图		01	A1		
JS-03	室内装修明细表　　门窗表　室外装修用料构造明细表		01	A1		
	正门及玻璃幕墙大样　　室外楼梯栏杆大样					
JS-04	一层平面图		01	A1		
JS-05	二层平面图		01	A1		
JS-06	三层平面图		01	A1		
JS-07	四层平面图		01	A1		
JS-08	五层平面图		01	A1		
JS-09	六层平面图		01	A1		
JS-10	七层平面图		01	A1		
JS-11	八层平面图		01	A1		
JS-12	屋顶平面图		01	A1		
JS-13	屋顶构架平面图		01	A1		
JS-14	①～⑲立面图		01	A1		
JS-15	⑲～①立面图		01	A1		
JS-16	Ⓐ～Ⓚ立面图		01	A1		
JS-17	Ⓚ～Ⓐ立面图		01	A1		
JS-18	1-1剖面图		01	A1		
JS-19	2-2剖面图		01	A1		
JS-20	电梯大样		01	A1		

工程负责人		专业负责人		校对人		填写人	

2005 年 10 月 1 日 共 2 页 第 1 页

图纸目录　××××建筑设计有限公司

业务号：XX-2005-10-3

业　主	某市检察院		项目名称	技侦大楼		
工程名称	某市检察院技侦大楼		设计阶段	施工图	专业	建筑
图号	图　　　　名		版本号	图幅	备注	
JS-21	卫生间平面布置图　门窗大样　楼梯平面布置图		01	A1		
JS-22	楼梯平面布置图		01	A1		
JS-23	楼梯剖面图　飘板线角大样		01	A1		
JS-24	墙身大样　楼梯细部大样　无障碍坡道剖面　背立面玻璃幕墙大样		01	A1		

工程负责人		专业负责人		校对人		填写人	

2005 年 10 月 1 日 共 2 页 第 2 页

施工图设计说明

1. 设计依据
1.1 国家、行业、地方现行相关设计规范、规定
1.2 与业主签订的委托建筑设计合同
1.3 业主批准的建筑方案
2. 工程概况
2.1 工程名称:某市检察院技侦大楼
2.2 工程地点:某某市
2.3 建设单位:某市检察院
2.4 工程规模:总建筑面积:6653.53m²
　　　　建筑层数为地上8层
　　　　建筑总高度:31.95m
　　　　建筑占地面积:941m²
2.5 功能布局:全框架结构
2.6 建筑等级:二类高层建筑
2.7 设计防火分类及耐火等级:二级
2.8 结构体系:框架结构体系,抗震设防烈度6度
2.9 主体结构合理使用年限:50年
3. 设计范围
3.1 本设计包含建筑、结构、电气、给排水等专业。室内二次装修及绿化环境工程另行委托设计
4. 制图与图例
4.1 本设计图按国家现行制图规范绘制。工程尺寸以图注为准
4.2 本设计图标注标高:楼层以建筑完成面为准、屋面以结构板面为准;标注门窗洞为结构面层尺寸
5. 总平面
5.1 施工放样由现场放样无误后方可施工
5.2 设计标高:各单体室内±0.000相对应绝对标高(黄海高程)的关系现场确定
7. 砌体
7.1 砌体材料:除特殊注明外,外墙为200mm厚加气砼砌块;室内隔墙为100mm厚加气砼砌块
　　砌体强度标号及砂浆标号详结构说明,二次装修室内分隔墙应采用轻质隔墙
　　墙体强度标号及砌体墙拉结筋,构造柱定位做法详施
7.2 墙身防潮做法:20厚1:2.5水泥砂浆加5%防水剂,-0.06M内外墙设防潮层。遇地面有高差时应沿墙身迎土面设竖向防潮层
　　与水平防潮层形成闭合。卫生间内墙设防潮层,做法赣03ZJ207 ⊕ ⊕
7.3 墙身防潮做法:所有立管于穿越非本功能空间的室内时应用碎砖水泥砂浆包砌,最薄处30厚
8. 墙体装饰
8.1 外墙装修选材与色彩详立面图标注,构造做法详外墙装修构造表
8.2 内墙面装修做法详见室内装修构造表
9. 楼地面
9.1 楼地面做法:详见室内外装修构造表
9.2 卫生间,楼地面做0.5%坡度,平台楼地面做1%坡度坡向地漏或出水口
9.3 卫生间及其他有水房间的楼板周围除门洞处均采用C20素混凝土现浇180mm高翻边,宽度同墙厚,1.5厚聚氨酯防水层
　　(两道)卫生间垂直向上延伸1800mm高
9.4 管道穿楼板处应填塞密实防水材料嵌缝处理,楼地面防水层翻上300mm高
10. 顶棚:顶棚材料及做法详见室内外装修构造表
11. 屋面
11.1 屋面工程防水应由经资质审查合格的防水专业队伍进行施工
11.2 屋面防水等级:Ⅱ级
11.3 屋面防水保温层构造做法:详室内外装修构造表
11.4 屋面排水构造:穿楼板屋面雨水落口做法详见赣03SJ207 ⊕
　　平屋面泛水、压顶做法详见赣03SJ207 ⊕ 平屋面天沟做法详见赣02SJ207 ⊕
11.5 屋面排水坡度:屋面排水建筑找坡2%;天沟、檐沟纵向找坡1%底标水落差不超过200mm
11.6 屋面雨水排放口及雨水管做法详见水施图
12. 室外工程
12.1 散水做法:混凝土散水详赣04J701 ⊕,b600mm宽
12.2 台阶做法:混凝土台阶详赣04J701 ⊕
12.3 雨水管采用Ø100PVC管,设置位置详见水施图
13. 门窗
13.1 外墙门窗均采用铝合金节能门窗,无色、保温中空玻璃、灰色框料,玻璃厚度和框料规格,应根据国家、行业现行规范
　　规定进行选用、制作、安装

13.2 外窗气密性不低于规定的4级;水密性为250pa,并符合GB/T 7107-2000检测标准
13.3 防火门:配电房防火门均为甲级防火门,楼梯间防火门均为乙级防火门。设备管井防火门均为丙级防火门
13.4 落地平开无框玻璃门配置醒目拉手,落地无框固定玻璃门在视线高度设置醒目装饰线条详二次装修
13.5 门窗制作与安装应由具备相应资质的专业队伍承担。门窗型号、数量、洞口尺寸详见门窗表、门窗大样;洞口尺寸现场实测为准
13.6 门窗以下部位应采用安全玻璃:面积大于0.5m²的门玻璃或七层及七层以上外窗。面积大于1.5m²的窗玻璃或底边距楼地面装修面层小于0.5m的落地
　　窗玻璃以及落地平开无框门和固定门
14. 楼梯
14.1 楼梯栏杆、扶手做法详建施-20。水平段长度0.5m时,扶手高1.05m,楼梯栏杆高度:室内楼梯栏杆扶手高度为0.9m,(踏步边缘算起)
14.2 楼梯扶手在平台转角处施工应采用保证平台净宽不小于梯段净宽的构造措施
15. 油漆
15.1 木门、门套、木扶手等木作油漆做法:底漆一遍,白色面漆两遍罩面
15.2 外露铁件应除锈后涂防锈底漆二度,面漆二度
15.3 木构件防腐处理:所有入墙、落地木构件均刷防腐油二道防腐处理
16. 栏杆
16.1 临空外窗、玻璃幕墙内侧当窗台高低于0.9m时均加设安全防护栏高不低于1.05m
16.2 临空栏杆(板)高度:六层及六层以下为1.05m;超过六层为1.10m
17. 幕墙
17.1 幕墙采用安全玻璃幕墙,颜色详单体,幕墙分格详建施图或由具有相应资质的专业厂家与设计院协商后再确定
17.2 幕墙应由具有相应资质的专业厂家根据《玻璃幕墙工程技术规范》JGJ 102-96《金属与石材幕墙工程技术规范》JGJ 133-2001和现行相关规范
　　要求制作安装,土建施工配合埋置预埋件。幕墙专业厂家设计和施工与土建密切配合。
17.3 幕墙竖向防火构造详建施图
18. 无障碍设计
18.1 无障碍坡道做法详赣04J906 ⊕,扶手详赣04J906 ⊕
18.2 基地内人行通道设台阶处同时设无障碍坡道。通道交叉路口设缘石坡道;绿地休息座椅旁设轮椅停车位;绿地入口地段、台阶、坡道和其他无障碍
　　设施的位置设提示盲道,道路设行进盲道,做法参照赣04J906《无障碍设施》图集
19. 其他要求
19.1 本工程其它设备专业预埋件、预留孔洞位置及尺寸详见各专业相关图纸。施工中土建与各工种应密切配合设置预埋件及预留孔洞,不得事后敲打
19.2 本工程所采用的建筑制品及建筑材料应有国家或地方有关部门颁发的生产许可证及质量合格检验证明,材料的品种、规格、性能等应符合国家或行业
　　相关质量标准。装修材料的材质、质感、色彩等应符合与设计人员协商决定
19.3 本工程进口材料应有检验检疫机构签发的进口材料备案书、检验验证明或专项检测报告,应按产品使用范围应用
19.4 本工程所采用的建筑材料和装修材料必须符合《民用建筑工程室内环境污染控制规范》GB 50325-2001的有关规定
19.5 施工及验收应严格执行国家现行的有关施工验收规范
19.6 施工中因需变更设计,必须事先通知设计院,征得原设计负责人的同意,并以设计院的设计变更通知单为准进行更改施工,否则由修改方承担设计
　　技术责任及由此产生的法律责任
19.7 二次装修不得破坏有承重结构和消防设施,改建或新增内隔墙应采用轻质隔墙
19.8 使用中若改变原设计功能应报相关部门审核
19.9 本工程所引用的标准图详图做法及选用的产品,施工应严格按相关图集说明及产品技术要求施工
20. 电梯工程
(1)1抬电梯轿箱内应具无障碍功能,轿箱正面和侧面高0.85m处Ø40不锈钢抓手,轿箱正面高0.9m处至顶部安装镜子,详赣04J906 ⊕
(2)电梯井和机房预埋件,预留孔请与电梯厂图纸核实无误后预埋(预留)

建筑节能措施

部位		构造做法	K值	D值
外墙体		赣02SJ102-1 ⊕ 聚苯颗粒保温层10厚,抗裂沙浆5厚	0.83	3.67
屋面		保温层选用35厚挤塑聚苯乙烯泡沫塑料板	0.64	3.22
外门窗		采用国标03J603-2外平开穿条式铝合金节能窗-50C系列	2.97	
窗墙比	北向 0.39	>0.3, <0.4	3.5	SC0.55
	东向 0.08	<0.2	6.5	——
	西向 0.08	<0.2	6.5	——
	南向 0.37	>0.3, <0.4	3.5	SC0.45

XXXX建筑设计有限公司
XXXX ARCHITECTURE DESIGN CO., LTD.
设计证书等级:A144000001
No.A144000001 Class A of Architecture Design (PRC)

合作设计单位:
JOINTLY DESIGNED WITH:

签名:
SIGNED:

出图章:
CNAORI PROJECT SEAL

注册执业章:
REGISTERED SEAL

位置简图:
LOCATION SKETCH

备注:
NOTE

建设单位:
CLIENT
XX市检察院

项目名称:
PROJECT NAME
XX市检察院技侦大楼

图名:
DRAWING TITLE
建筑施工图设计说明

业务号:
PROJECT No.
XX-2005-10-3

项目负责人 PROJECT DIRECTOR XXX
审定人 AUTHORIZED BY XXX
审核人 EXAMINED BY XXX
专业负责人 DISCIPLINE RESPONSIBLE BY XXX
校对人 CHECKED BY XXX
设计人 DESIGNED BY XXX

专业 建筑 DISCIPLINE ARCHITECTURE
图号 DRAWING No. JS-01
状态 施工图 STATUS CONSTRUCTION DRAWING
比例 SCALE 1:100
日期 DATE 2004/02
版次 EDITION 01

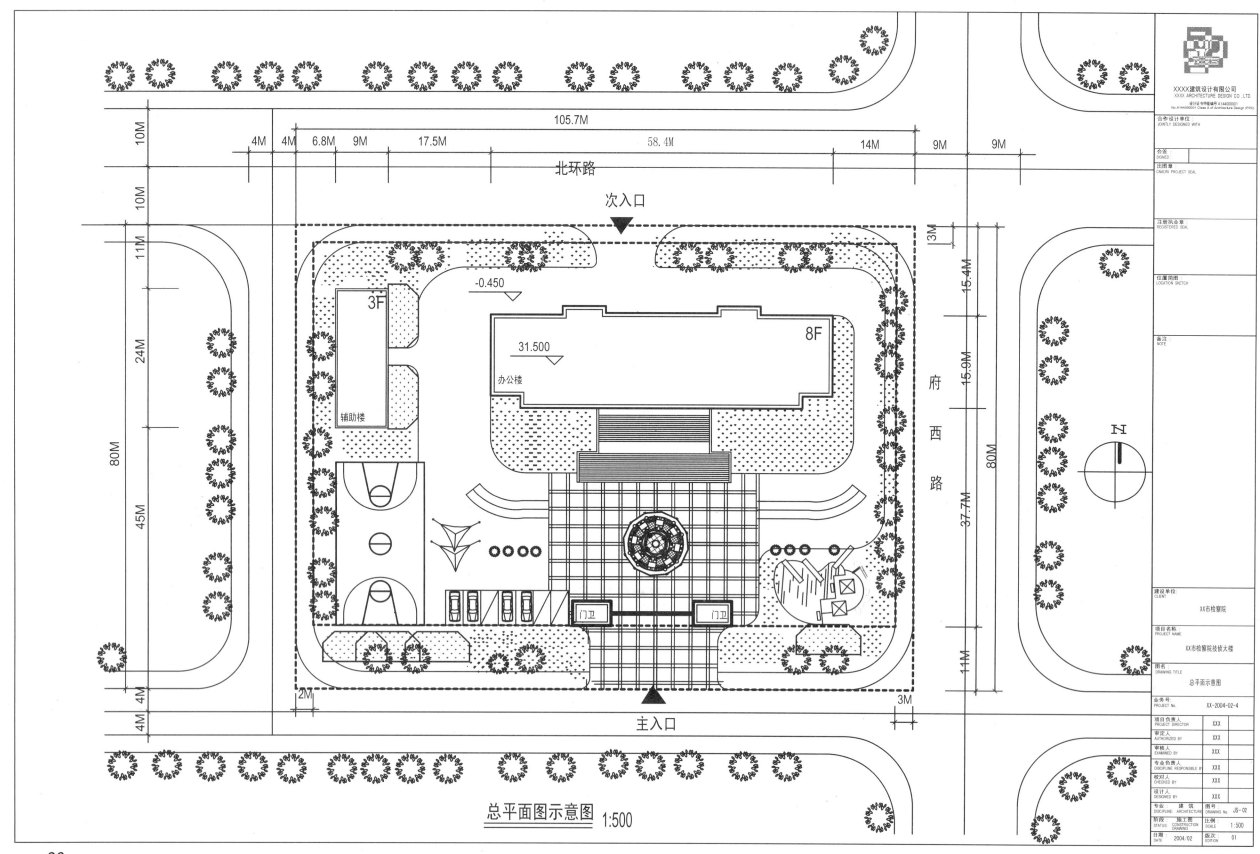

门　窗　表

门窗编号	名　称	洞口尺寸	一层	二层	三层	四层	五层	六层	七层	八层	合计	图集编号	备　注
M-1	夹板平开门	900X2100	14	11	9	16	15	13	10	1	89	PJM$_{Bh}$-0921	
M-2	夹板平开门	800X2100	3	3	3	3	3	3	1	1	20	PJM$_{Bh}$-0821	
M-3	夹板平开门	1000X2100	1	1	1	1	1	1	1	2	9	PJM$_{Bh}$-1021	详图集赣98J741
M-4	夹板平开门	700X2100	5			1					6	PJM$_{Bh}$-0821	
M-5	夹板平开门	1500X2400	5					2	1	4	12	PJM$_{Bh}$-1224	
M-6	夹板平开门	1800X3000							2		2	PJM$_{Bh}$-1524	
												PJM$_{Bh}$-1830	
FM1	乙级防火门	1200X2400	2	2	2	2	2	2	2		17		
FM2	丙级防火门	700X2100	3	3	3	3	3	3	2	2	22		
FM3	乙级防火门	1000X2400	1										
FM4	甲级防火门	1500X2400	1										
C-1	铝合金窗	600X2200	28								28	仿NPLC50C09-6.04	距地高900mm
C-2	铝合金窗	600X1800	4								4	XNPLC50C07-6.97	距地高1300mm
C-3	铝合金窗	1200X1800	2								2	NPLC50C28-3.01	距地高900mm
C-4	铝合金窗	1500X2700		2							2	仿NPLC50C44-1.32	距地高900mm
C-5	铝合金窗	1500X2100			2	2	2	2	2		10	NPLC50C44-1.32	距地高900mm
C-6	铝合金窗	1800X2700		8							8	仿XNPLC50C76-1.35	距地高1200mm
C-7	铝合金窗	1800X2100		1	9	7	8	16			50	仿XNPLC50C76-1.35	
C-8	铝合金窗	4800X2700		4							4	仿XNPLC50C67-1.85	距地高1200mm
C-9	铝合金窗	4800X2100			4	4	4	4			16	仿XNPLC50C67-1.85	
C-10	铝合金窗	900X2100				8					8	NPLC50C19-4.03	
C-11	铝合金窗	1800X2700							11		11	仿XNPLC50C67-1.85	距地高1800mm
C-12	铝合金窗	1800X2100							6		6	仿XNPLC50C67-1.85	距地高1200mm
C-13	铝合金窗	1200X1800	2								2	XNPLC50C45-3.01	距地高1300mm
C-14	铝合金窗	1200X1500							2		2	XNPLC50C44-2.46	
C-15	铝合金窗	1200X2700		2							2	仿XNPLC50C46-2.58	距地高1200mm
C-16	铝合金窗	1200X2100			2	2	2	2			8	XNPLC50C46-2.58	
C-17	铝合金窗	8000X2640	1								1	仿XNPLC50C44-2.46	详大样
C-18	铝合金窗	4500X2640	2								2	仿XNPLC50C44-2.46	详大样
C-19	铝合金窗	8000X2100		1	1						2	仿XNPLC50C44-2.46	详大样
C-20	铝合金窗	4500X2100		2	2	2	2	2			10	仿XNPLC50C44-2.46	详大样
C-21	铝合金窗	1500X900									2	仿GLC50C01-3.10	
C-22	铝合金窗	1500X1800									2	GLC50C04-2.04	具体位置详见建施-17
C-23	铝合金窗	1500X1500									6	GLC50C03-2.47	侧立面窗大样
C-24	铝合金窗	1500X2100									2	GLC50C05-1.74	

注：1. 所有铝合金窗构配件均为国标03J603-2外平开穿条式铝合金节能窗-50系列
　　　组合窗拼接节点详国标03J603-2⑪
　　2. 所有窗台高不足900高的窗户均需加设1050高护窗栏杆，做法仿赣04J402⑮
　　3. 窗扇大于1.5m² 和低于0.5m的玻璃门窗、面积大于0.5m的门玻璃或七层及七层以上外窗应安装安全玻璃
　　4. 玻璃幕墙分隔尺寸待确定正规生产厂家后定。玻璃幕墙详细尺寸以现场测量为准

室外装修用料构造明细表

部位	装修用料	构造做法
屋面	不上人屋面	赣02SJ207-25-57 保温层选用35厚挤塑聚苯乙烯泡沫塑料板
	上人屋面	赣02SJ207-24-56 保温层选用35厚挤塑聚苯乙烯泡沫塑料板
雨蓬	水泥砂浆	赣04J701-18-2
外墙面	铝塑板贴面	安装时由施工方拿出具体施工方案再定

室内装修明细表

名称部位		楼地面	踢脚板	内墙面	顶棚	备　注
一层及以上	办公室 走道 楼梯间	水泥砂浆面层 赣01J301-36-1	水泥砂浆踢脚板120高 赣01J301-63-1	水泥砂浆抹灰 赣02J802-26-1	板底批腻子喷涂白色 赣02J802-53-1b	
	卫生间	防滑地砖 赣01J301-43-37d	水泥砂浆踢脚板120高 赣01J301-63-1	防水砂浆抹灰 赣02J802-26-1	同上	防水做法详 施工图总说明
负一层	大厅 设备用房 楼梯间	水泥砂浆面层 赣01J301-9-11	水泥砂浆踢脚板120高 赣01J301-63-1	水泥砂浆抹灰 赣02J802-26-1	同上	
	卫生间	防滑地砖 赣01J301-14-47d	水泥砂浆踢脚板120高 赣01J30-63-1	防水砂浆抹灰 赣02J802-26-1	同上	防水做法详 施工图总说明

注：未注明的装修面层二次装修确定，"107"胶改建筑胶，涂料改丙烯酸类涂料

XXXX建筑设计有限公司
XXXX ARCHITECTURE DESIGN CO.,LTD.
设计证书甲级编号 A144000001
No.A144000001 Class A of Architecture Design (PRC)

合作设计单位：
JOINTLY DESIGNED WITH

会签：
SIGNED:

出图专用章：
ONADRI PROJECT SEAL

注册执业章：
REGISTERED SEAL

位置简图：
LOCATION SKETCH

备注：
NOTE

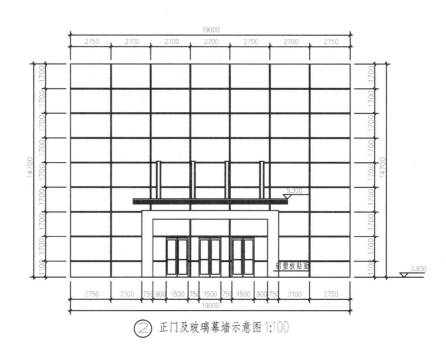

② 正门及玻璃幕墙示意图 1:100

出屋面柱外包示意图

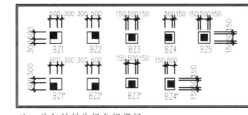

注：外包材料为银色铝塑板。

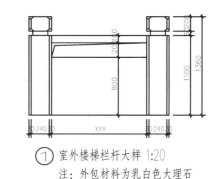

① 室外楼梯栏杆大样 1:20
注：外包材料为乳白色大理石

建设单位：
CLIENT
XX市检察院

项目名称：
PROJECT NAME
XX市检察院技侦大楼

图名：
DRAWING TITLE
室内装修明细表 门窗表
室外装修用料构造明细表
正门及玻璃幕墙大样 室外楼梯栏杆大样

业务号：
PROJECT No.
XX-2005-10-3

项目负责人 PROJECT DIRECTOR	XXX
审定人 AUTHORIZED BY	XXX
审核人 EXAMINED BY	XXX
专业负责人 DISCIPLINE RESPONSIBLE BY	XXX
校对人 CHECKED BY	XXX
设计人 DESIGNED BY	XXX

专业 建筑 DISCIPLINE: ARCHITECTURE	图号 DRAWING No. JS-03
阶段 施工图 STATUS: CONSTRUCTION DRAWING	比例 SCALE 1:100
日期 DATE 2004/02	版次 EDITION 01

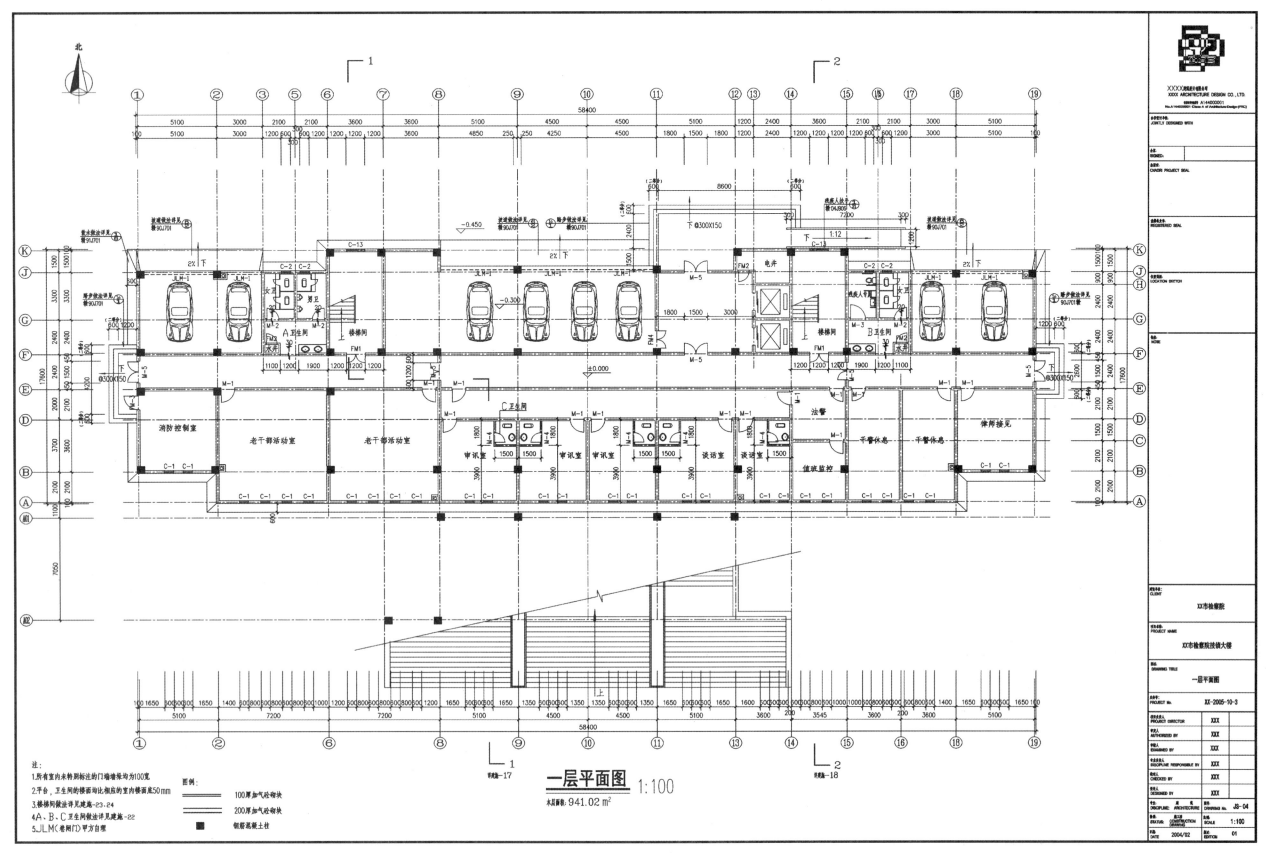

一层平面图 1:100

本层面积: 941.02 m²

注:
1.所有室内未特别标注的门墙墙垛均为100宽。
2.平台、卫生间的楼面均比相应的室内楼面底50mm
3.楼梯间做法详见建施-23.24
4.A、B、C卫生间做法详见建施-22
5.JLM(卷闸门)甲方自理

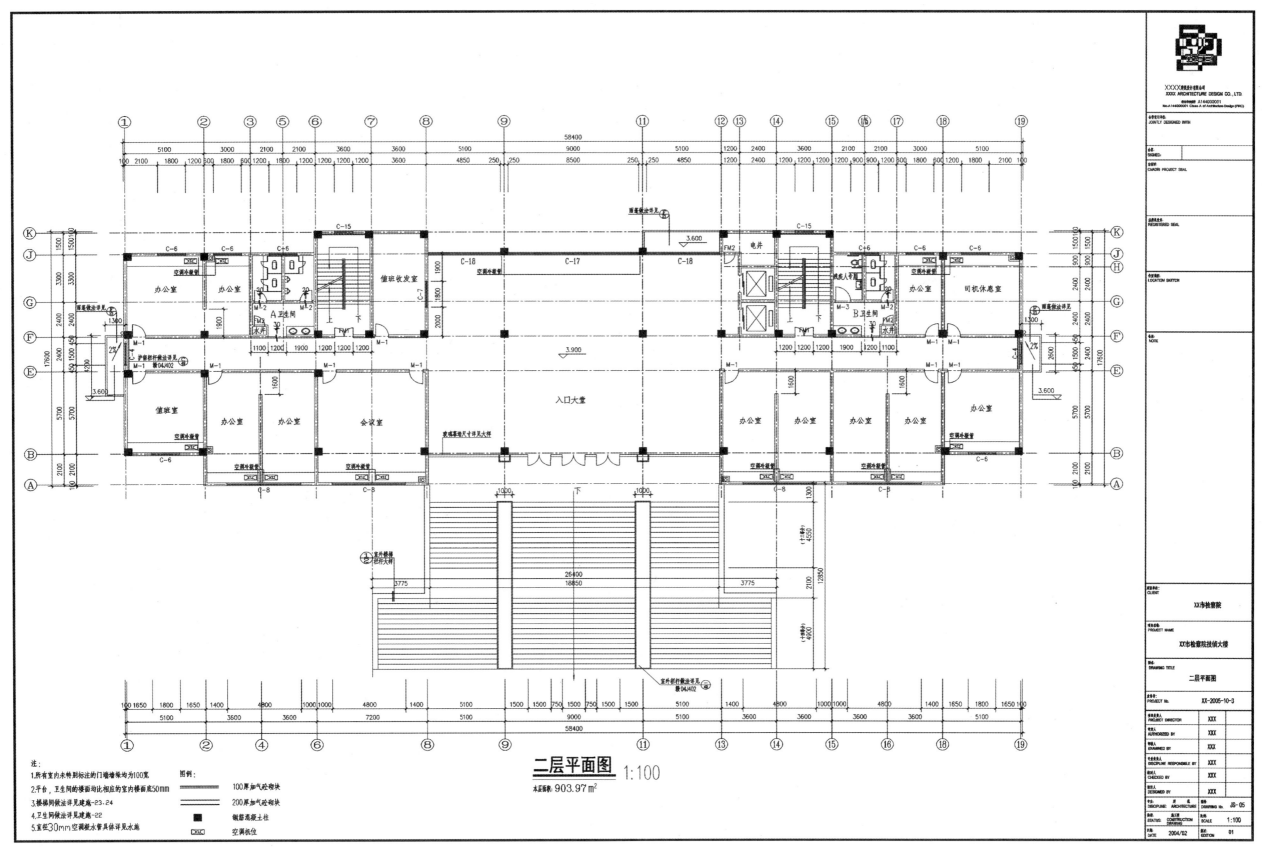

二层平面图 1:100

本层面积：903.97 m²

注：
1.所有室内未特别标注的门墙墙垛均为100宽
2.平台、卫生间的楼面均比相应的室内楼面低50mm
3.楼梯间做法详见23.24
4.卫生间做法详见建施-22
5.直径30mm空调凝水管具体详见水施

图例：
　　　　100厚加气砼砌块
　　　　200厚加气砼砌块
　■　　钢筋混凝土柱
　　　　空调机位

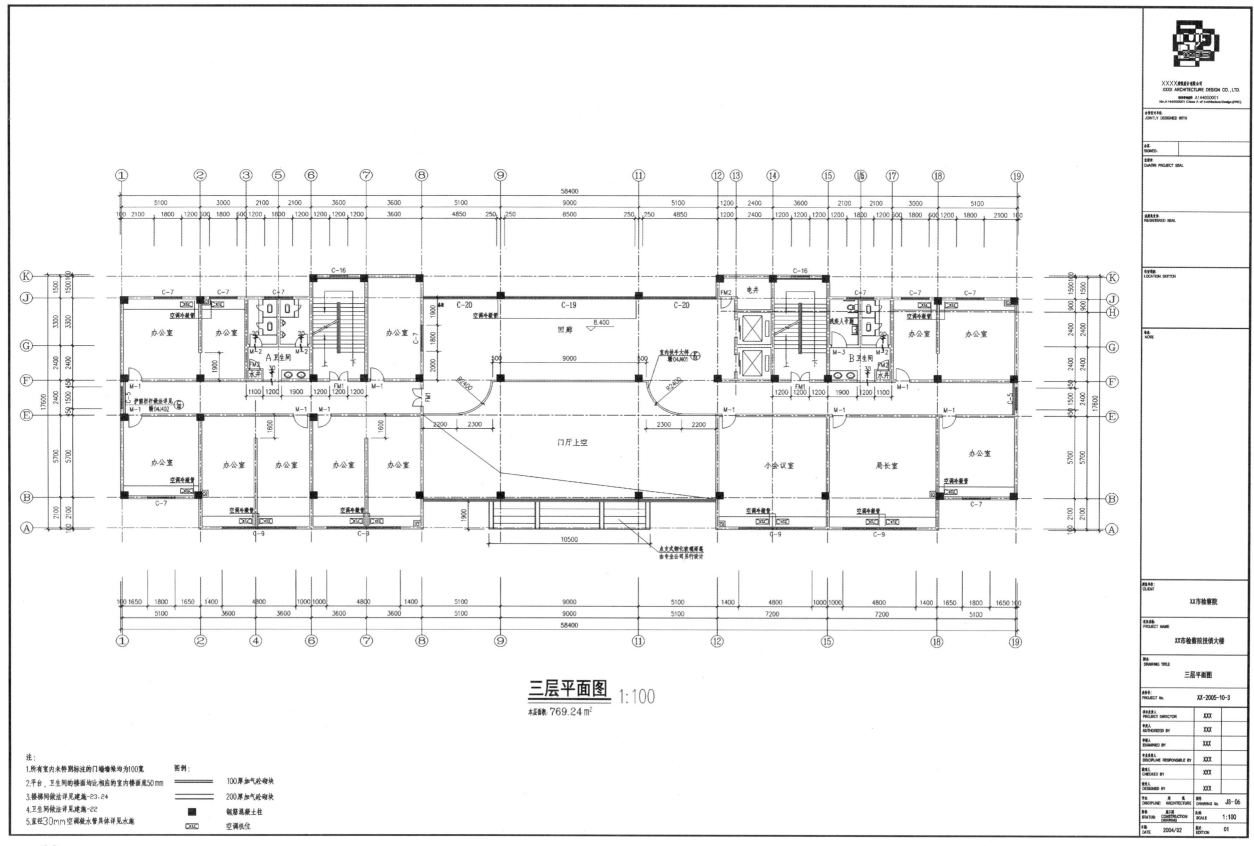

三层平面图 1:100

本层面积: 769.24 ㎡

注:
1.所有室内未特别标注的门墙墙垛均为100宽
2.平台、卫生间的楼面面均比相应的室内楼面底50mm
3.楼梯间做法详见建施-23、24
4.卫生间做法详见建施-22
5.直径30mm空调凝水管具体详见水施

图例:
———— 100厚加气砼砌块
━━━━ 200厚加气砼砌块
■ 钢筋混凝土柱
⊡ 空调机位

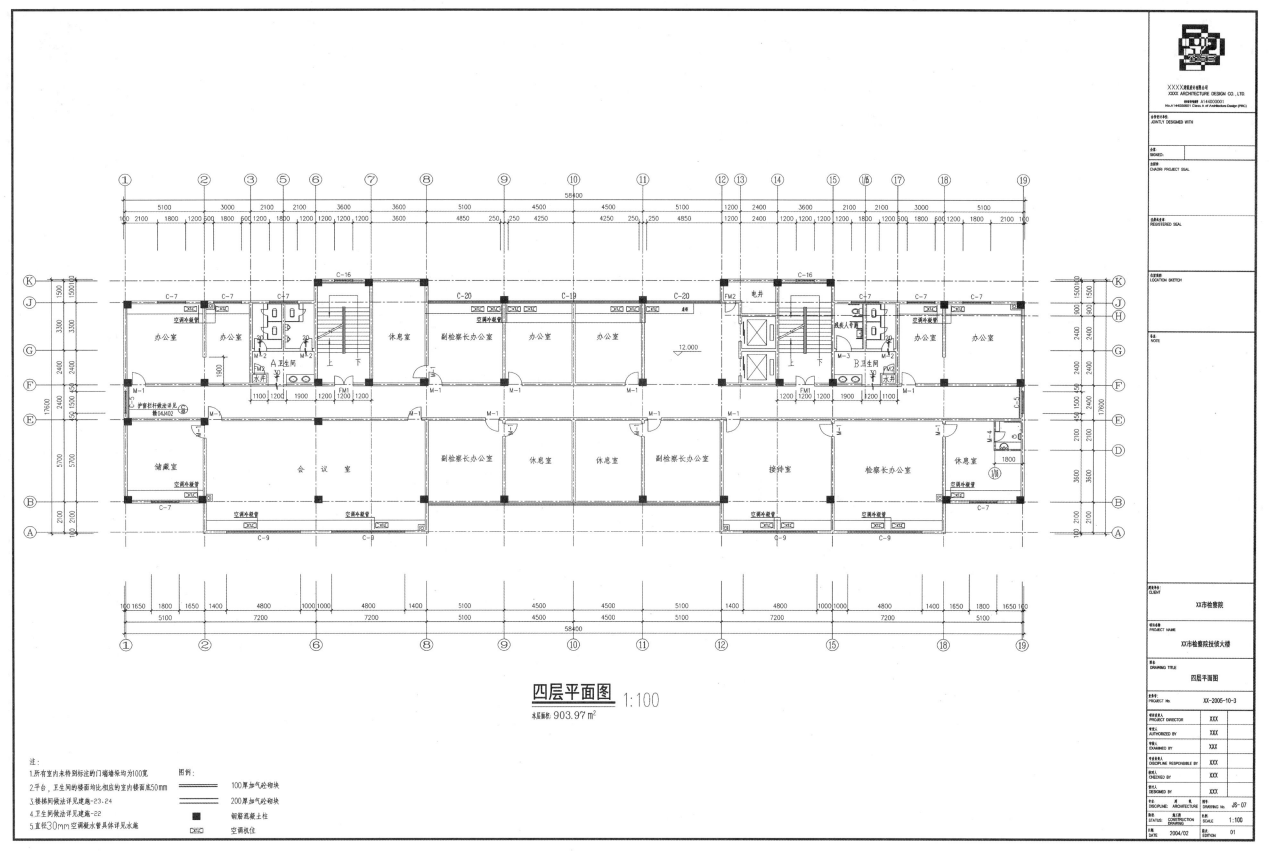

四层平面图 1:100

本层面积：903.97 ㎡

注：
1.所有室内未特别标注的门墙墙垛均为100宽。
2.平台、卫生间的楼面均比相应的室内楼面底50mm。
3.楼梯间做法详见建施-23、24。
4.卫生间做法详见建施-22。
5.直径30mm空调凝水管具体详见水施。

图例：
——— 100厚加气砼砌块
——— 200厚加气砼砌块
■ 钢筋混凝土柱
区XLG 空调机位

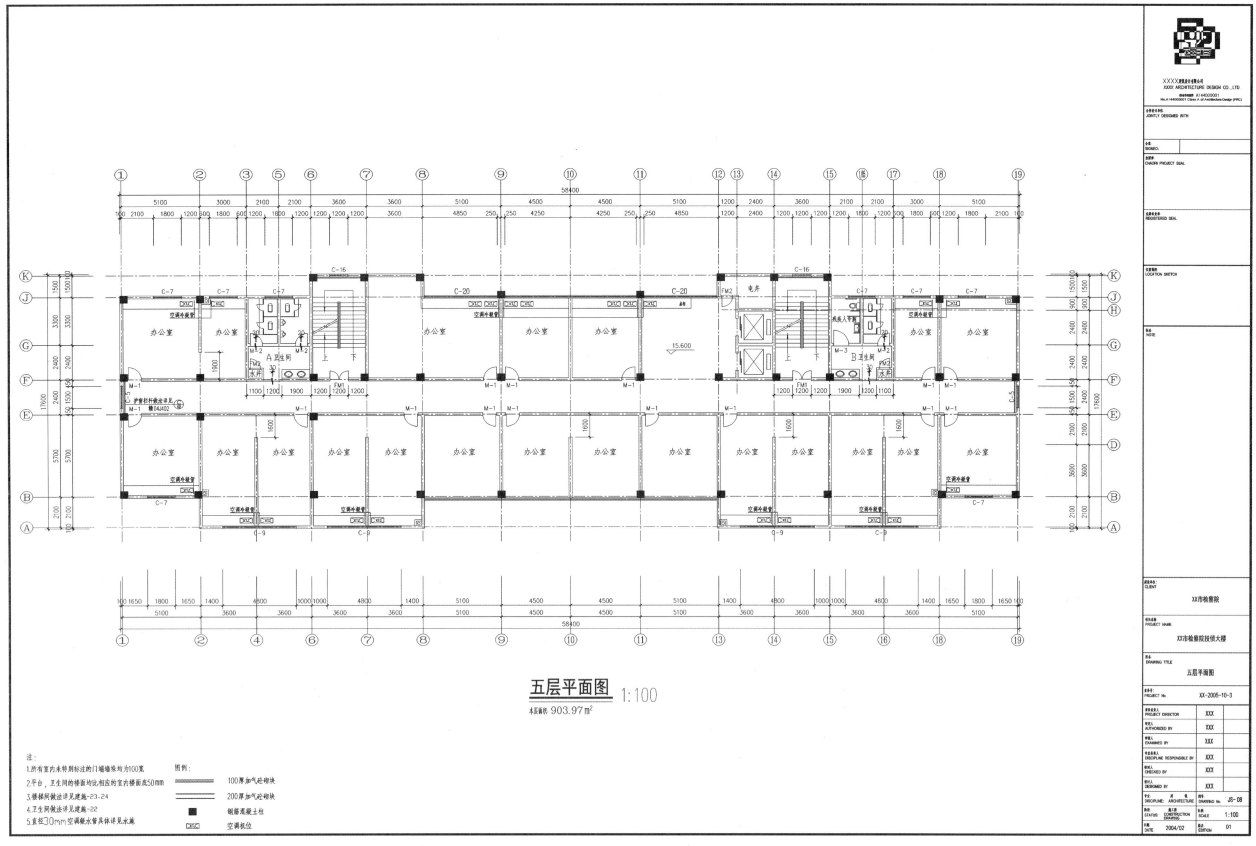

五层平面图 1:100

本层面积: 903.97㎡

注:
1.所有室内未特别标注的门墙墙垛均为100宽
2.平台，卫生间的楼面比相应的室内楼面底50mm
3.楼梯间做法详见建施-23、24
4.卫生间做法详见建施-22
5.直径30mm空调凝水管具体详见水施

图例:
━━━━ 100厚加气砼砌块
━━━━ 200厚加气砼砌块
■ 钢筋混凝土柱
空调机位

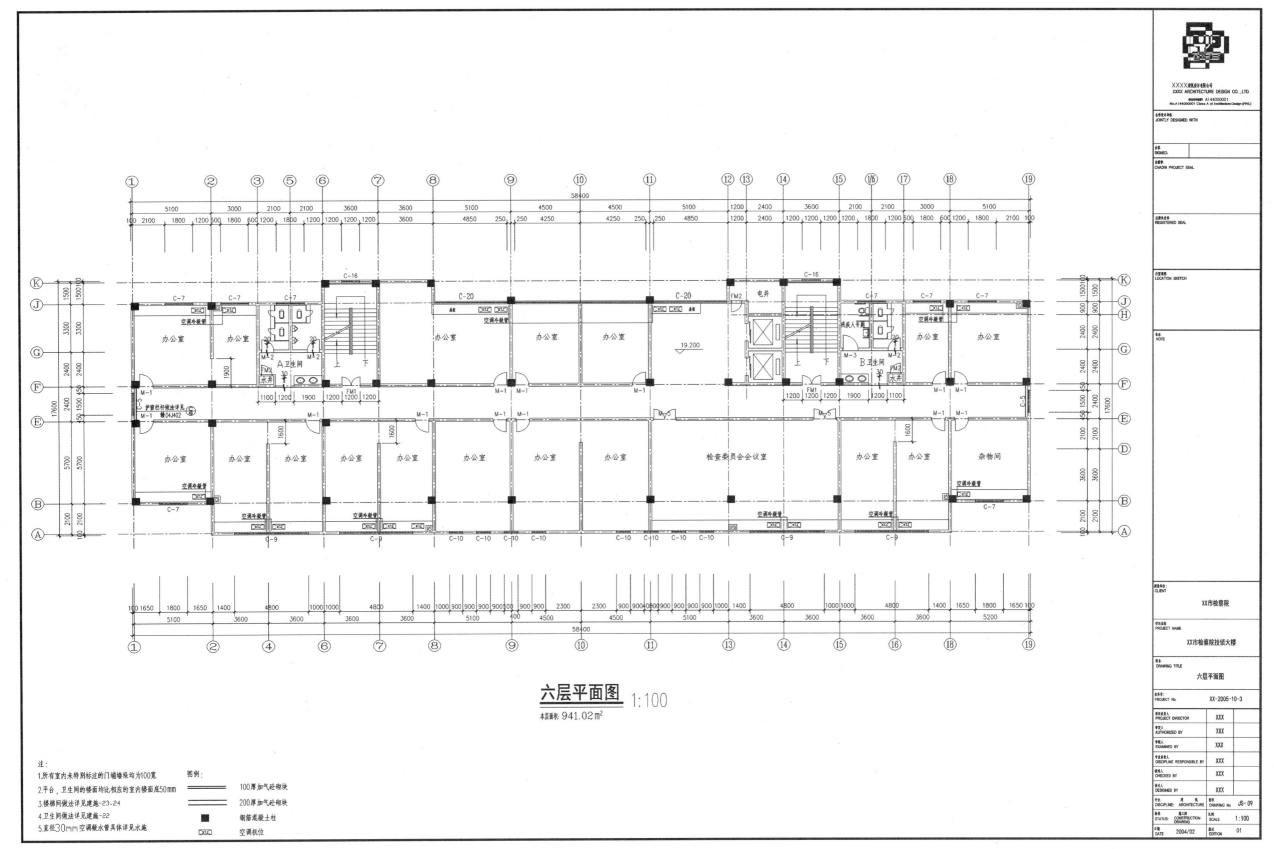

六层平面图 1:100

本层面积：941.02m²

注:
1.所有室内未特别标注的门墙墙垛均为100宽
2.平台、卫生间的楼面均比相应的室内楼面底50mm
3.楼梯间做法详见建施-23.24
4.卫生间做法详见建施-22
5.直径30mm空调凝水管具体详见水施

图例：
━━━━━ 100厚加气砼砌块
═════ 200厚加气砼砌块
■ 钢筋混凝土柱
▨ 空调机位

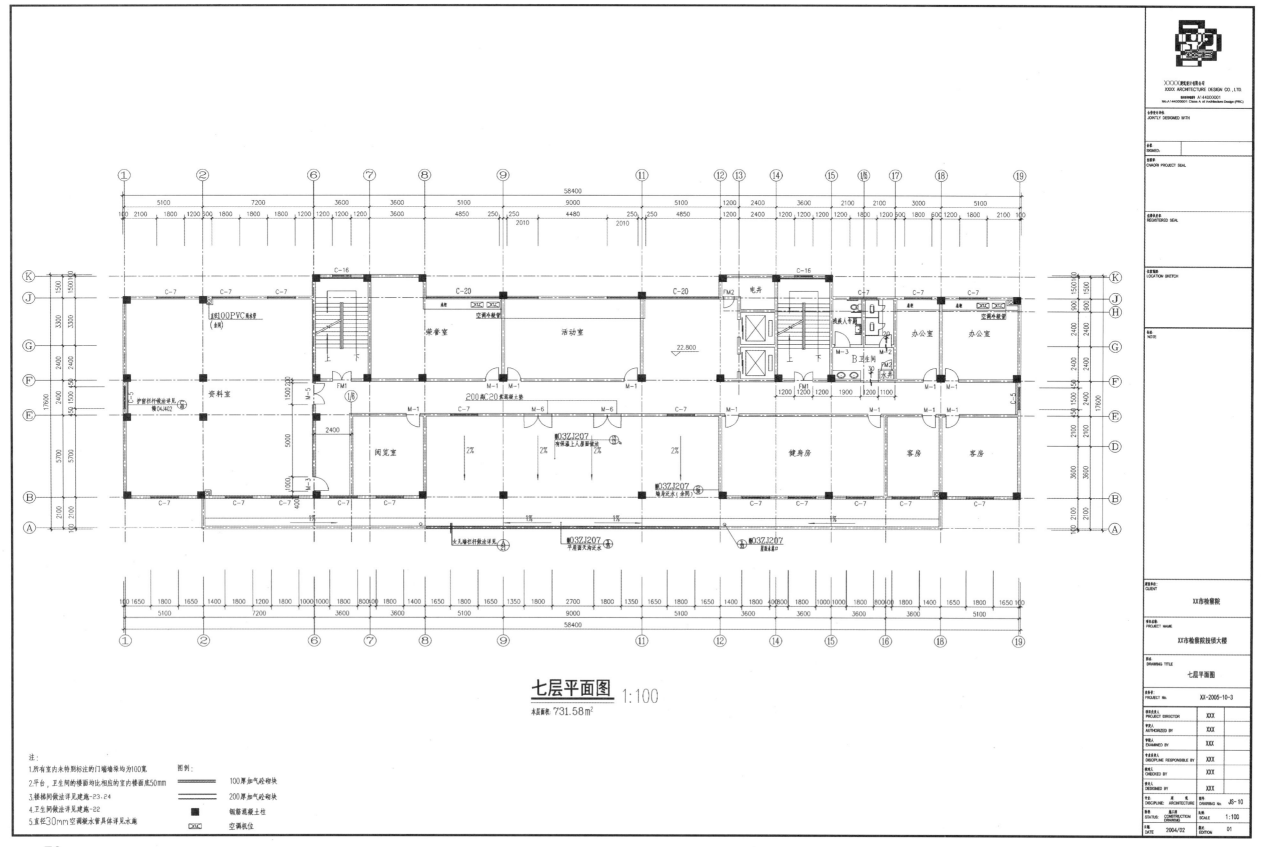

七层平面图 1:100

本层面积: 731.58 m²

注:
1.所有室内未特别标注的门垛墙垛均为100宽
2.平台、卫生间的楼面均比相应的室内楼面底50mm
3.楼梯间做法详见建施-23.24
4.卫生间做法详见建施-22
5.直径30mm空调凝水管具体详见水施

图例:
━━━ 100厚加气砼砌块
━━━ 200厚加气砼砌块
■ 钢筋混凝土柱
空调 空调机位

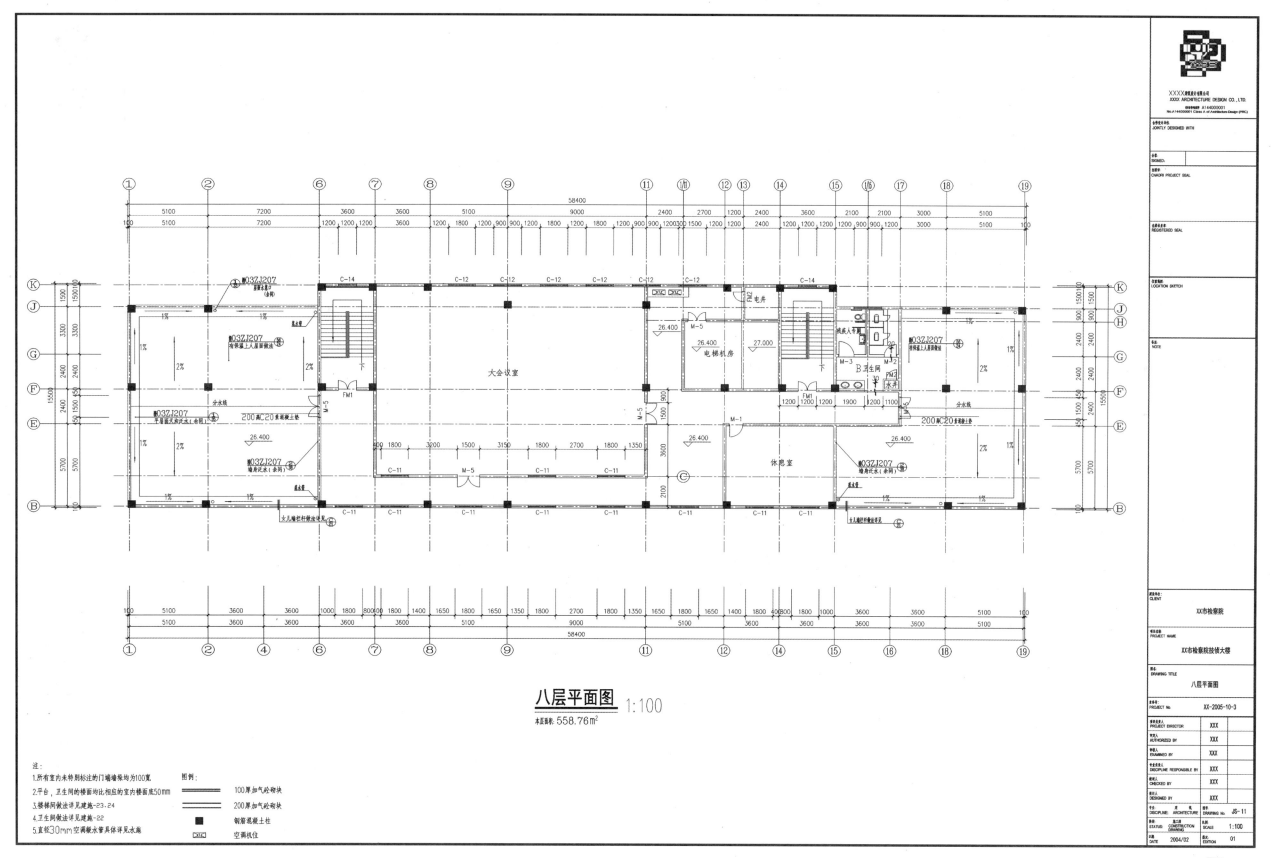

八层平面图 1:100

本层面积: 558.76m²

注:
1. 所有室内未特别标注的门墙墙垛均为100宽
2. 平台、卫生间的楼面均比相应的室内楼面底50mm
3. 楼梯间做法详见见建施-23、24
4. 卫生间做法详见建施-22
5. 直径30mm空调凝水管具体详见水施

图例:
━━━━ 100厚加气砼砌块
━━━━ 200厚加气砼砌块
■ 钢筋混凝土柱
空调机位

建筑施工图设计实例集

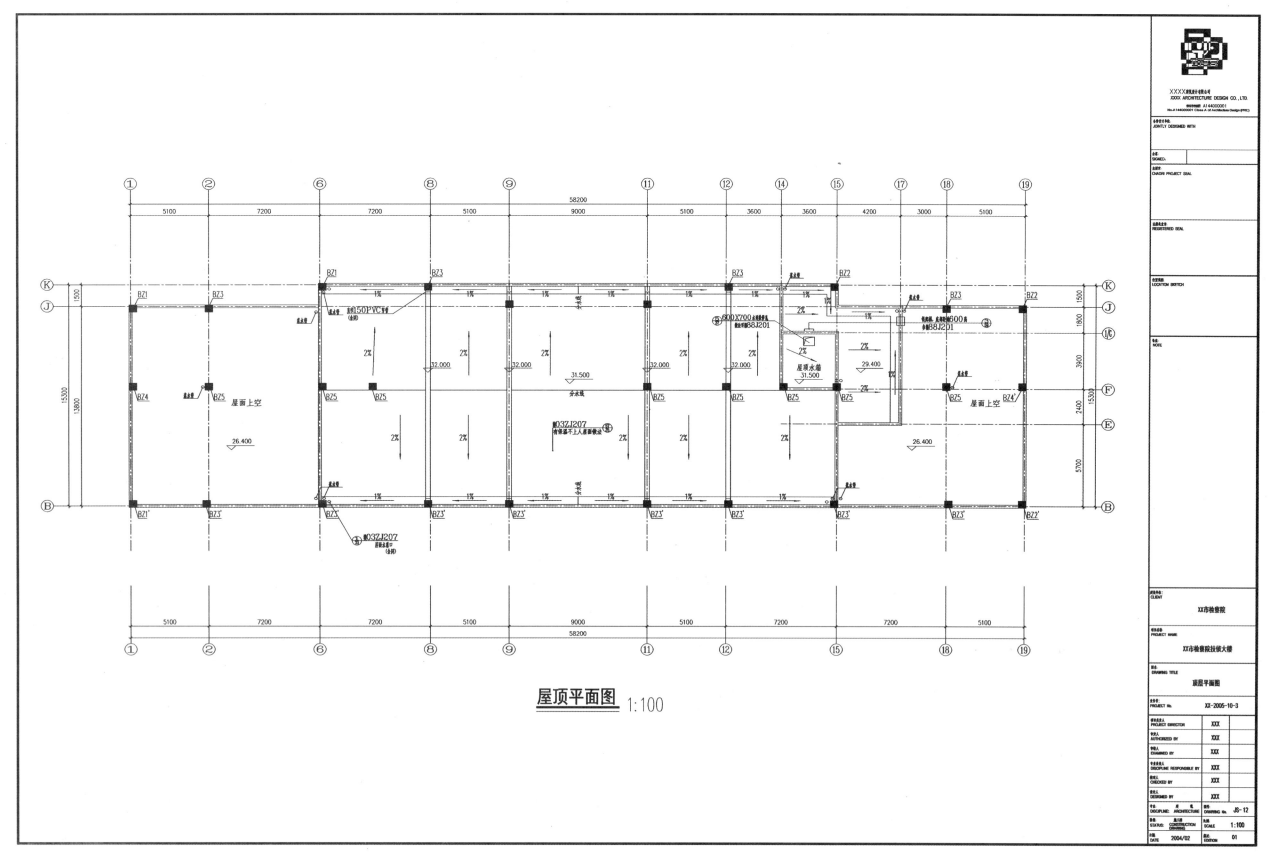

屋顶平面图 1:100

· 72 ·

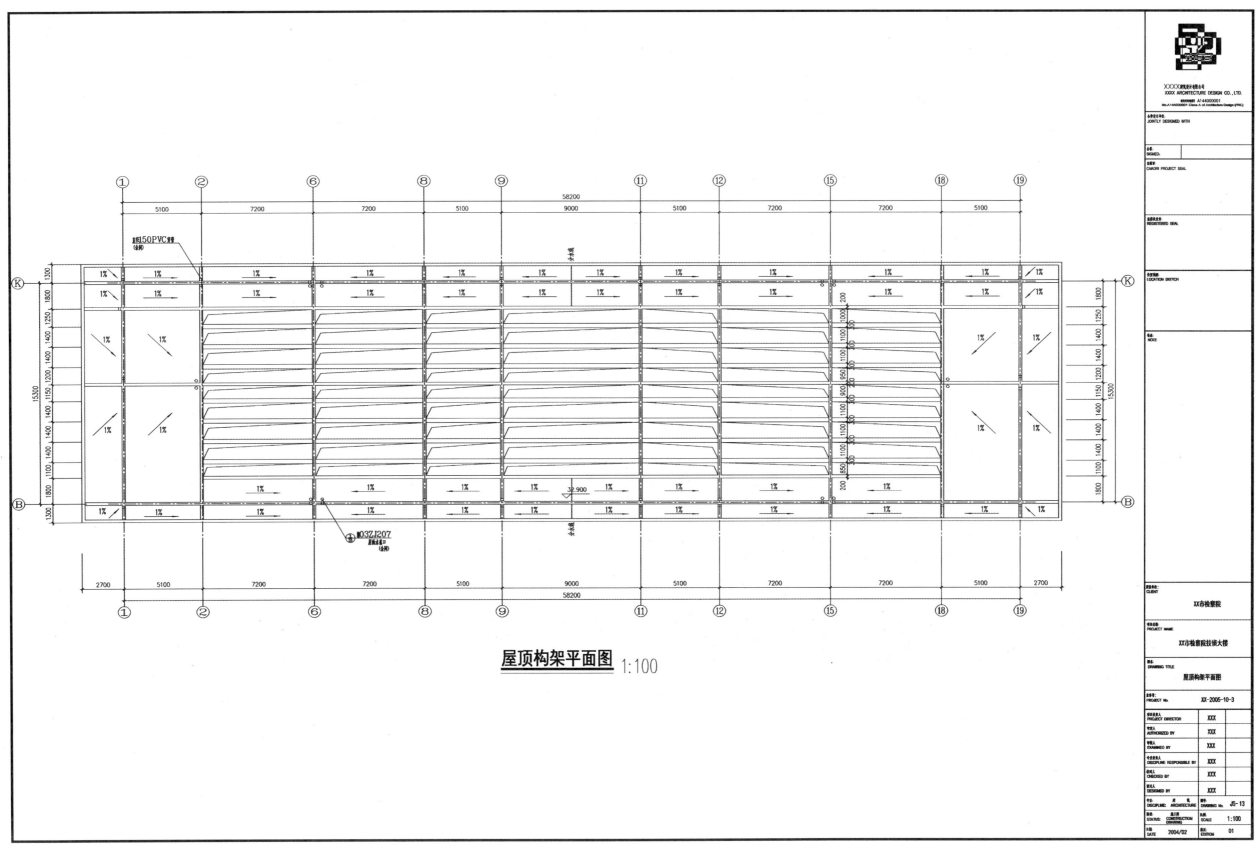

屋顶构架平面图 1:100

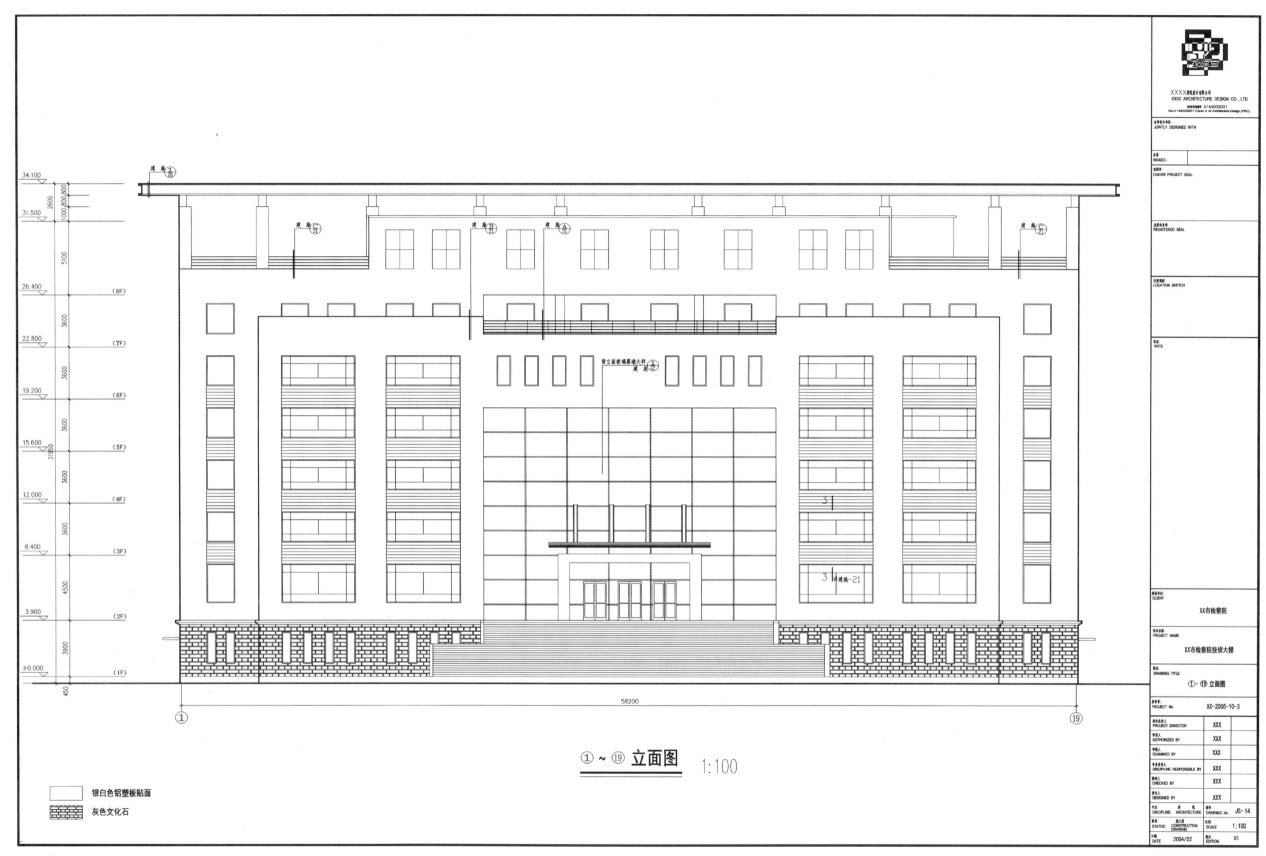

①～⑲ 立面图 1:100

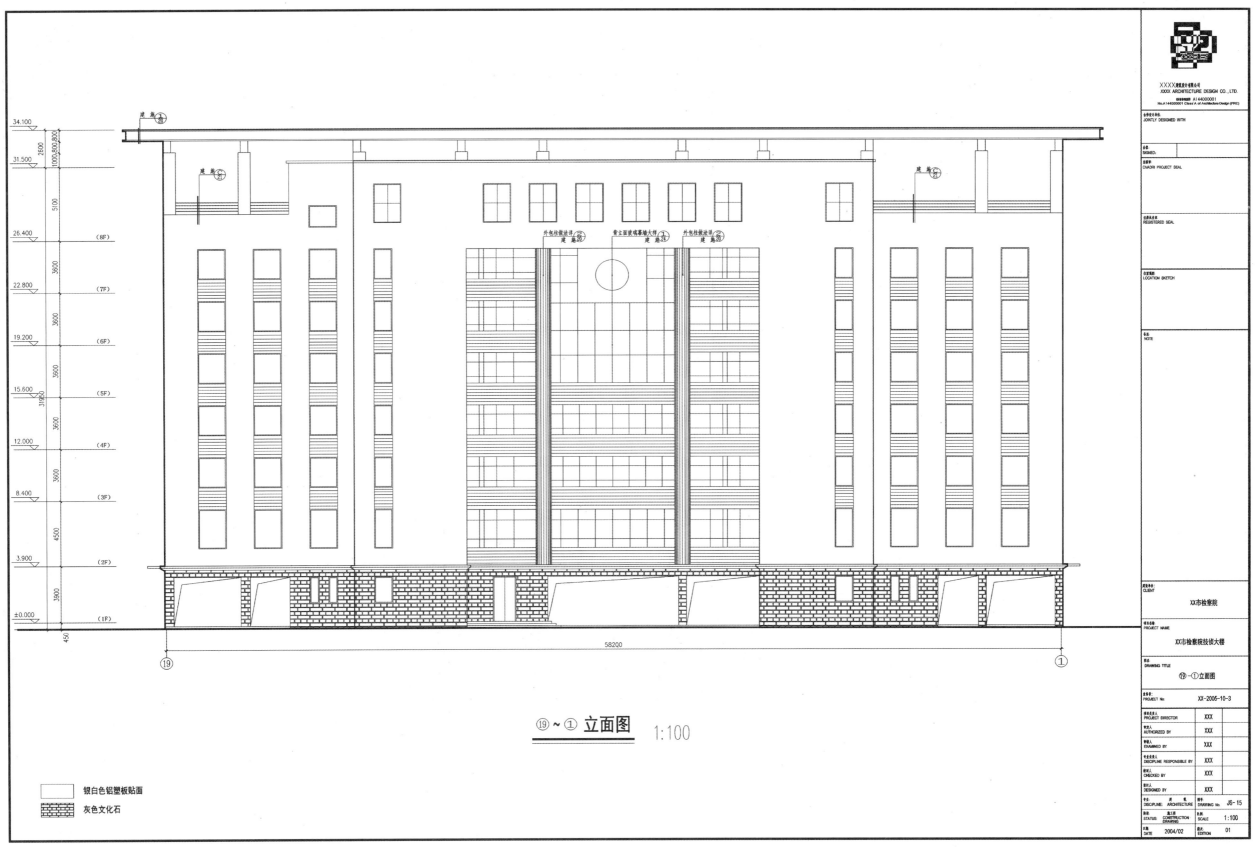

⑲ ~ ① 立面图　1:100

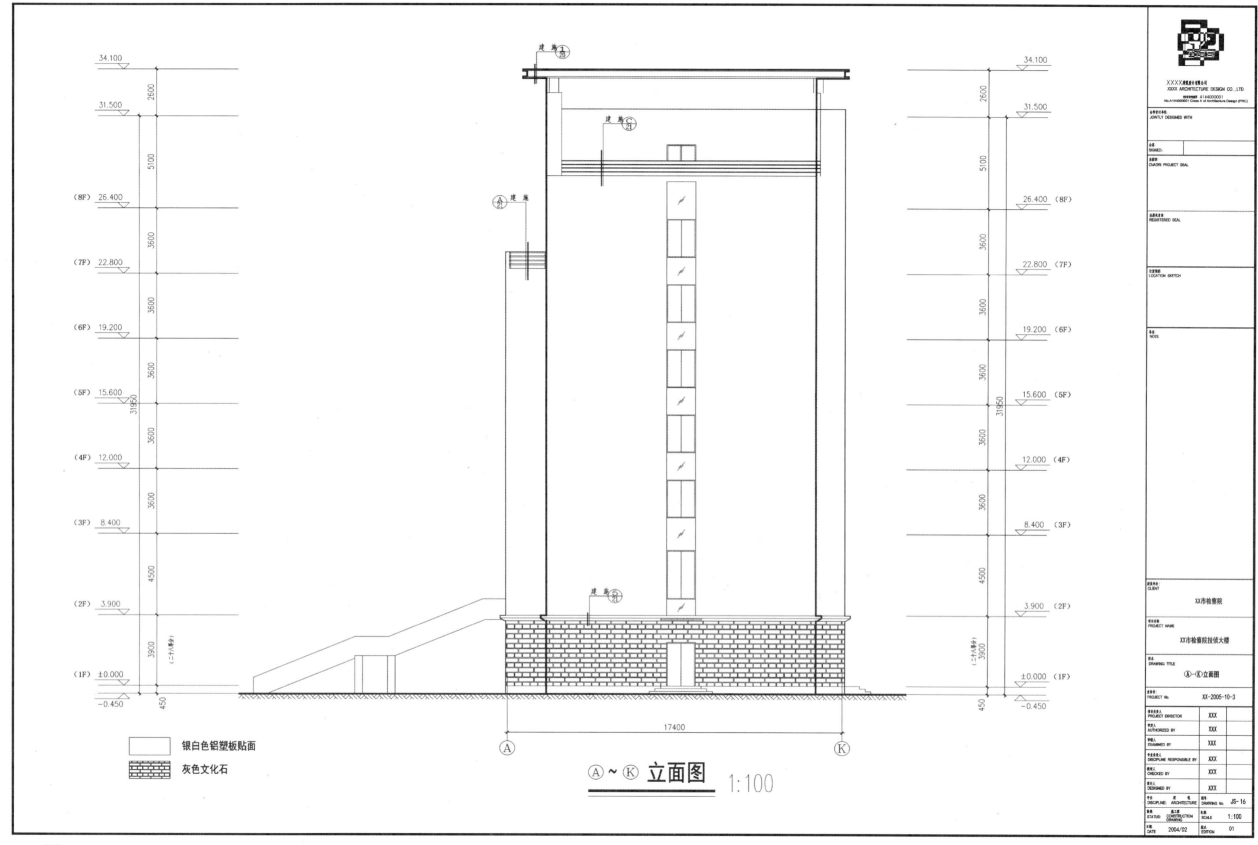

银白色铝塑板贴面

灰色文化石

Ⓐ ~ Ⓚ 立面图 1:100

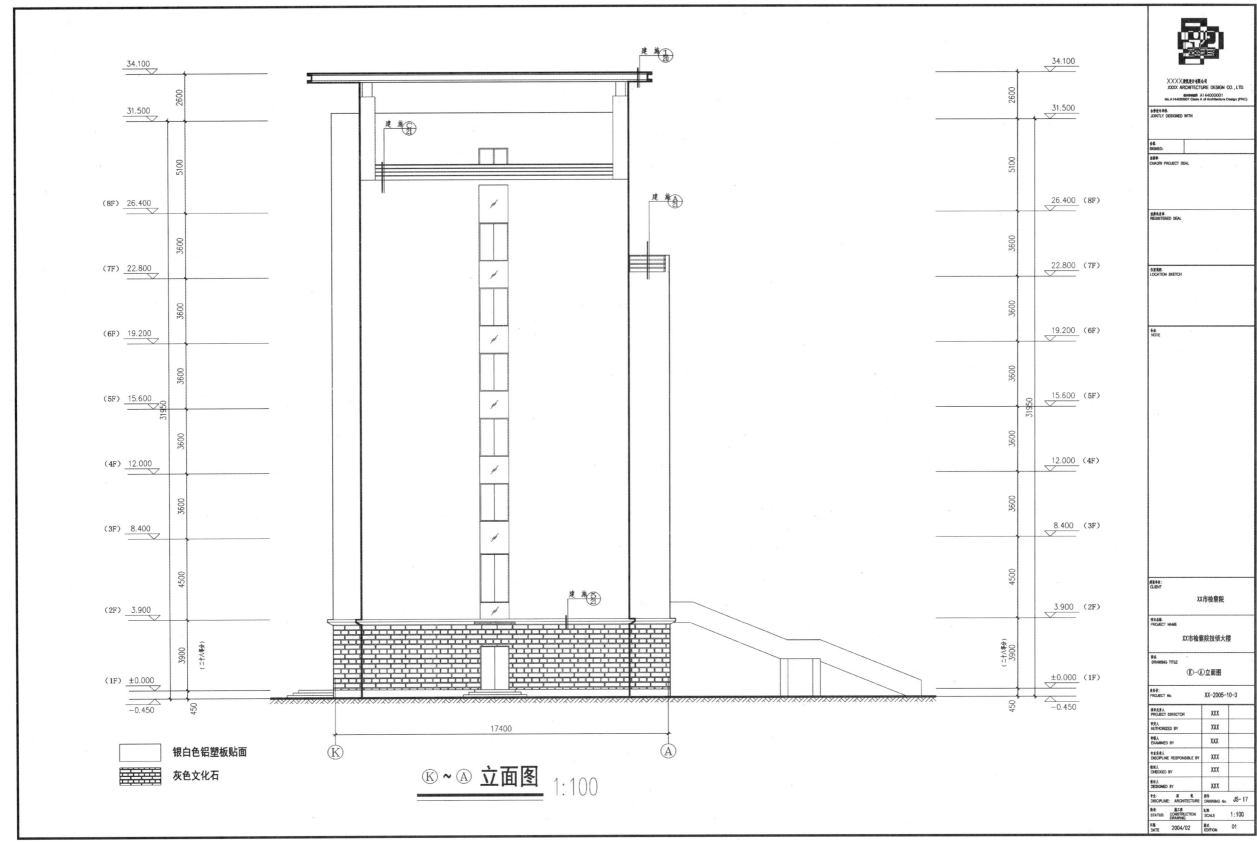

银白色铝塑板贴面

灰色文化石

Ⓚ~Ⓐ 立面图 1:100

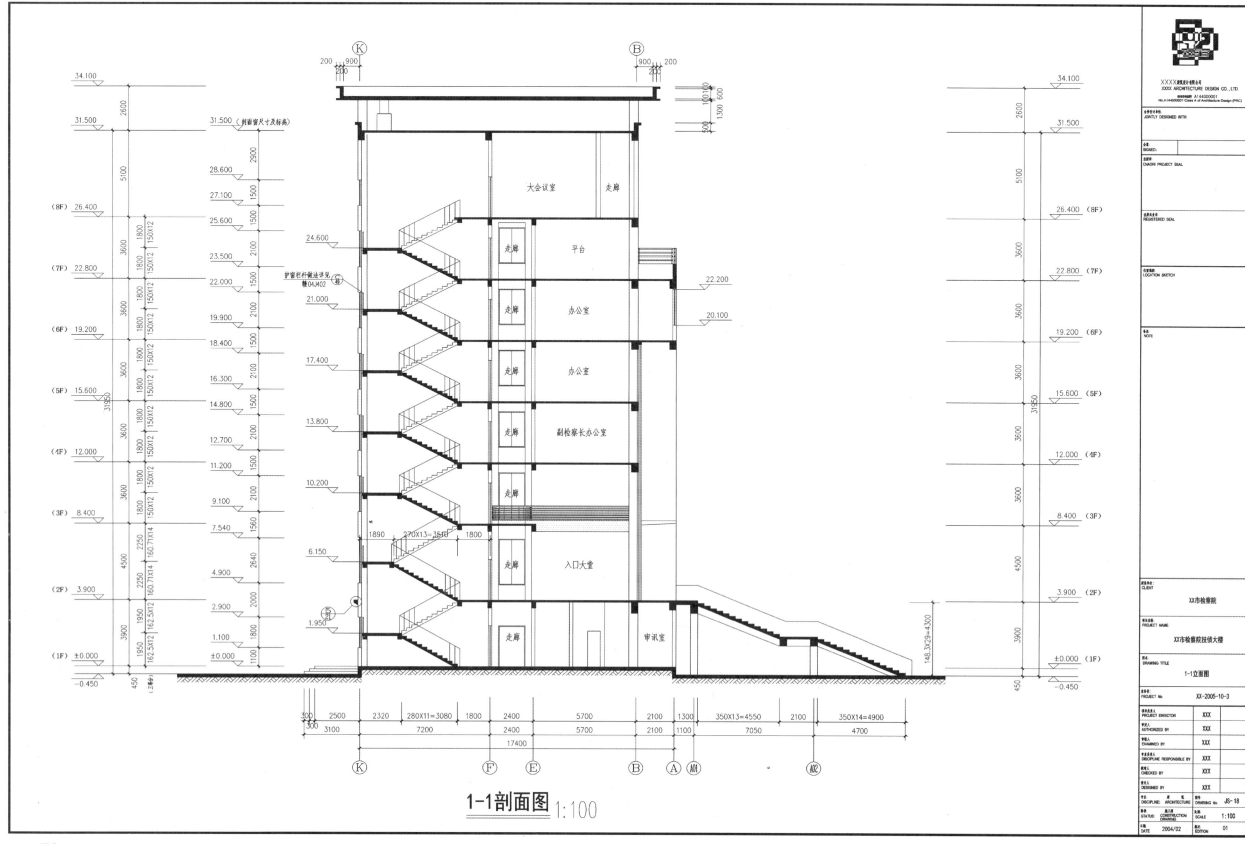

1-1剖面图 1:100

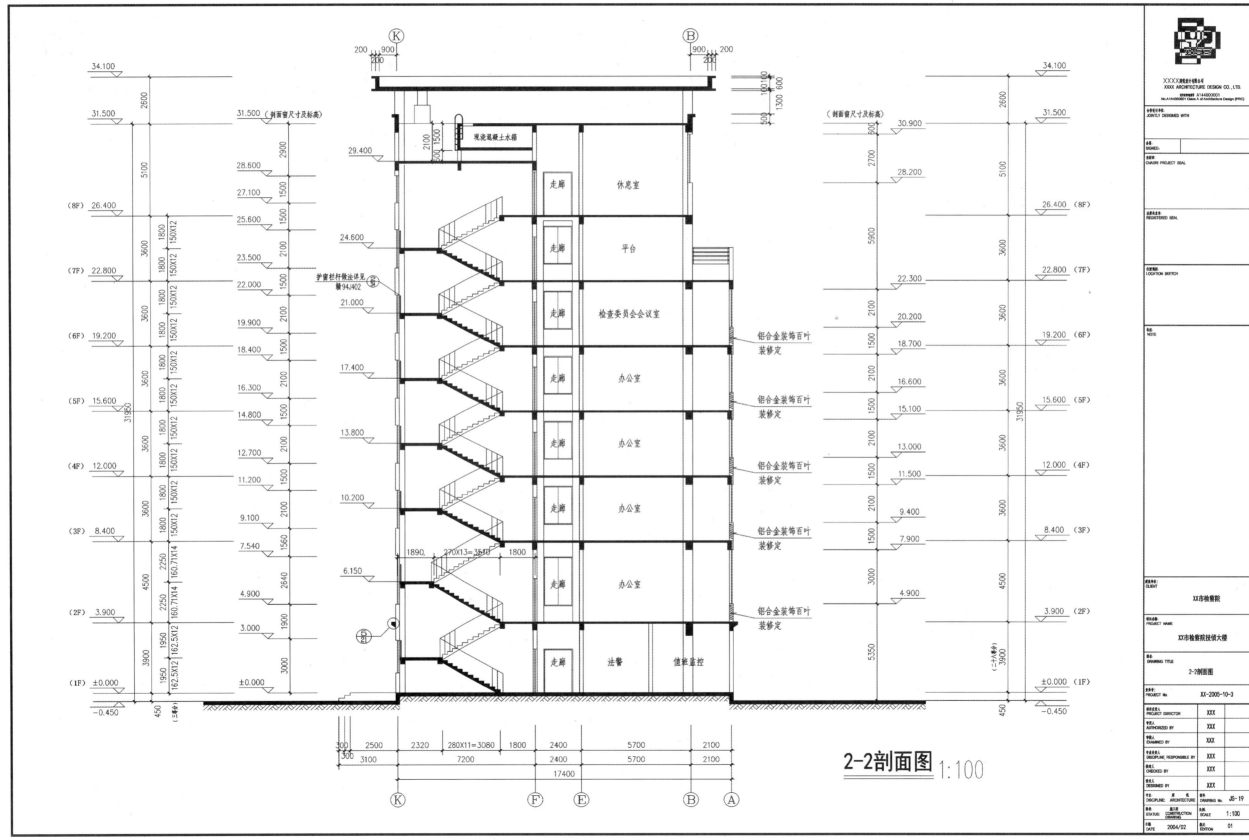

2-2剖面图 1:100

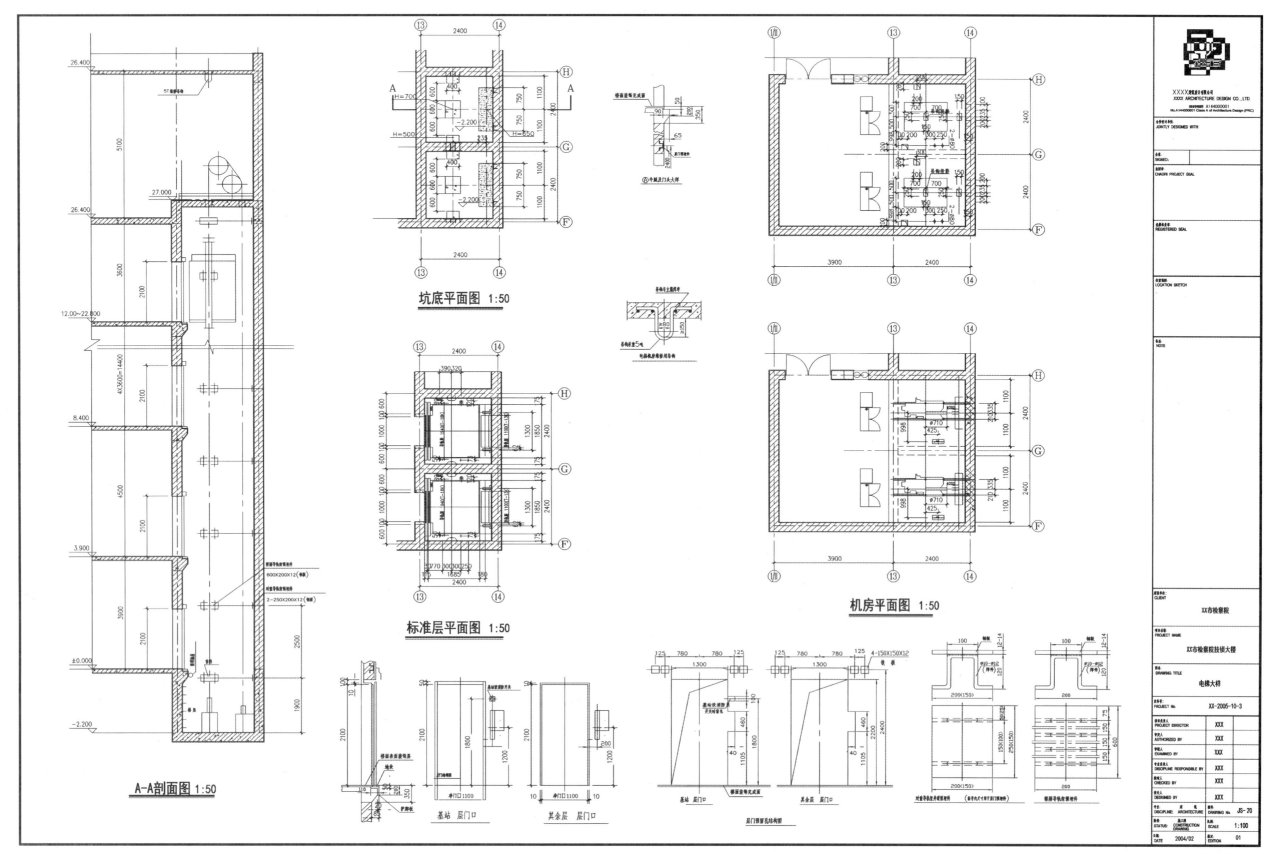

坑底平面图 1:50

标准层平面图 1:50

机房平面图 1:50

A-A剖面图 1:50

基站 层门口

其余层 层门口

层门镶窗孔结构图

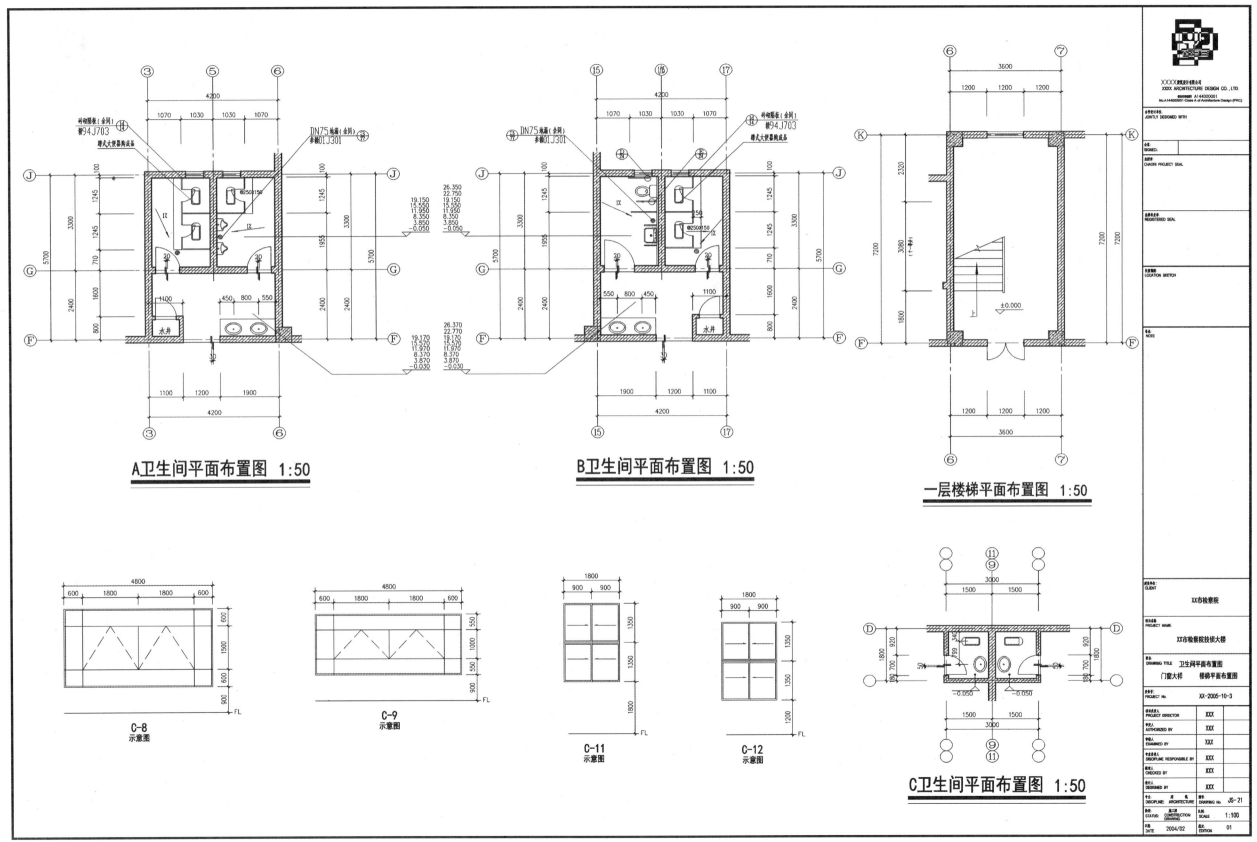

A卫生间平面布置图 1:50

B卫生间平面布置图 1:50

一层楼梯平面布置图 1:50

C-8 示意图

C-9 示意图

C-11 示意图

C-12 示意图

C卫生间平面布置图 1:50

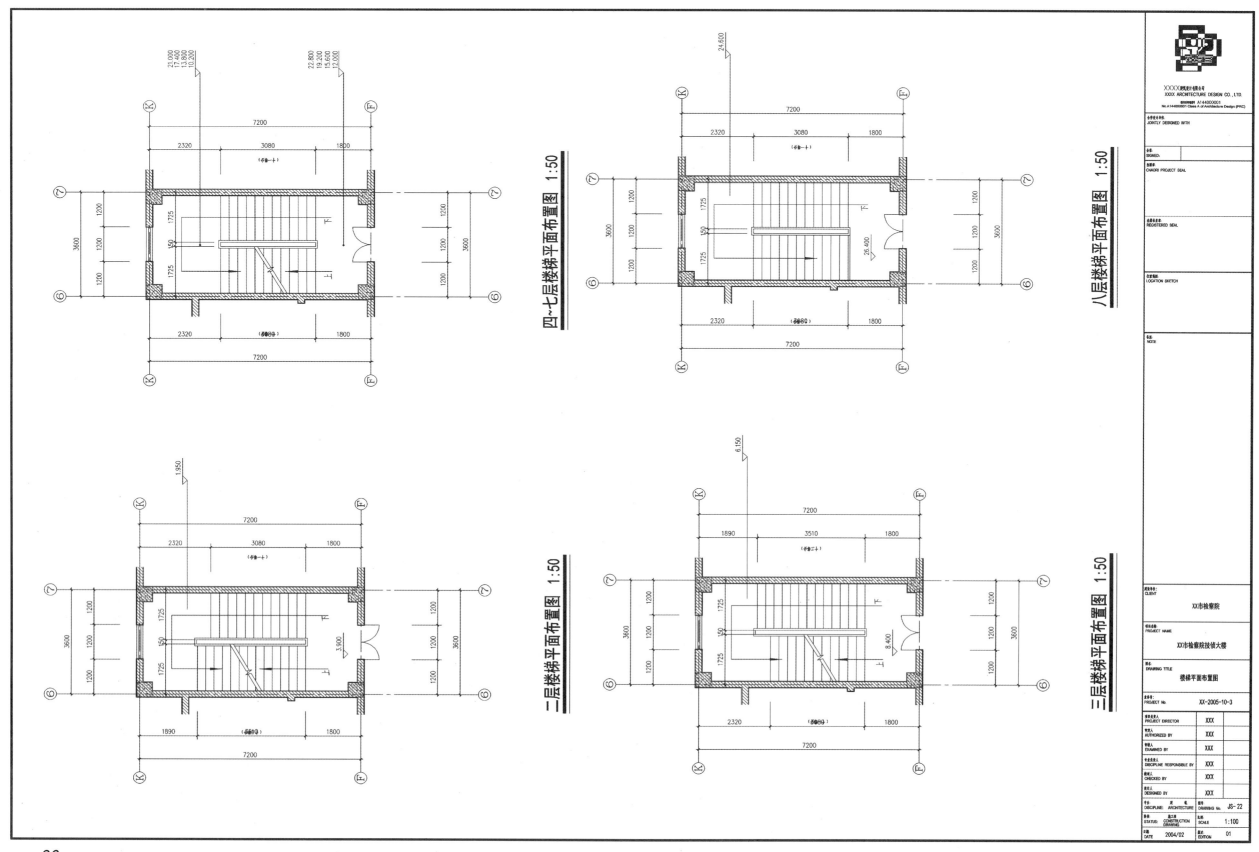

四~七层楼梯平面布置图 1:50

八层楼梯平面布置图 1:50

二层楼梯平面布置图 1:50

三层楼梯平面布置图 1:50

XXXX建筑设计有限公司
XXXX ARCHITECTURE DESIGN CO., LTD.
设计资质证书编号 A144000001
No.A144000001 Class A of Architecture Design (PRC)

合作设计单位
JOINTLY DESIGNED WITH

签字
SIGNED

合同专用章
CMAORI PROJECT SEAL

注册师专用章
REGISTERED SEAL

位置示意图
LOCATION SKETCH

建设单位
CLIENT
XX市检察院

项目名称
PROJECT NAME
XX市检察院技侦大楼

图名
DRAWING TITLE
楼梯平面布置图

工程号
PROJECT No.   XX-2005-10-3

项目负责人
PROJECT DIRECTOR   XXX

专业人
AUTHORIZED BY   XXX

审核人
EXAMINED BY   XXX

专业负责人
DISCIPLINE RESPONSIBLE BY   XXX

校对人
CHECKED BY   XXX

设计人
DESIGNED BY   XXX

专业 施工图   图号
DISCIPLINE: ARCHITECTURE   DRAWING No.   JS-22

状态 施工图   比例
STATUS: CONSTRUCTION
DRAWING   SCALE   1:100

日期
DATE   2004/02   版次
EDITION   01

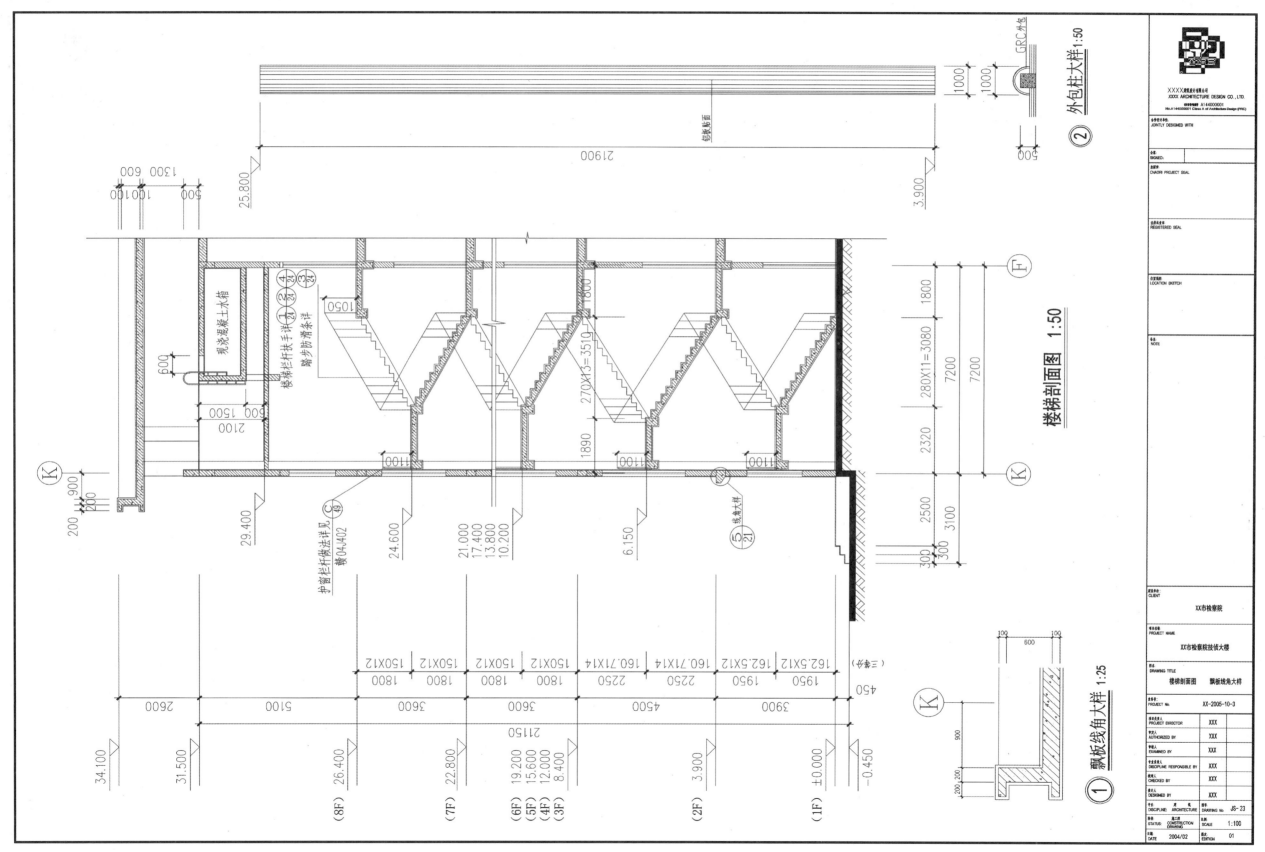

楼梯剖面图 1:50

外包柱大样 1:50

飘板线角大样 1:25

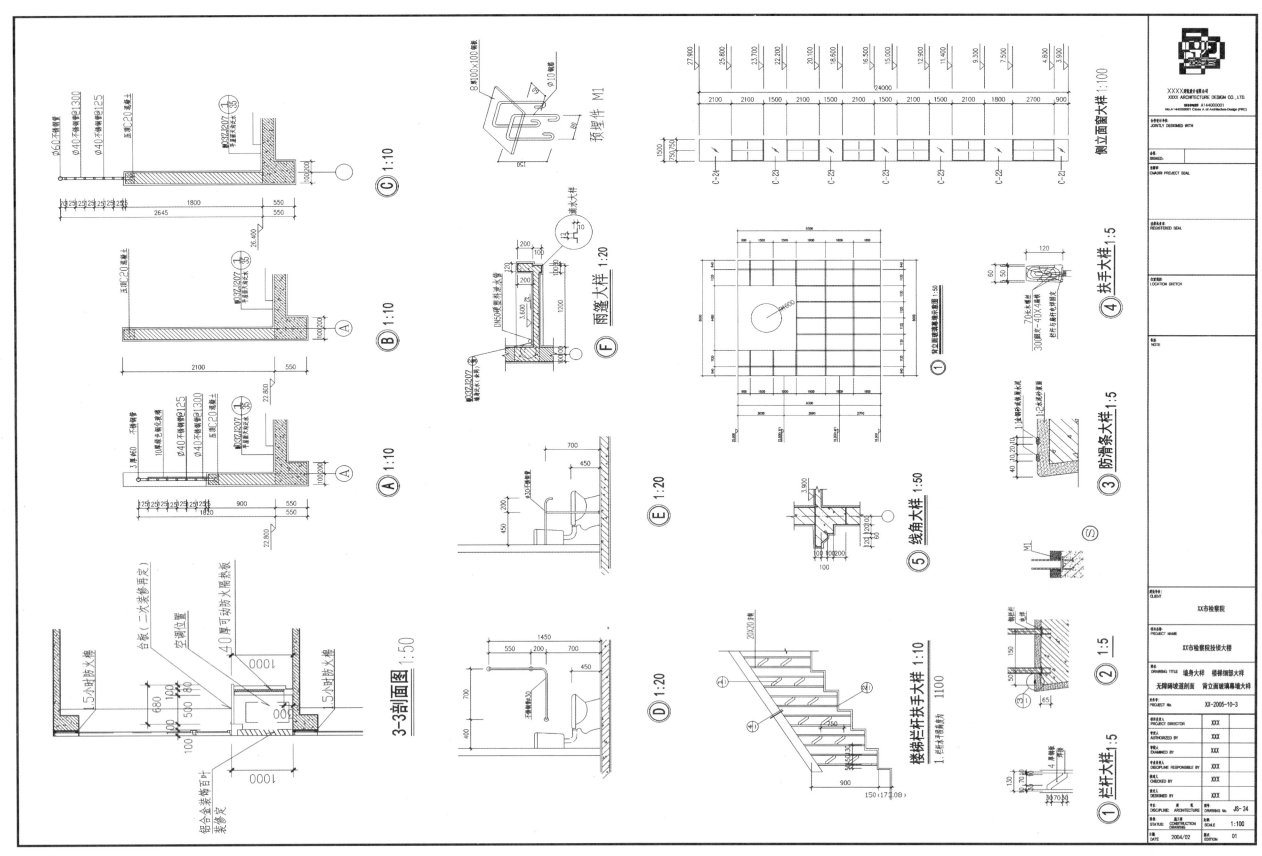

设计实例五　某高校图书馆(框架结构)

　　该建筑为某高校图书馆。建筑平面形体呈回字形,功能设置完备,满足高校发展中的建设要求;建筑体型大气、简洁,富有高校时代特征,采光、通风都比较良好;内部空间采用中庭形式,既能满足借景、造景等要求,又能满足师生学习与交流的需求;符合现代高校功能和精神层面的需求。

　　本工程单体建筑面积为 22 455.11 m²,建筑占地面积为 4 576.4 m²。建筑层数为地上 6 层。建筑檐口高度为 23.85 m,属于多层公共建筑。建筑工程耐久年限为 50 年。防火设计耐火等级为 2 级。抗震设防烈度为 6 度。

　　本工程施工图设计细致、完备,具有较好的参考价值。设计者在进行施工图设计时,全面、详尽地交代了各楼层的功能、空间及房间的形式、开间、大小,门窗的具体位置及尺寸大小;平面及立面中各节点的构造细部做法;剖面图中,对空间、竖向构件进行了全面有序的描述。同时,本施工图中还详细交待了各楼梯、卫生间、门窗和各墙体大样以及其他建筑细部构件的做法等。本建筑施工图满足现行国家、地方及行业规范要求,图纸表达前后逻辑清晰、交代详尽、表达规范、内容完整,确保建筑设计意图的良好体现,并极大地方便了建筑施工人员的施工要求。

XXXXX建筑设计有限公司
XXXX ARCHITECTURE DESIGN CO., SLTD.
设计证书甲级编号 A144000001
No.A144000001 CS-Lass A of Architecture Design (PRC)

兴建单位	某高校		
项目	某高校图书馆		
设计号	YP-2011-001-04	日期	2012.2
设计	XXX	专业审核人	XXX
校对	XXX	项目负责人	XXX
专业负责人	XXX	审定人	XXX

图 纸 目 录

图号	图名	比例	图幅
01/35	施工图建筑设计说明	详图	A1
02/35	建筑节能专项设计说明	详图	A1
03/35	建筑装饰装修材料做法表　室内装修选用表	详图	A1
04/35	首层平面	1:100	A1
05/35	二层平面	1:100	A1
06/35	三层平面图	1:100	A1
07/35	四层平面图	1:100	A1
08/35	五层平面图	1:100	A1
09/35	六层平面图	1:100	A1
10/35	屋顶机房层平面图	1:100	A1
11/35	屋顶层平面图	1:100	A1
12/35	Ⓐ~Ⓙ立面图　Ⓙ~Ⓐ立面图	1:100	A1
13/35	①~⑭立面图　⑭~①立面图	1:100	A1
14/35	I—I剖面图　II—II剖面图	1:100	A1
15/35	报告厅立面图　III—III剖面图　节点大样图　变配电间大样图	详图	A1
16/35	中庭护栏大样	1:50	A2
17/35	墙身大样图　中庭护栏大样	1:50	A2
18/35	墙身大样图　2#楼梯大样图	1:50	A2
19/35	墙身大样图　1J钢防火卷帘示意图	1:50	A2
20/35	墙身大样图　中庭花台大样图	1:50	A2
21/35	墙身剖面详图大样图　节点大样图	1:50	A2
22/35	主入口踏步平面图　天沟及女儿墙溢水大样图	1:50	A2
23/35	1#楼梯大样图　4#楼梯平面详图	1:50	A2
24/35	2#楼梯大样图	1:50	A2
25/35	1J钢防火卷帘示意图　中庭花台大样图	1:50	A2
26/35	4#楼梯平面详图	1:50	A2
27/35	5#楼梯大样图　节点大样图　四层大堂大样图	1:50	A2
28/35	2#卫生间大样图　1#室外踏步大样图　主入口踏步剖面图	1:50	A2
29/35	3#楼梯大样图　2#室外踏步大样图　2#花池平面图	1:50	A2
30/35	3#楼梯剖面详图大样图	1:50	A2
31/35	1#电梯大样图　2#电梯大样图	1:50	A2
32/35	1#卫生间大样图　2#卫生间大样图　主入口花池大样图	1:50	A2
33/35	门窗大样图	1:50	A2
34/35	门窗大样图	1:50	A2
35/35	门窗大样图　门窗表	1:50	A2

施工图设计说明

一、设计依据
1.1　甲方提供的用地现状图、规划道路标高图、红线图及规划控制指标文本
1.2　甲方对项目方案设计审查意见及该项目施工图设计委托任务书
1.3　主管部门的审批文件
1.4　建设单位提供的项目设计任务书
1.5　建设单位提供的岩土地质勘察报告以及市政资料
1.6　现行的国家有关建筑设计规范、规程和规定
《民用建筑设计通则》GB 50352-2005
《建筑设计防火规范》GB 50016-2006
《城市道路和建筑物无障碍设计规范》JGJ 50-2001
《中小学校建筑设计规范》GBJ 99-86
《建筑内部装修设计防火规范》GB 50222-95
《公共建筑节能设计标准》GB 50189-2005
《建筑工程建筑面积计算规范》GB 50108-2001
《屋面工程技术规范》GB 50345-2004
《图书馆建筑设计规范》GBJ 38-99
《民用建筑热工设计规范》GB 50176-93
以及现行的有关国家和地方的标准和规范

二、项目概况
2.1　本工程为某高校图书馆
2.2　本项目建设总建筑面积22455.1m²，藏书量为95万余册
2.3　本工程地上层数为六层，建筑总高23.85m
2.4　建筑造型为框架结构，耐火等级为50年
2.5　本工程耐火等级为二级
2.6　建筑抗震设防分类为丙类，抗震设防烈度为六度
2.7　建筑首层相对标高±0.000的绝对标高25.85，总平面另行出图
2.8　本工程施工图当与设备密切配合，凡需要预留预埋的配件请以预留孔洞先期须做好预留
2.9　本工程中应加强与各专业配合(电梯、幕墙以及各种大型设备厂家)，各专业配合与设备安装单位方能协调配合，预留孔，设备安装与构件等工作
2.10　施工过程中各专业图应标示在各分部工程施工前互相协商，设计师等根据现场实际情况及技术规范提出设计建议
2.11　施工图中的平、立、剖面图及节点详图等使用时应以所注尺寸为准，不得直接以图纸比例量度测算
2.12　本工程施工质量必须符合现行国家建筑安装的有关标准及验收标准，规定和验收标准

三、设计标高
3.1　建筑首层相对标高±0.000的绝对标高25.85，另平另行出图
3.2　各层标高及屋面标高均为结构标高
3.3　建筑标高以m为单位，总平面尺寸以m为单位，其它尺寸以mm为单位

四、综合说明
4.1　图纸所标注尺寸以mm为单位，其余尺寸以mm为单位，设有转注明的除外，室内标高及屋面标高均为结构面标高，标图注尺寸与所注比例有误差时以尺寸为准。
4.2　本设计平、立、剖中所给的细部作，小样均为大样作为准
4.3　本工程施工应按照设计图纸准确的建筑施工及预埋与预埋及设备安装时应配合施工，凡需预埋的管道、配件应预留孔洞，均须事先配合。不得在主体未定填后任意开槽打洞，管道穿过墙体须预埋套管及必要的防水措施，所有管道与内墙安装完后以同标准板砌筑的不可燃性材料作层封堵，所有管道井的管线安装后，均以及各层楼板空隙为封；1:3水泥砂浆掺10%防水膨胀剂严封堵
4.4　所有有色彩的工程和均应有颜色样，由设计师确定后方能使用。
4.5　工程设备选型及建筑材料应选用优质产品及材料，应选有质地适宜安装使用。重要建筑装饰材料，如外饰涂料、铝塑板、花岗岩面砖、铝合金玻璃幕墙、铝合金玻璃门等应考虑其质量、规格、色彩，应预先咨询对建设单位及设计单位认可方可使用，以保证建筑质量和装饰效果。
4.6　本工程施工过程中应以图纸及规则随时查询不清楚以及其采用的构配件与设计要求不符合时，应及时与设计人员联系解决并全部修改补充后方可施工不得出现变更。
4.7　玻璃窗和幕墙设计。本设计图仅提供立面外观要求，具体做法和结构要求均由有资质的专业厂家制作单位根据本设计另行设计施工详图。建设单位确定色彩后另行施工
4.8　工程完成后，应将屋面及现场施工剩余的杂物清除干净，并面整洁。受潮部与外接墙部位应严格按国标增即以详图进行防水处理。合同建设单位认可色彩后再行施工
4.9　本工程所用建筑材料及装修材料必须符合建设部颁发的《民用建筑室内环境污染控制规范》和《建筑内部装修设计防火规范》

五、墙体工程
5.1　墙体的基础部分见结施
5.2　墙体详图见结施
5.2.1　钢筋混凝土墙及留洞见施工详图
5.2.2　砌块、轻质砖墙留洞见建施和设备图
5.2.3　预留预埋见留孔，留洞须经各专业安装完后方，用C20细石混凝土密实
5.2.4　大型设备和预留管段要标示清，设备安装后封砌，管道通过墙面应在安装后封好密实
5.3　内墙除注明厚度外，均为200厚烧结多孔砖，用专用砂浆砌筑，内墙采用100、200厚加气混凝土砌块，用专用砂浆砌筑。电梯井采用200厚混凝土多孔砖
5.4　建筑墙体做法详见结构构施及说明施工，其它应由变更结构施工
5.5　门窗洞口须经现浇明确厚施工，其它应由变更结构施工
5.6　凡墙体、柱切均厚度均<100时，用细混凝土与墙、柱整体浇注
5.7　首层地坪以下墙身及标高-0.060处采用60厚C20细石混凝土掺防水剂，配3Φ8钢筋(在此标高为钢筋混凝土结构成不可砌结构，当地方地方干化状期潮层应重量，并在最低一侧墙身20厚1:2水泥砂浆防潮层)
5.8　凡墙体均于积水砖面及需刷防潮部位，则以防腐涂刷，以刷锈防腐打底，面刷防锈漆二道
5.9　墙体相阴阳角加细材料里刷，均以1:2水泥砂浆角线1800
5.10　凡加气混凝土砌体墙面须按规范以防水砖水泥作层处理，重层以在楼面后应沿墙C20细石混凝土封墙密实(封墙前应凿毛处理，厚度同相邻墙板厚度)
5.11　坚在墙砌前须将各管线管接完须完工标平，后层以在楼面后应沿墙C20细石混凝土封墙密实(封墙前应凿毛处理，厚度同相邻墙板厚度)

六、屋面工程
6.1　屋面工程施工必须严格遵守《屋面工程质量验收规范》各项规定
6.2　本工程的屋面防水等级为Ⅱ级，防水层合理使用年限为15年
6.3　本工程屋面分上人及不上人屋面，屋面构造详做法详见材料做法表及平面大样标注

6.4　屋面排水坡度及落水管位置详见屋面平面图。雨水管宜采用铸铁管落水头及聚氯乙烯(UPVC)落水管，公称直径均为Φ110
6.5　凡屋面与突出屋面交接处阴角，以及天沟、屋脊等转角处均做R=150圆整。轻质混凝土填满埋充量
6.6　找平层应设分格缝，间距为3~4m，面积约为12平方米左右，屋面保温层应设置透气孔
6.7　屋面天沟、檐沟、泛水、消口、女儿墙头压顶等处的转角应做成圆弧形的连接，均需加涂二层涂料
6.8　女儿墙泛水做法详见06ZJ203内；女儿墙屋顶做法详见06ZJ203内；天沟泛水详做06ZJ203内
6.9　屋面天沟板铺设下后，在水落口周围500mm范围做好排水坡且不小于0.5%
6.10　屋面防水层施工完后，必须做好蓄水试验，经检验合格后方能进行下一道工序

七、门窗工程
7.1　建筑外门窗气密性能应符合《建筑外窗空气渗透性能分级及其检测方法》规定4级
7.2　门窗玻璃的选用应遵循《建筑玻璃应用技术规程》JGJ113及和《建筑安全玻璃管理规定》发改运行[2003]2116号及地方主管部门的有关规定
7.3　门窗材料、颜色、玻璃及"门窗表"附注以及门窗大样图，门窗五金件型号、规格和性能应符合现行国家标准有关规定，并具有良好的保温隔热效果。
7.4　木门油漆黄色调和漆一底二度，金属面均采用防锈除打底油黑色防锈漆二度
7.5　本工程采用D系列磨砂铝合金中空玻璃 5Low-E+9A+5mm，玻璃采用5+9A+5玻璃
7.6　门窗立面形式、颜色、开启方式、门窗用料及门窗玻璃填充色的采用由门窗口设计师根据材料要求决定，门窗数量见门窗表，所有门户、外窗采用铝合金。门窗主要型材的壁厚应经计算取定确定。其中型材密封主要受力部位的最小壁厚应不小于2.0mm，窗型材的壁厚应不小于1.4mm。门窗工厂加工制作,窗框料里及安装设计标准由厂家确定，玻璃由商家根据材料要求决定，经设计单位和甲方确认后方可施工，施工时玻璃样应具体由厂家选风压计算取定
7.7　门窗工程安全工撑与复塞编玻无节点图，未注明者水撑塞，内门门立撑安层暗，双向可开门立撑暗层，单向开门立撑下，凡窗口高度小于800寻均窗外凸前上凸250混合型窗暗型室凸窗门窗凸窗或暗窗
7.8　凡窗户高度于800采用窗外凸凹时，外凸窗，凸窗前上有凸台、平台的，均在窗口1050采用防护栏，栏杆立材间距不应大于110，应详见图图06J403-1，⑤内(低层台、凸窗下部应有450高设上人屋顶的窗台等、栏杆露上人屋顶的窗户等应有台高应低值栏100不可设窗口)，凡本层级窗窗面积大于1.5M²窗玻璃采用安全钢化玻璃玻璃合型材建门户隔离计算确定。凡相两个单元之间无一隔一堵时，柜样内两窗间应有大于2m安全距离。安全玻璃的使用应依照国家《建筑安全玻璃管理规定》执行。凡向内开启的窗扇内纱扇根据设计确定应安全措施
7.9　防火门采用钢门框，双面防火门及暗塞防腐层
7.10　普通电梯间门窗塞与普通消外窗做法详见图集
7.11　玻璃幕墙做法详见楼层平面节点标注详见国际国标图集97J103-1⑤
7.12　外门窗的抗风性能要求符合下列标准:
a.抗风压:根据《建筑结构荷载规范》(GB 50009-2001)及其建筑高度确定,18层的外窗抗风压不低于4级,25层的外窗抗风压不低于6级,31层的外窗抗风压不低于6级。外墙气密性设计、气密性能设计、水密性设计、隔声、节能等性能设计以及相关的安全设计应由各专业公司按国家颁布的安装及验收规范规定进行设计施工
b.气密:>3级
c.水密性:18层的水密性不低于4级,25层的水密性不低于5级,31层ΔP≥765pa

八、楼地面工程
8.1　楼地面具体做法详见材料做法表
8.2　卫生间做楼板结构降H-0.050
8.3　卫生间楼板结构降圆周下承水层面下200高铜酱混凝土垫坡,设置向上铺200,宽度≥100,墙板地面还按层做好排水坡向地面,坡度为0.5~0.7%,再涂刷聚合物水泥基柔聚防水涂膜1.5厚,卫生间内预留孔道里面封堵

九、外装修工程
9.1　本工程外墙面干挂石材饰面及铝塑板饰面。材质、规格、颜色均应在外墙施工前供样询看。由建设单位与设计单位以行方可施工
9.2　立面各种饰面材料,其主色调颜色、选材、颜色、铺贴方式、节点要据由厂家提供的立面图纸和样品由业主建设方与建筑师共同确定,凡采用干挂石材应由设计师确定后方可进行施工
9.3　外墙面各材料其要求颜色时,必需色彩鲜艳的,可由立面图门窗表中选定,并在施工中严格执行操作规范,精心施工,确保质量
9.4　本工程外墙饰面均做到平整,美观无色差,并垂直平衡
9.5　本工程所用外墙外墙的保温的节能部分施工,保温层材料里均为玻化微珠保温砂浆

十、内装修工程
10.1　内装修工程按《建筑内部装修设计防火规范》GB 50222,楼地面部分执行《建筑地面设计规范》GB 50037
10.2　二次装修遵照《建筑消防安全要求》。同时不能危及结构安全和增荷承、电源箱
10.3　凡不能采用接头以及墙体中的吊架的设备管,框架节构柜等均做圆达在交接处面层加镶一层钢丝网片可钉牢,两边宽各300,以保证抹灰质量
10.4　所有管线砌块墙内的设备管井及井沟中填用刷1:5肥1:2.5水泥砂浆抹刷砌平
10.5　内装修使用的材料,均应施工前作制作样板和参样,并审定后进行验收

十一、油漆涂料工程
11.1　木门油漆黄色调和漆一底二度,金属面均采用防锈除打底黑色防锈漆二度
11.2　其它金属面及里明钢铁件均采用防锈除二遍刷刷涂二道
11.3　室内外各明管铁件的油漆涂外油涂明面管道及通后系统同厂家同颜色的漆
11.4　各项油漆均由施工作制作样料行,经确认后封好,并审定后进行验收

十二、防水工程
12.1　屋面防水
本工程屋面防水等级为二级,防水期使用年限为15年,两道设防,具体做法详见材料做法表。穿板管道泛水以下外墙穿管严格按材料做法施工严,管线四周封防水层涂刷
12.2　卫生间防水:
a. 卫生间做层部砌200高铜酱混凝土现浇立墙,宽度与卫生同做相同
b. 地面刷1.5厚SPU防水涂膜,未柜表说明的通道上150mm
c. 墙面找坡1%,披向地漏地面水口,卫生间里墙后面,预埋管里应,高出地面30,预留地面做在里混凝土块墙,高100
12.3　外墙防水:
外墙防水详见材料做法表。外墙面水泥墙及门窗四周四周严格按有关规程规定做砌筑,安装在外墙上的构配件,各类孔洞、管道、地面通过外墙部位的防水,管道四周封防水层,墙面做成向外排水坡,在每层墙身面高H+0.100处往做做高100的防水坡,凡与屋面面相交的外墙(门凹洞除外)。若室外墙面完成后高于室内的,应沿地面200高细混凝土墙坎边,防水做法参按06ZJ203内

十三、防火设计
13.1　本项目为六层的多层建筑,按《民用建筑设计防火规范》进行设计。阅览室满足30m疏散距离要求及疏散要求

13.2　本工程所有内隔墙隔断圈梁上注明者外,均应做到顶(梁)底及墙窝严层压,管道井(送风排风外除外)应在管线安装完毕后,在每层楼板采用C20混凝土封堵密实(封堵前应凿毛处理,厚度同传播板厚度)
13.3　本工程满足消防要求
13.3.1　本工程设有自动灭火系统,一个防火分区最大建筑面积不小于2000m²,每个防火分区的划分详建施平面图示,各防火分区之间采用防护火墙存分隔(防火卷帘或隔断>3小时),建筑物均采用《建筑物防火设计用表》。
13.3.4　每层共属4个封闭面隔楼防墙间,自防火体一个单独的防火分区,设置2座楼梯疏散
13.5　安全疏散距离小于两个安全出口之间的疏散门至最近封闭楼梯间的距离均不小于35m;位于袋形走道两侧或尽端的疏散门至最近封闭楼梯间的距离小于22m

十四、建筑设备、设施
本工程使用客用电梯容照项目卫生间中载重量为150kg,速度为1m/s的电梯型号参按NPX-1150-C060型,供梯型号参选日立NF-1000-2S45/60(单开门)型,电梯组照电梯门安装时应预留孔洞里,测试完成后,每防火层侧要距离壁置应配置高800的扶手,梯箱侧面设置高1000的报警按钮,梯箱正面高900处至要部室装置,电梯上下运行时应注意清障显示及层显示牌

十五、建筑节能设计
15.1　该建筑以节能按照赣府厅[2004]52号文,53号文,建设部赣建[2004]17号文.知江西省城市规划技术规定视范采取措施节能处理
15.2　节能设计详见说明详见施工图2

十六、无障碍设计
本工程采用下列按设计按《城市道路和建筑物无障碍设计规范》(JGJ 50-2001)要求设计
1.入口道路　2.入口平台　3.候梯厅　4.电梯按钮　5.公共走道

十七、其他
17.1　室外工程和雨水沟、管井盖板、道路、绿植及栽相花池等及楼房屋绿化等参见及乌均平面施工图(此部分详细做法应点由建设单位另行委托专业环境公司设计、施工
17.2　预埋木砖均做防腐处理,露明铁件均须做防腐处理
17.3　外墙管带均做防水处理,测试完成后,用材相防水底板封闭密,预留检查孔,再刷补立面修缮
17.4　屋顶物面均设600宽散水
17.5　凡台阶、踏口、构坡、坡道均按突出地面及凳底系部都栏杆均做扶手,顶部栏杆料侧70得排水坡
17.6　合层台阶、木构造均按涂防液处理、防腐处理。凡未详见明详细油漆均做上外的色彩防治做法施工
17.7　楼梯栏杆栏面详见施工详图,扶手要选用施工详图,当楼梯标水平下线于0.5m时,扶手高度不应≥1.05m
17.8　凡有柱拱部的楼口、入口门等均加门盖处理
17.9　本工程使用项目采用阻燃防腐料,详见大样,页页及与结构主体可做连接
17.10　本工程所有全栏杆均采用热镀锌栏杆造型艺术性,铁艺栏杆轧成为定型部门品,图中所示大样为立面示意,构造节点连详出图由专业厂家设计商并保责制作安装,阳台栏杆扶手均须用钢材料
17.11　本工程属材料采用热浸镀锌金属板材料及外应合《民用建筑工程约环境污染控制规范》GB 50325-2001
17.12　有有扶板扶手层都要要做,具体如下:
a.所有扶板找平层做水平面与垂直墙部位面顶收要求做,镶贴20厚层封窗和女儿墙抹和立网地面根
b.水泥砂浆找平层收前面底,铺底面下即铺底面下层,轴缝隙不大于3000,镶贴20,镶密封膏
c.配融解石混凝土面层镶缝间不大于6000,分缝线嵌钢筋切断,镶贴20,缝嵌封膏
d.配制融解石混凝土面层镶缝间距不大于6000,分缝线嵌钢筋切断,镶贴20,缝嵌封膏,无凸凸砂浆缝隙间距不大于2000,镶贴10,缝密封膏
e.墙面采用防水砂浆前要镶缝,缝隙间距不大于3000,镶贴10,缝嵌封膏
f.镶细膏一锋采用抗渗合成高分子材料
17.13　防水节点的构造要求
a.凡设计中采用了柔性防水层的地方,有阴阳角和变形缝等做增强做附加层,附加层一律用合成高分子涂料和聚酯无妨布,附加层宽度每处不小于300
b.凡泛水层的阴阳角和穿管处按管根部圆圆做附加做45度做角
c.雨水口端和管管穿交接按防水要求增强(见大样图或详见施工规范)
d.凡外墙窗需嵌缝的,均一律向外按25镶,并凸凸出外墙面做层50
17.14　特缝部细部材料的选用范围
a.外墙防水层里墙基源封部基面,首层女儿墙和栏防套面,香额洞面
b.屋面墙面防水层墙至要窗管和门门三面三面,地面墙顶下四四边里过
c.外墙防水层未末明缝部位里由用门窗外架和的墙层封上部缝口
d.外墙防水砂浆前要镶缝应外墙的抹墙基板面的五个面
17.15　工程中未尽事宜时,请按现行国家现行施工安装验收规范执行

疏散宽度计算表		
楼层	计算宽度(m)	实际宽度(m)
1F	S(首层面积)= 4576.4 N(人数)=902 W(疏散宽度)=N/100X0.65=5.863	21
2F	S(二层面积)=3933.9 N(人数)=422 W(疏散宽度)=N/100X0.65=2.743	15
3F	S(三层面积)=3933.9 N(人数)=730 W(疏散宽度)=N/100X0.75=5.475	9
4F	S(四层面积)=3038.5 N(人数)=730 W(疏散宽度)=N/100X1.0=7.3	9
5F	S(四层面积)=3038.5 N(人数)=730 W(疏散宽度)=N/100X1.0=7.3	9
6F	S(四层面积)=3038.5 N(人数)=730 W(疏散宽度)=N/100X1.0=7.3	9

XXXX 建筑设计有限公司
XXXX ARCHITECTURE DESIGN CO.,LTD.
设计证书等级 A144000001
No.A144000001 Class A of Architecture Design (PRC)

合作设计单位
JOINTLY DESIGNED WITH

签章
SIGNED:

院章
CNADRI PROJECT SEAL

注册师章
REGISTERED SEAL

建设单位
CLIENT

某高校

项目名称
PROJECT NAME

某高校图书馆

图纸名称
DRAWING TITLE

施工建筑设计总说明

图号
PROJECT No.
YP-2011-001-4

项目负责人
PROJECT DIRECTOR　XXX

审定人
AUTHORIZED BY　XXX

审核人
EXAMINED BY　XXX

专业负责人
DISCIPLINE RESPONSIBLE BY　XXX

校对人
CHECKED BY　XXX

设计人
DESIGNED BY　XXX

专业　建筑　图纸编号
DISCIPLINE　ARCHITECTURE　DRAWING No.　01/35

状态　施工图　比例
STATUS　CONSTRUCTION　SCALE　详图
　　　DRAWING

日期　2012.2　版次
DATE　　　　　EDITION　01

江西省公共建筑施工图
建筑节能设计说明

一、设计依据
1. 《民用建筑热工设计规范》GB 50176-93
2. 《公共建筑节能设计标准》GB 50189-2005
3. 《建筑外门窗气密、水密、抗风压性能分级及检测方法》(GB/T 7106-2008)
4. 《建筑幕墙》GB/T 21086-2007
5. 其他相关标准、规范

二、建筑概况
建筑方位：北向85.85度　结构类型：框架　建筑面积：地上22455.1　m²
建筑层数：地上 6　建筑高度：地上 23.85　m

三、总平面设计节能措施
1. 总体布局
2. 朝向：北偏东4.15度
3. 通风：能利用夏季自然通风

四、围护结构节能措施

1.屋顶

简 图	工程做法（从上往下）	传热系数K
上人屋面	1.40 厚 细石防水混凝土 2.20 厚 水泥砂浆 3.100厚 防火岩棉板 4.30 厚 轻石陶粒混凝土(ρ=1600) 5.120厚 钢筋混凝土 6.20 厚 石灰水泥砂浆(混合砂浆)	设计传热系数K:0.46 规范要求传热系数K:0.70

2.外墙

简 图	工程做法（从外往里）	传热系数K
玻化微珠保温砂浆35+装饰多孔砖200	1.4 厚 抗裂砂浆 2.35 厚 玻化微珠保温砂浆300 3.200厚 烧结多孔砖墙 4.20 厚 石灰水泥砂浆(混合砂浆)	设计传热系数K:1.16 规范要求传热系数K:1.00

3.底层接触室外空气的架空或外挑楼板

简 图	工程做法（从上往下）	传热系数K
玻化微珠保温砂浆30+钢筋混凝土120	1.20 厚 水泥砂浆 2.120厚 钢筋混凝土 3.30 厚 玻化微珠保温砂浆300 4.4 厚 抗裂砂浆	设计传热系数K:1.59 规范要求传热系数K:1.00

4.地面

简 图	工程做法（从上往下）	热阻值R
混凝土120不保温地面	1.20 厚 水泥砂浆 2.120厚 钢筋混凝土	设计传热阻R:0.09 规范要求传热阻R:1.20

详图

5.外门窗（含透明幕墙）

（1）外门窗（透明幕墙）汇总表

类别	门窗编号	门窗洞口尺寸(mm×mm)	数量	单樘门窗面积(m²) 门洞总面积	单樘门窗面积(m²) 可开启面积	材料	开启方式	传热系数 K	遮阳系数 SC
外门	FM-甲1522	1500×2200		3.3	3.3	保温门(多功能门)		1.972	0.000
	FM-乙1522	1500×2200		3.3	3.3	保温门(多功能门)		1.972	0.000
	M1521	1500×2100		3.1	3.1	保温门(多功能门)		1.972	0.000
	M1522	1500×2200		3.3	3.3	保温门(多功能门)		1.972	0.000
	M1021	1000×2100		2.1	2.1	保温门(多功能门)		1.972	0.000
外窗	LM4527	4500×2700		12.5	9.9	断热铝合金Low-E+9A+5mm		2.400	0.490
	MLC1	24870×3300		156.24	36.5	断热铝合金Low-E+9A+5mm		2.400	0.490
	MLC2	15400×2900		44.6	5.6	断热铝合金Low-E+9A+5mm		2.400	0.490
	MLC3	2400×2900		6.96	5.76	断热铝合金Low-E+9A+5mm		2.400	0.490
	MLC5	5500×2900		15.95	5.6	断热铝合金Low-E+9A+5mm		2.400	0.490
	LC5529	5500×2900		15.9	4.8	断热铝合金Low-E+9A+5mm		2.400	0.490
	LC0830	800×3000		2.4	0.7	断热铝合金Low-E+9A+5mm		2.400	0.490
	LC0630	600×3000		1.8	0.5	断热铝合金Low-E+9A+5mm		2.400	0.490
	LC0930	900×3000		2.7	0.8	断热铝合金Low-E+9A+5mm		2.400	0.490
	LC2430	2400×3000		7.2	2.2	断热铝合金Low-E+9A+5mm		2.400	0.490
	LC0830	800×3000		2.4	0.7	断热铝合金Low-E+9A+5mm		2.400	0.490
	LC1527	1500×2700		4.1	1.2	断热铝合金Low-E+9A+5mm		2.400	0.490
	LC1830	1800×3600		5.4	1.6	断热铝合金Low-E+9A+5mm		2.400	0.490
	LC0827	800×2700		2.2	0.6	断热铝合金Low-E+9A+5mm		2.400	0.490
	LC0827	800×2700		2.2	0.6	断热铝合金Low-E+9A+5mm		2.400	0.490
	LC0827	800×2700		2.2	0.6	断热铝合金Low-E+9A+5mm		2.400	0.490
	LC0827	800×2700		2.2	0.6	断热铝合金Low-E+9A+5mm		2.400	0.490
	LC0827	800×2700		2.2	0.6	断热铝合金Low-E+9A+5mm		2.400	0.490
	LC0827	800×2700		2.2	0.6	断热铝合金Low-E+9A+5mm		2.400	0.490
	LC1522	1500×2200		3.3	1.0	断热铝合金Low-E+9A+5mm		2.400	0.490
	LC0845	800×4500		3.6	1.1	断热铝合金Low-E+9A+5mm		2.400	0.490
	LC0845	800×4500		3.6	1.1	断热铝合金Low-E+9A+5mm		2.400	0.490
	LC0845	800×4500		3.6	1.1	断热铝合金Low-E+9A+5mm		2.400	0.490
	LC0845	800×4500		3.6	1.1	断热铝合金Low-E+9A+5mm		2.400	0.490
	LC0845	800×4500		3.6	1.1	断热铝合金Low-E+9A+5mm		2.400	0.490
	MQ04172	400×17200		6.88	2.22	断热铝合金Low-E+9A+5mm		2.400	0.490
	MQ18190	1800×19000		34.2	16.3	断热铝合金Low-E+9A+5mm		2.400	0.490
	LC0818	800×1850		1.5	0.4	断热铝合金Low-E+9A+5mm		2.400	0.490
	LC1522	1500×2200		3.3	1.0	断热铝合金Low-E+9A+5mm		2.400	0.490
	LC0931	900×3100		2.8	0.8	断热铝合金Low-E+9A+5mm		2.400	0.490
	LC2019	2000×1900		3.8	1.1	断热铝合金Low-E+9A+5mm		2.400	0.490
	LC1136	1090×3600		3.9	1.2	断热铝合金Low-E+9A+5mm		2.400	0.490
	LC0936	880×3600		3.2	1.0	断热铝合金Low-E+9A+5mm		2.400	0.490
	LC0936	880×3600		3.2	1.0	断热铝合金Low-E+9A+5mm		2.400	0.490
	LC0636	800×3600		3.2	0.9	断热铝合金Low-E+9A+5mm		2.400	0.490
	LC2219	2200×1950		4.3	1.3	断热铝合金Low-E+9A+5mm		2.400	0.490
	LC0505	500×500		0.2	0.1	断热铝合金Low-E+9A+5mm		2.400	0.490
	LC0505	500×500		0.3	0.1	断热铝合金Low-E+9A+5mm		2.400	0.490
	LC5521	5500×2100		11.6	3.5	断热铝合金Low-E+9A+5mm		2.400	0.490
	LC0535	500×3500		1.8	0.5	断热铝合金Low-E+9A+5mm		2.400	0.490
	LC1135	1100×3500		3.8	1.2	断热铝合金Low-E+9A+5mm		2.400	0.490
	LC1135	1100×3500		3.9	1.2	断热铝合金Low-E+9A+5mm		2.400	0.490
	LC0935	880×3500		3.1	0.9	断热铝合金Low-E+9A+5mm		2.400	0.490
	LBC2035	2000×3500		7.0	2.1	断热铝合金Low-E+9A+5mm		2.400	0.490
	LC09'33	900×3300		3.0	0.9	断热铝合金Low-E+9A+5mm		2.400	0.490
	LC2038	2000×3800		7.6	2.3	断热铝合金Low-E+9A+5mm		2.400	0.490
	LC1129	1090×2900		3.2	0.9	断热铝合金Low-E+9A+5mm		2.400	0.490
	LC09'29	880×2900		2.6	0.8	断热铝合金Low-E+9A+5mm		2.400	0.490
	LC0929	900×2900		2.6	0.8	断热铝合金Low-E+9A+5mm		2.400	0.490
	LC2238	2200×3800		8.4	2.5	断热铝合金Low-E+9A+5mm		2.400	0.490
	LC5518	5500×1800		9.9	3.0	断热铝合金Low-E+9A+5mm		2.400	0.490
	LC2035	2000×3500		7.0	2.1	断热铝合金Low-E+9A+5mm		2.400	0.490
	LC1120	1090×2600		2.8	0.9	断热铝合金Low-E+9A+5mm		2.400	0.490
	LC1326	1300×2600		3.4	1.0	断热铝合金Low-E+9A+5mm		2.400	0.490
	LC09'28	880×2600		2.3	0.7	断热铝合金Low-E+9A+5mm		2.400	0.490
	LC0926	900×2600		2.3	0.7	断热铝合金Low-E+9A+5mm		2.400	0.490
	LC2235	2200×3500		7.7	2.3	断热铝合金Low-E+9A+5mm		2.400	0.490
	LC5424	5410×2400		13.0	3.9	断热铝合金Low-E+9A+5mm		2.400	0.490
	LC7424	740×2400		17.8	5.3	断热铝合金Low-E+9A+5mm		2.400	0.490
	LC3424	3410×2400		8.2	2.5	断热铝合金Low-E+9A+5mm		2.400	0.490
	LC2231	2200×3100		6.8	2.0	断热铝合金Low-E+9A+5mm		2.400	0.490
	LC2030	2000×3000		5.8	1.8	断热铝合金Low-E+9A+5mm		2.400	0.490
	LC1215	1200×1500		1.8	0.5	断热铝合金Low-E+9A+5mm		2.400	0.490
	LBC1506	1500×600		0.9	0.3	断热铝合金Low-E+9A+5mm		2.400	0.490

（2）外门窗安装中，其门窗框与洞口之间均采用发泡填充剂塞填塞，以避免形成冷桥

（3）外窗气密性需达到GB/T 7106-2008规定的4级，透明幕墙的气密性需达到GB/T 21086-2007规定的3级

（4）以上所用各种材料，须在材料和安装工艺上把好关，并经过必要的抽样检测，方可正式制作安装

7、屋顶透明部分（天窗）

屋顶透明部分面积 m²	屋顶透明部分面积 / 屋顶总面积 ×100%	材料	传热系数 K	遮阳系数 SC
	0.18		2.40	0.49

五、节点大样做法（成图集索引编号）

设计部位	构造做法（成图集索引编号）
外墙	赣07ZJ105
檐口	赣07ZJ105
女儿墙	赣07ZJ105
外墙阴、阳角	赣07ZJ105
外门窗洞口	赣07ZJ105
零冬凝露洞口	赣07ZJ105
挑窗洞口	赣07ZJ105
阳台	赣07ZJ105
雨篷	赣07ZJ105
空调搁置板	赣07ZJ105
水斗管卡子、穿墙管	赣07ZJ105
装饰线、滴水线	赣07ZJ105
勒脚	赣07ZJ105
变形缝	赣07ZJ105
备注：其他部位的做法详赣07ZJ105相关节点构造做法	

六、建筑节能设计汇总表

设计部位		规定性指标	计算数值	保温材料及节能措施	备注
屋顶	实体部分	$K \le 0.7$	0.46	100厚 防火岩棉板	
	透明部分 面积≤20%	$K \le 3.0$ $SC \le 0.4$	面积=	$K \le 2.40$ $SC \le 0.49$	
外墙		$K \le 1.0$	1.16	35厚 玻化微珠保温砂浆300	
架空楼板		$K \le 1.0$	1.59	30厚 玻化微珠保温砂浆300	
外挑楼板		$K \le 1.0$	1.59	30厚 玻化微珠保温砂浆300	
地面		$R \ge 1.2$	0.09	混凝土120不保温地面	
地下室外墙		$R \ge 1.2$			

单一朝向外窗（包括透明幕墙部分）	窗墙面积比	K	SC（东南西向/北向）	窗墙面积比	K	SC	可开启面积比>30%	可见光透射比>0.4
	≤0.2	≤4.7						
	>0.2~≤0.3	≤3.5	≤0.55/-	0.256	2.400	0.480	30%	0.720
	>0.3~≤0.4	≤3.0	≤0.50/0.60	0.317	2.400	0.480	30%	0.720
	>0.4~≤0.5	≤3.0	≤0.45/0.55	0.230	2.400	0.480	30%	0.720
	>0.5~≤0.7	≤2.5	≤0.40/0.50	0.408	2.400	0.480	30%	0.720

气密性等级	外窗	>4级	4级	外窗材料	断热铝合金5Low-E+9A+5mm
	透明幕墙	>3级	3级		

能效判断	能源种类	设计建筑		参照建筑				
		能耗	单位面积能耗	能耗	单位面积能耗			
	空调年耗电量	86.75		92.37				
	采暖年耗电量	33.24		31.40				
	总计	119.99		123.77				

注：K为传热系数[W/m²] R为热阻[m²·W] SC为遮阳系数 能耗单位：kWh 单位面积能耗单位：kW·h/m²

XXXX 网视设计有限公司
XXXX ARCHITECTURE DESIGN CO.,LTD.
资质等级 甲级 A144000001
No.A144000001 Class A of Architecture Design (PRC)

合作设计单位
JOINTLY DESIGNED WITH

签名：
SIGNED:

注册师专用章
CNADRI PROJECT SEAL

执业专用章
REGISTERED SEAL

位置示意
LOCATION SKETCH

备注
NOTE

建设单位
CLIENT

某高校

项目名称
PROJECT NAME

某高校图书馆

图名
DRAWING TITLE　建筑节能专项设计说明

工程号
PROJECT No. YP-2011-001-4

项目负责人 PROJECT DIRECTOR	XXX
审定人 AUTHORIZED BY	XXX
审核人 EXAMINED BY	XXX
专业负责人 DISCIPLINE RESPONSIBLE BY	XXX
校对人 CHECKED BY	XXX
设计人 DESIGNED BY	XXX

专业 DISCIPLINE	建筑 ARCHITECTURE	图别 DRAWING No	02/35
阶段 STATUS	施工图 CONSTRUCTION DRAWING	比例 SCALE	详图
日期 DATE	2012.2	版次 EDITION	01

建筑装饰装修材料做法表

房间名称	楼地面做法	踢脚线做法	内墙面做法	天棚做法
二—六层卫生间	防水防滑地砖楼面 ②		防面砖防水内墙面 ⑪	铝塑复合　沪05J909 ㉔/DP12
二—六层井道	水泥砂浆面层1 ⑦			板底抹灰刮腻子顶棚　沪05J909 A1/DP5
首层井道	水泥砂浆面层2 ⑦			板底抹灰刮腻子顶棚　沪05J909 A1/DP5
三—六层阅览室、走道	花岗石楼面 ③	花岗石踢脚线　沪05J909 —/TJ9-1a	刮腻子涂料墙面1、刮腻子涂料墙面2 ⑯⑰	装饰石膏板吊顶　沪05J909 ㉔/DP12
二—六层管理室	软木复合弹性木地板面层1 ④	软木踢脚线　沪05J909	刮瓷内墙面1、刮瓷内墙面2 ⑫⑬	装饰石膏板吊顶　沪05J909 ㉔/DP12
二层入口门厅、目录厅、电子阅览室、陈列室及廊道	大理石楼面 ①	大理石踢脚线　沪05J909 —/TJ9-1a	刮瓷内墙面1、刮瓷内墙面2 ⑯⑰	装饰石膏板吊顶　沪05J909 ㉔/DP12
首层设备用房、储藏间	水泥砂浆面层1 ⑥	水泥砂浆踢脚线　沪05J909 —/TJ2-3	刮腻子涂料墙面1、刮腻子涂料墙面2 ⑭⑮	板底抹灰刮腻子顶棚　沪05J909 A1/DP5
封闭楼梯间、直跑楼梯	大理石楼面 ①	大理石踢脚线　沪05J909 —/TJ9-1a	刮腻子涂料墙面1、刮腻子涂料墙面2 ⑭⑮	板底抹灰刮腻子顶棚　沪05J909 A1/DP5
首层楼梯间	大理石地面 ⑧	大理石踢脚线　沪05J909 —/TJ9-1a	刮腻子涂料墙面1、刮腻子涂料墙面2 ⑭⑮	板底抹灰刮腻子顶棚　沪05J909 A1/DP5
首层卫生间	防水防滑地砖地面 ⑨	地砖踢脚线　沪05J909 —/TJ8-9	防面砖防水内墙面 ⑪	铝塑复合　沪05J909 ㉔/DP12
首层自修室、报告厅	大理石地面 ⑧	大理石踢脚线　沪05J909 —/TJ9-1a	刮瓷内墙面1、刮瓷内墙面2 ⑯⑰	装饰石膏板吊顶　沪05J909 ㉔/DP12
首层库房、消防控制室	预制水磨石面层 ⑤	水磨石踢脚线　沪05J909 —/TJ9-1a	刮腻子涂料墙面1、刮腻子涂料墙面2 ⑭⑮	板底抹灰刮腻子顶棚　沪05J909 A1/DP5
首层管理室	大理石地面 ⑧	大理石踢脚线　沪05J909 —/TJ7	刮瓷内墙面1、刮瓷内墙面2 ⑫⑬	装饰石膏板吊顶　沪05J909 ㉔/DP12
室外踏步、平台	预制水磨石面层台阶 ⑩			

外墙装修构造示意图

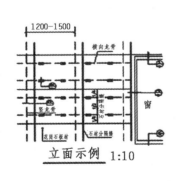

1200-1500

立面示例 1:10

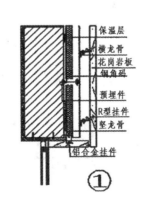

①

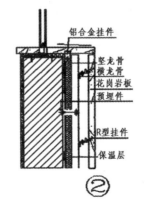

②

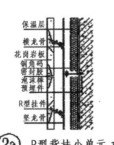

②a R型背挂小单元 1:10

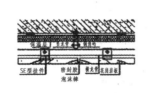

②b R型背挂小单元 1:10

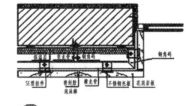

③

干挂石材幕墙装修构造（外保温）1:10

注: 干挂石材外墙装修女儿墙节点、阳角节点、阴角节点分别详06J505-1 ③/Q15 ⑤/Q15 ⑥/Q15，铝塑外墙装修节点详06J505-1 —/Q23

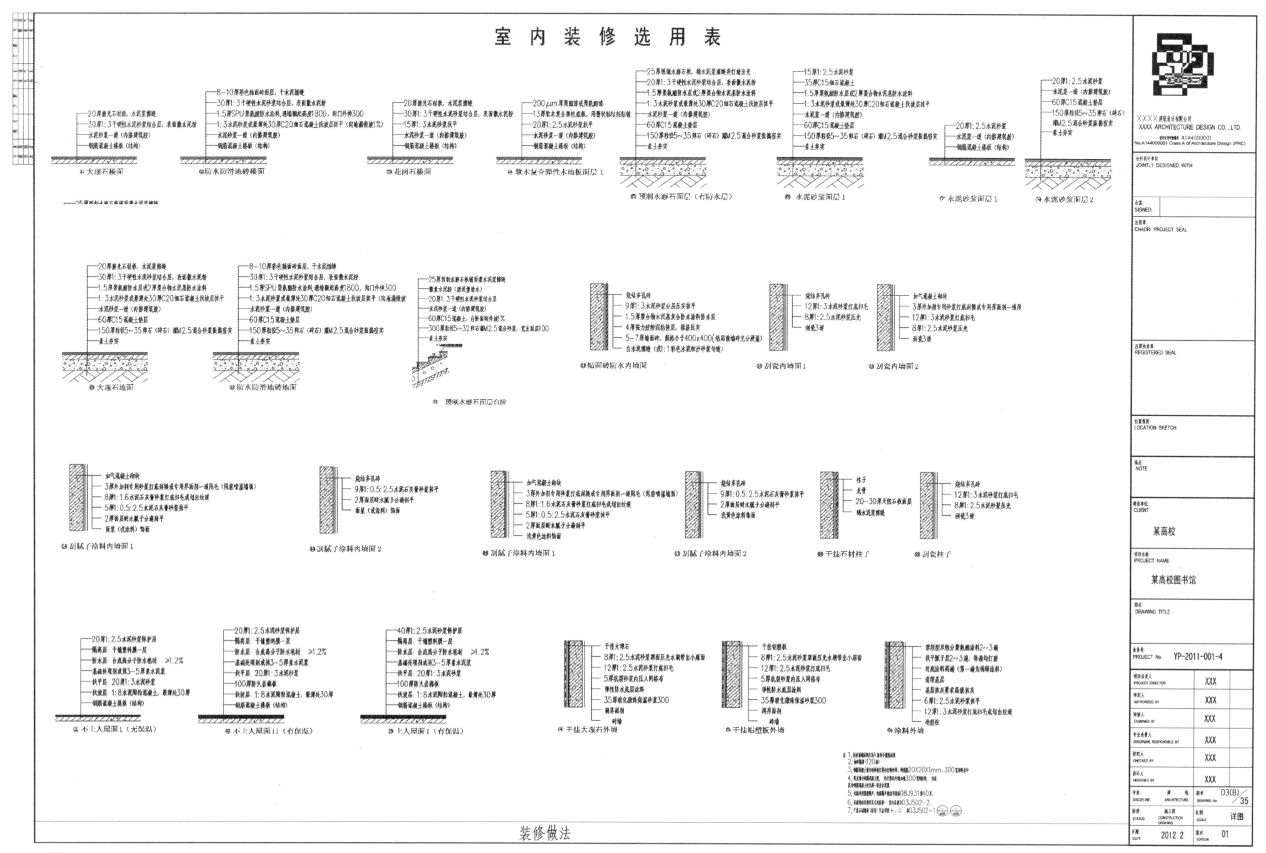

室内装修选用表

装修做法

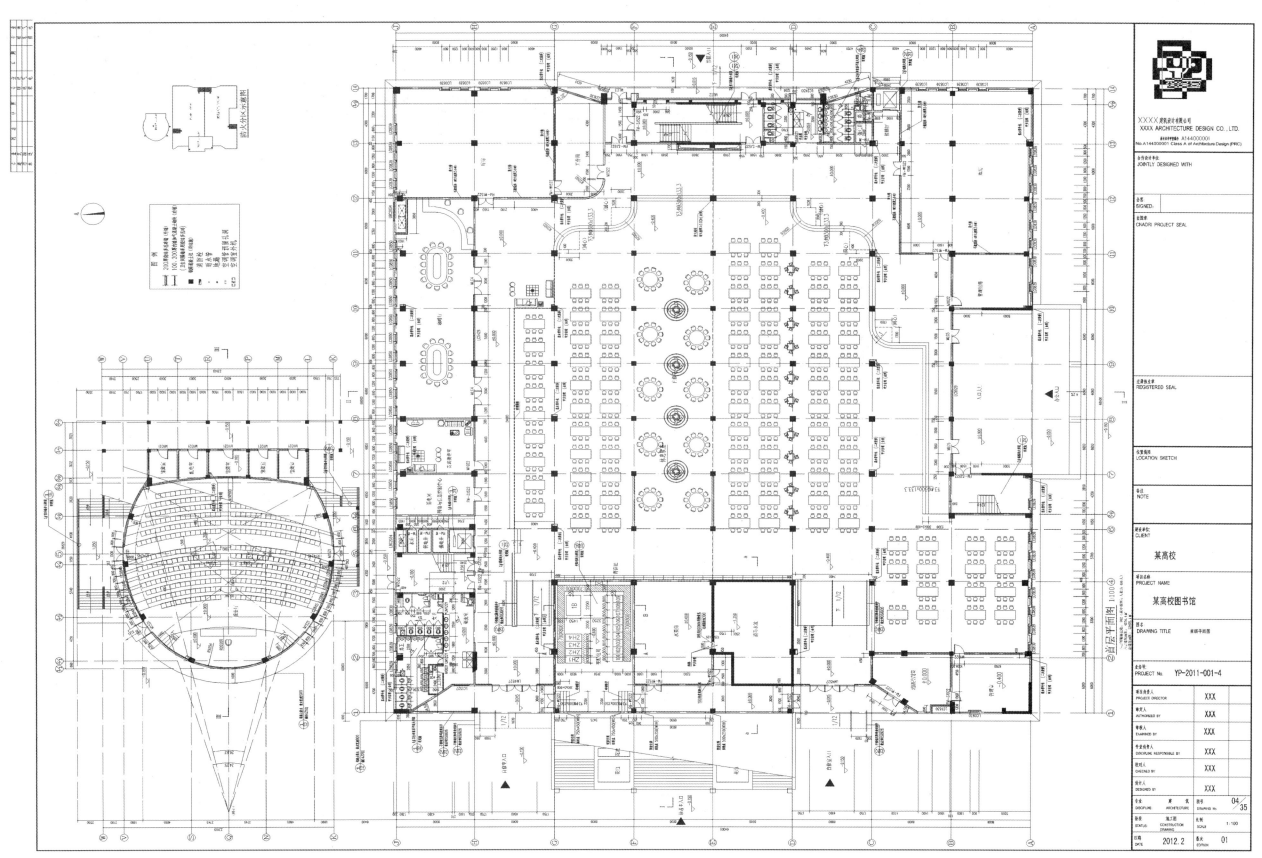

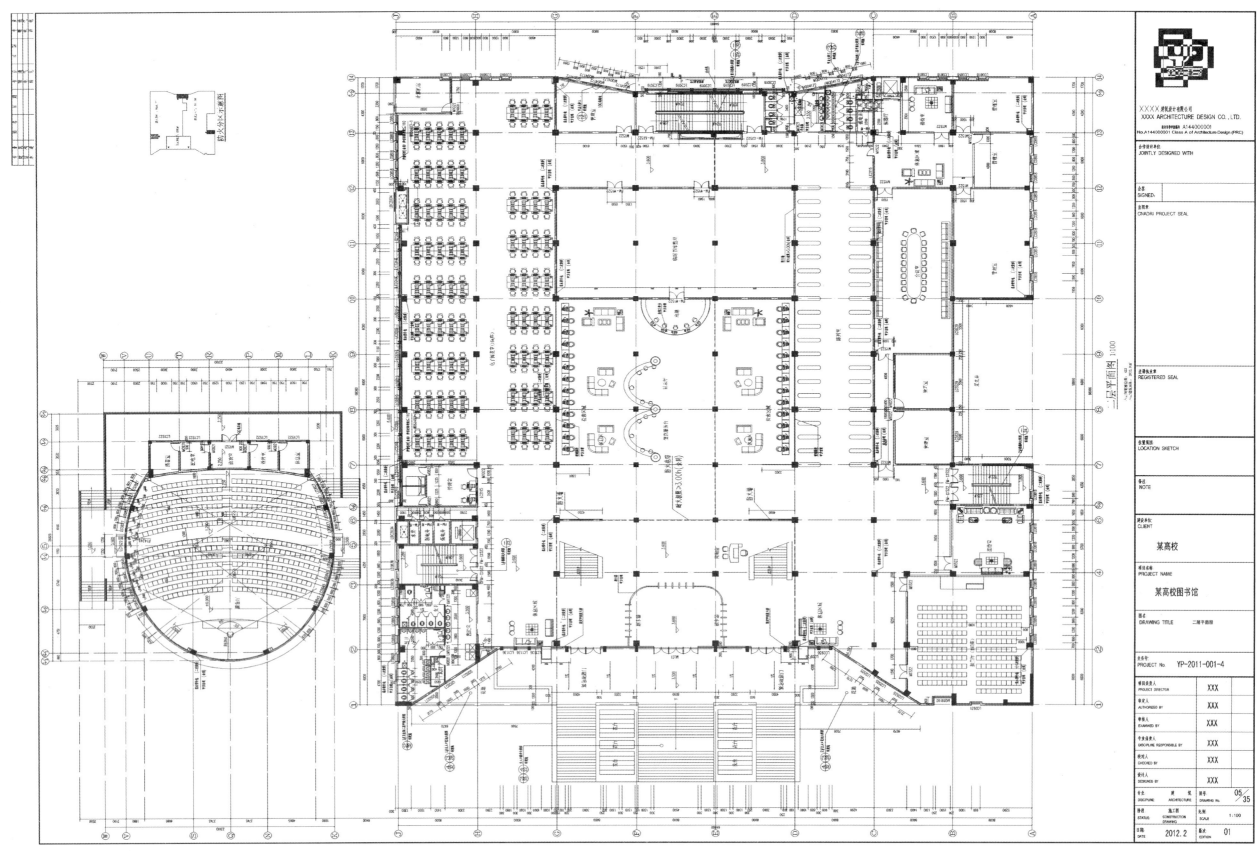

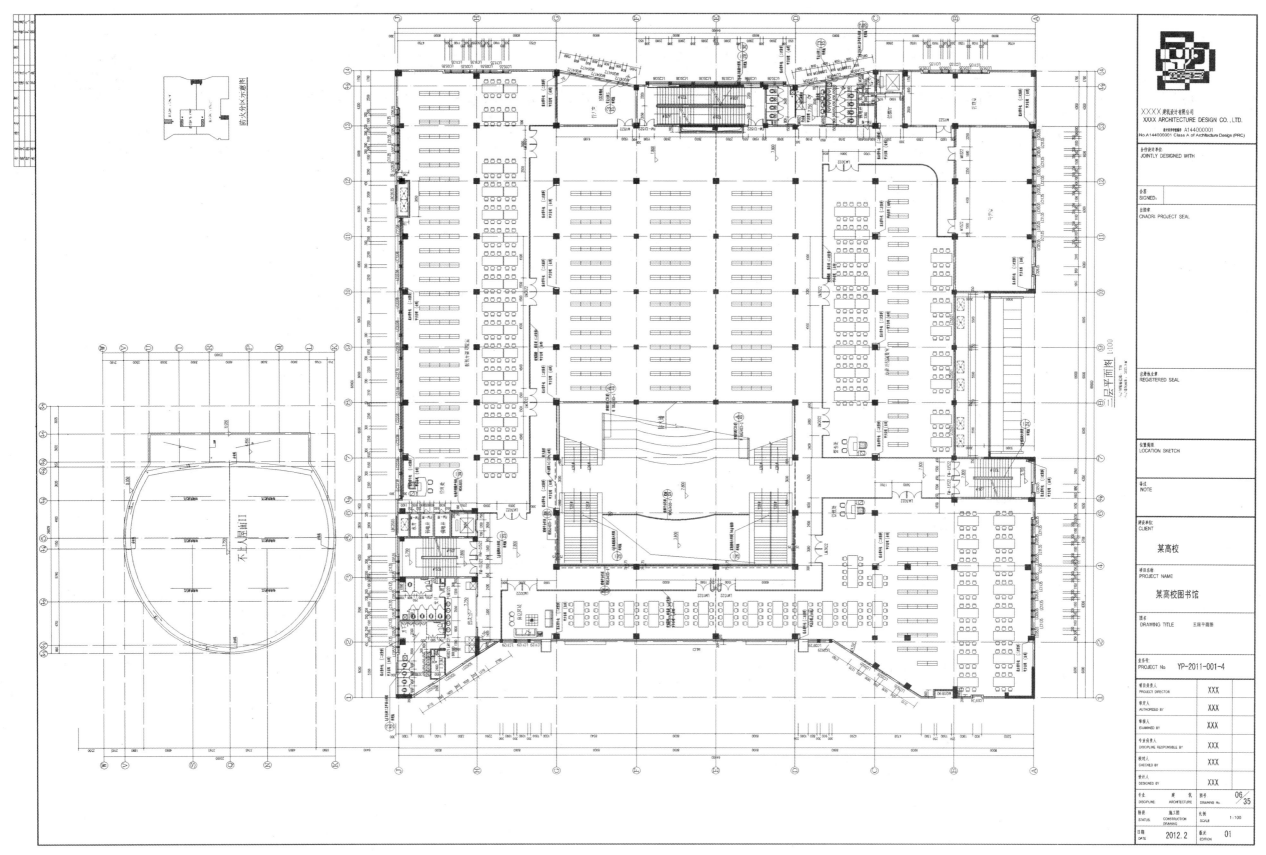

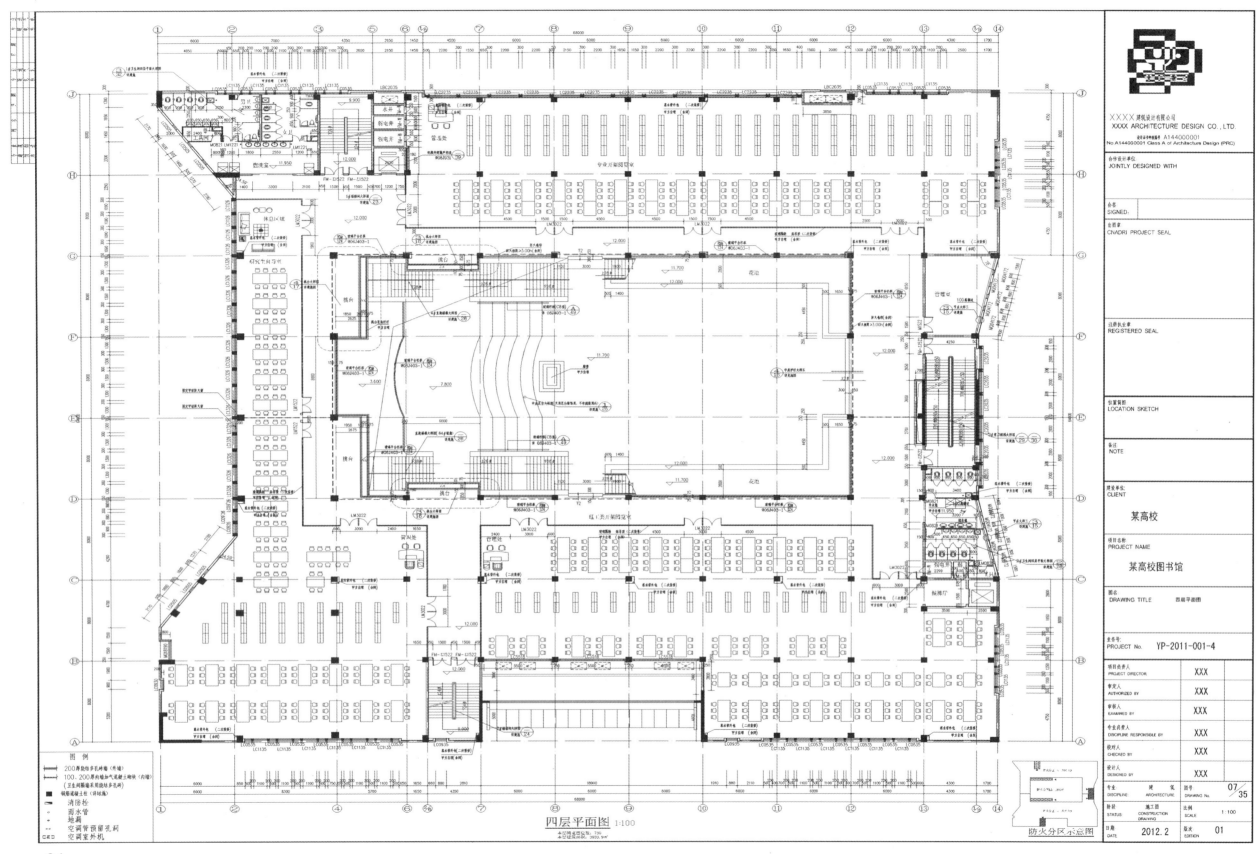

四层平面图 1:100

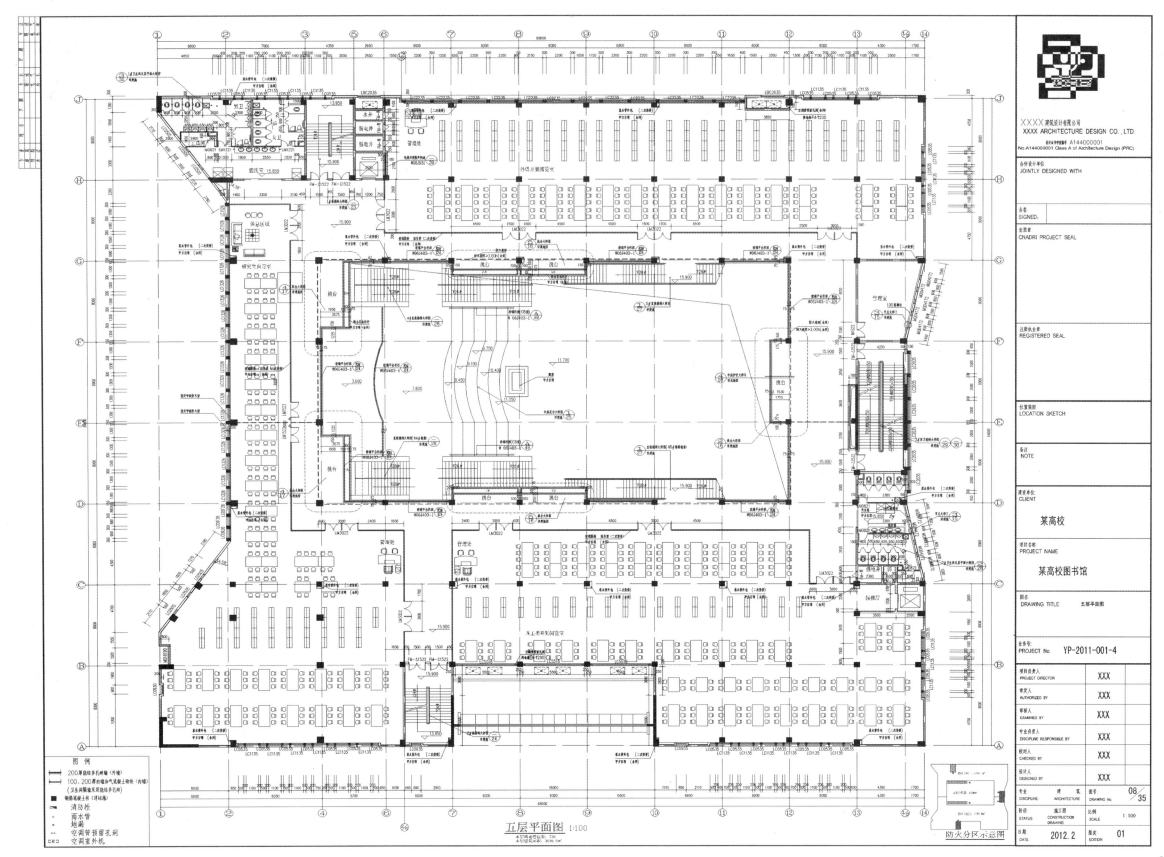

五层平面图 1:100

防火分区示总图

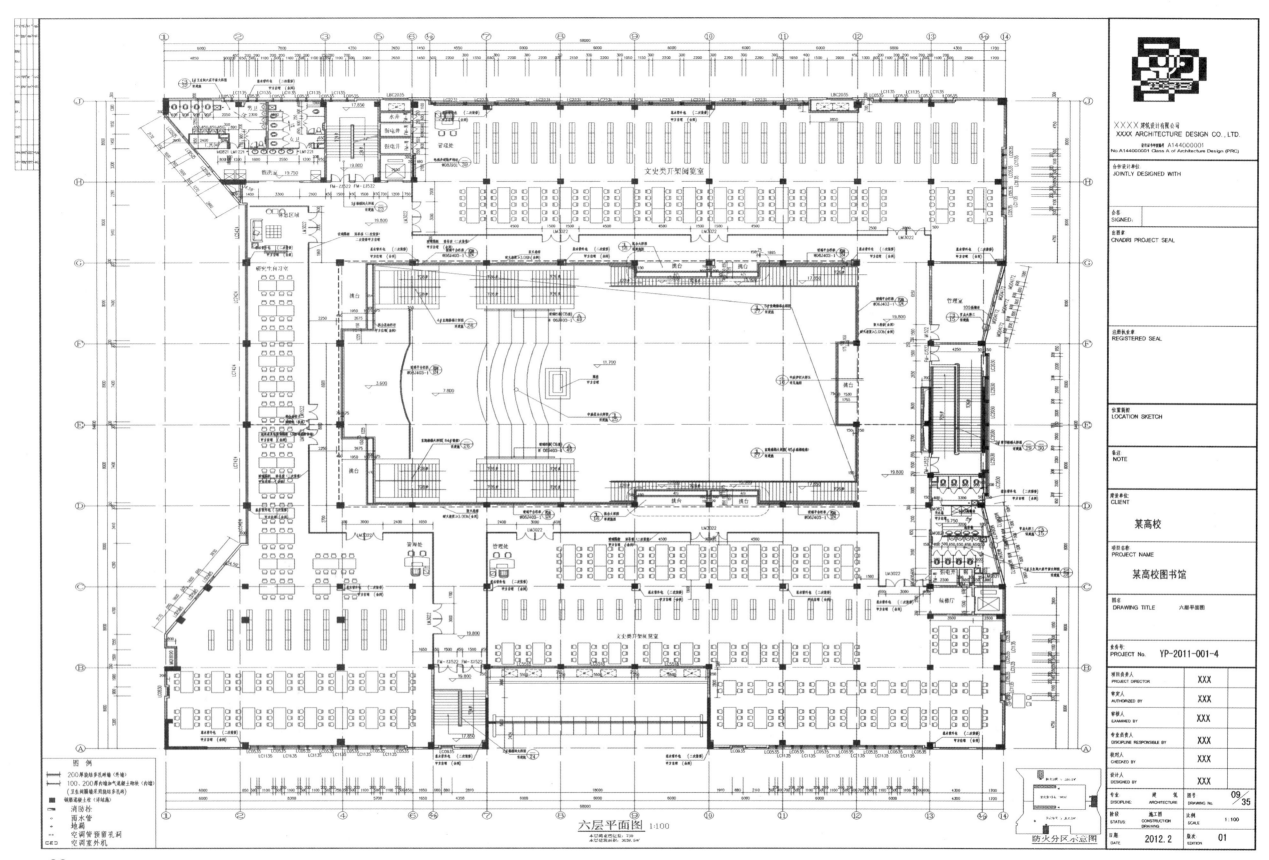

六层平面图 1:100

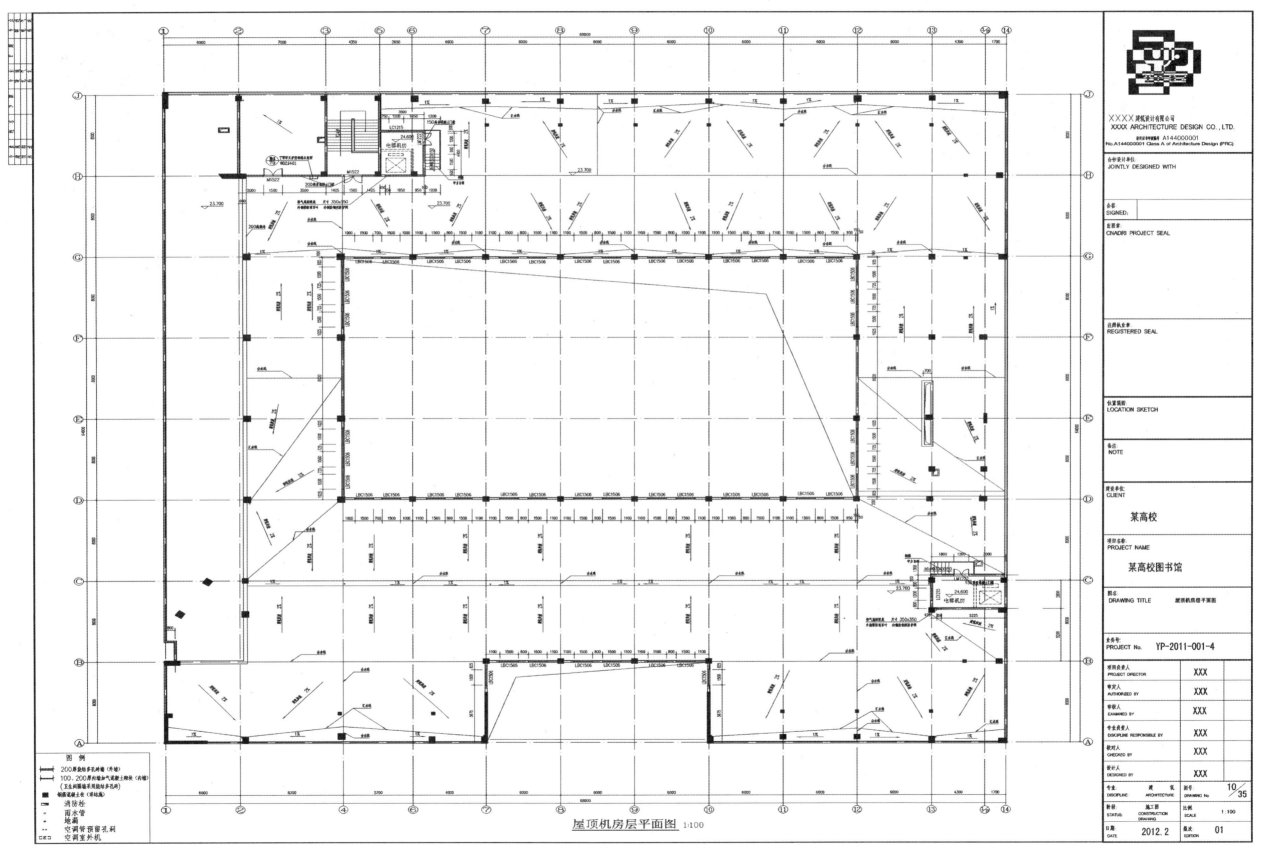

屋顶机房层平面图 1:100

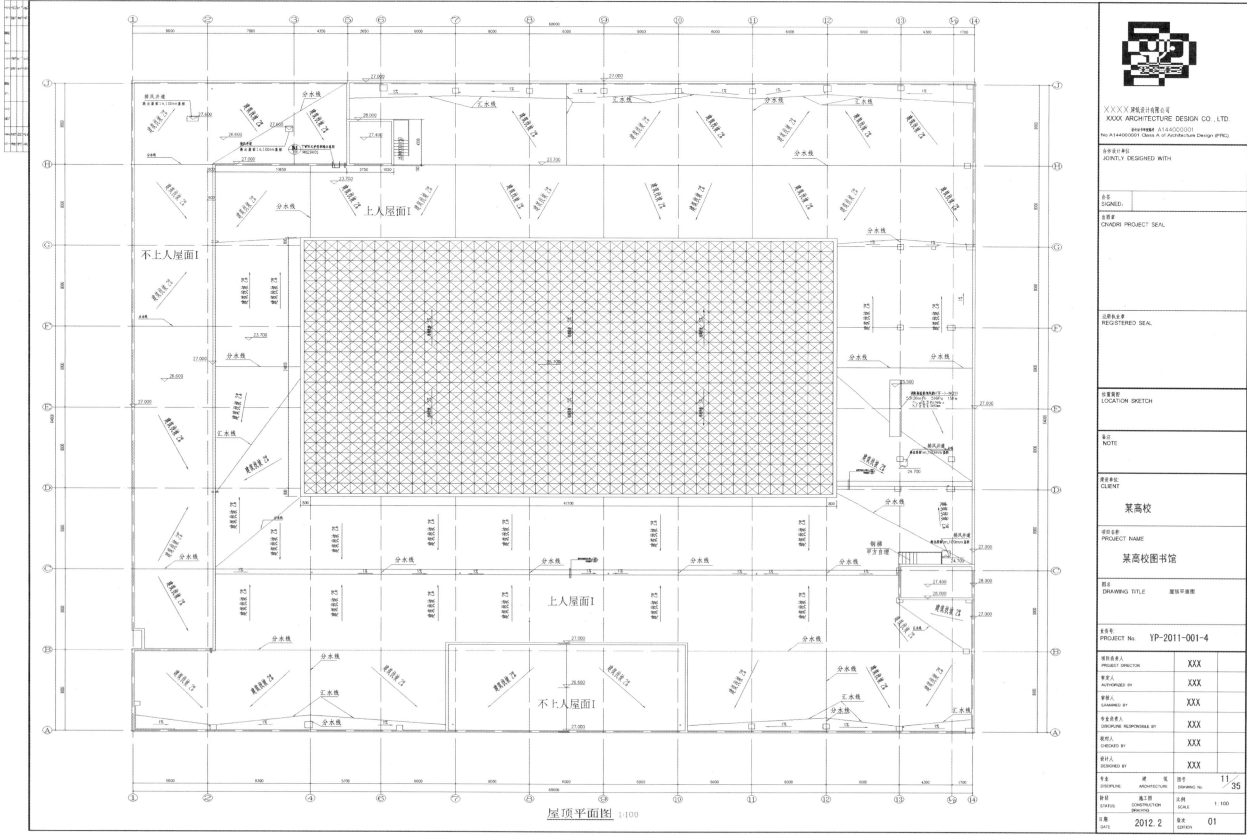

屋顶平面图 1:100

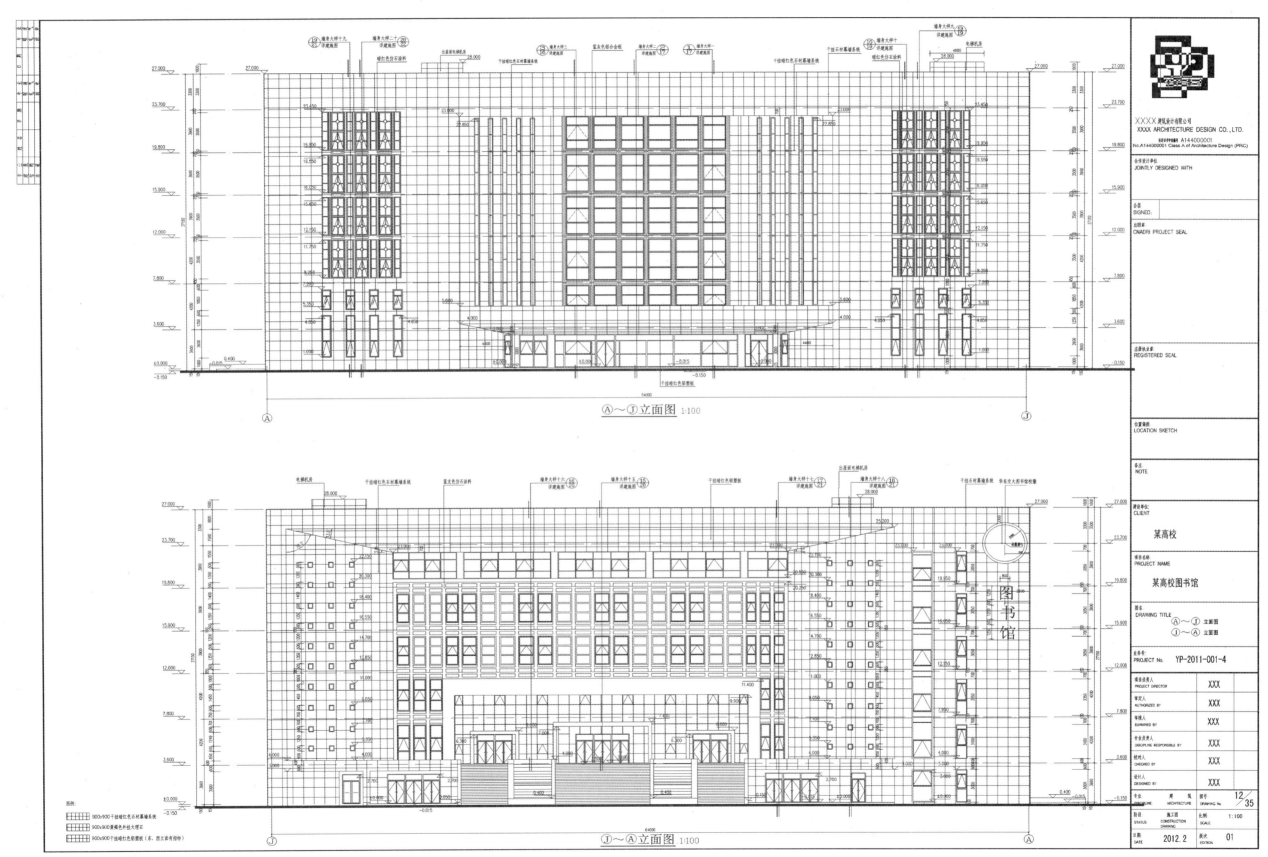

①～⑭立面图 1:100

⑭～①立面图 1:100

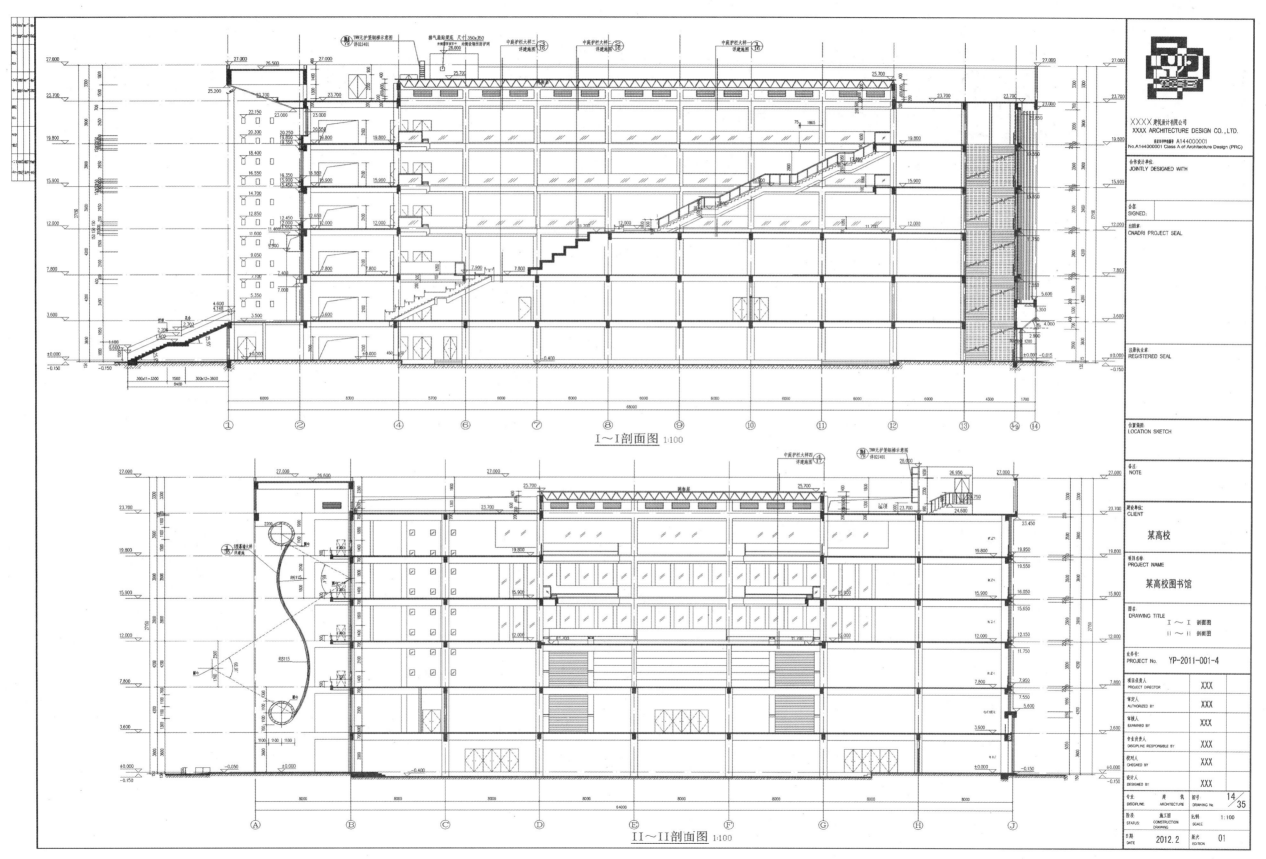

I～I剖面图 1:100

II～II剖面图 1:100

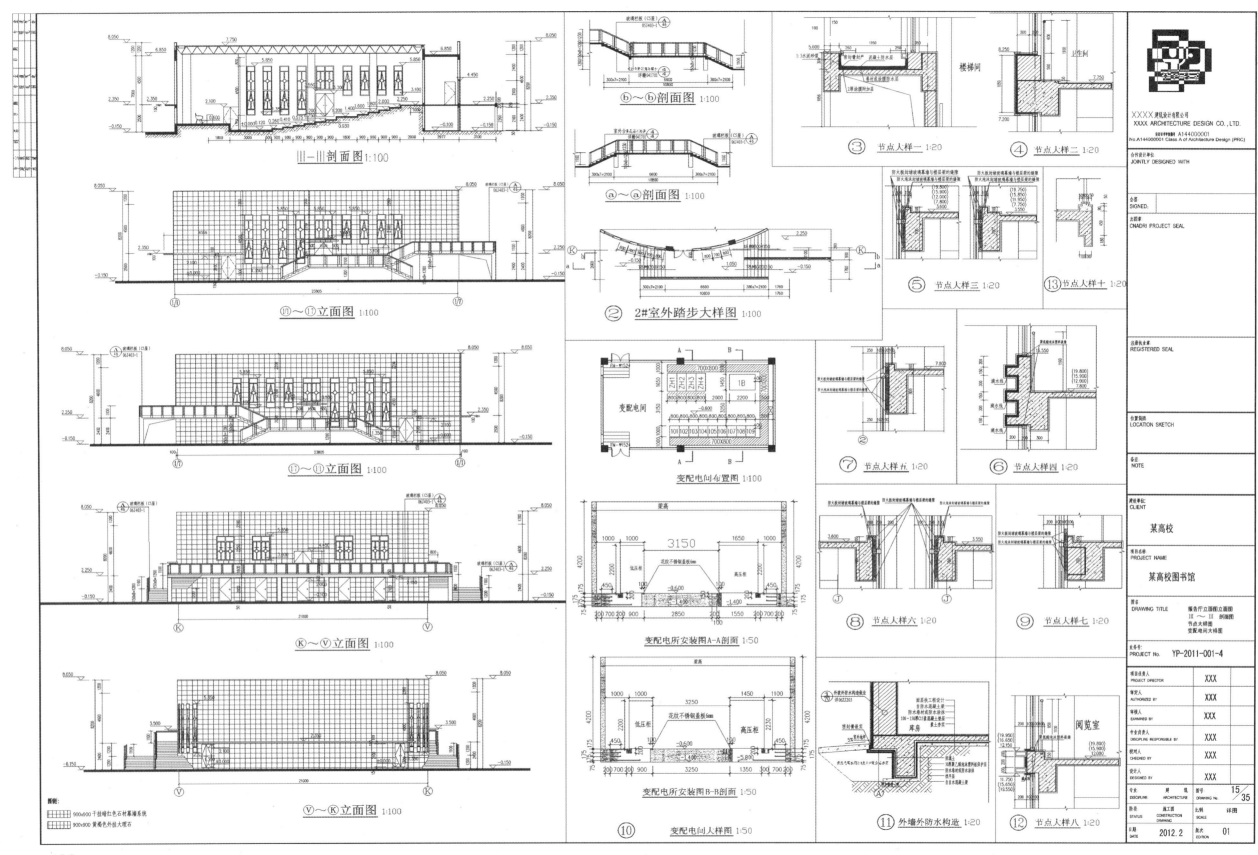

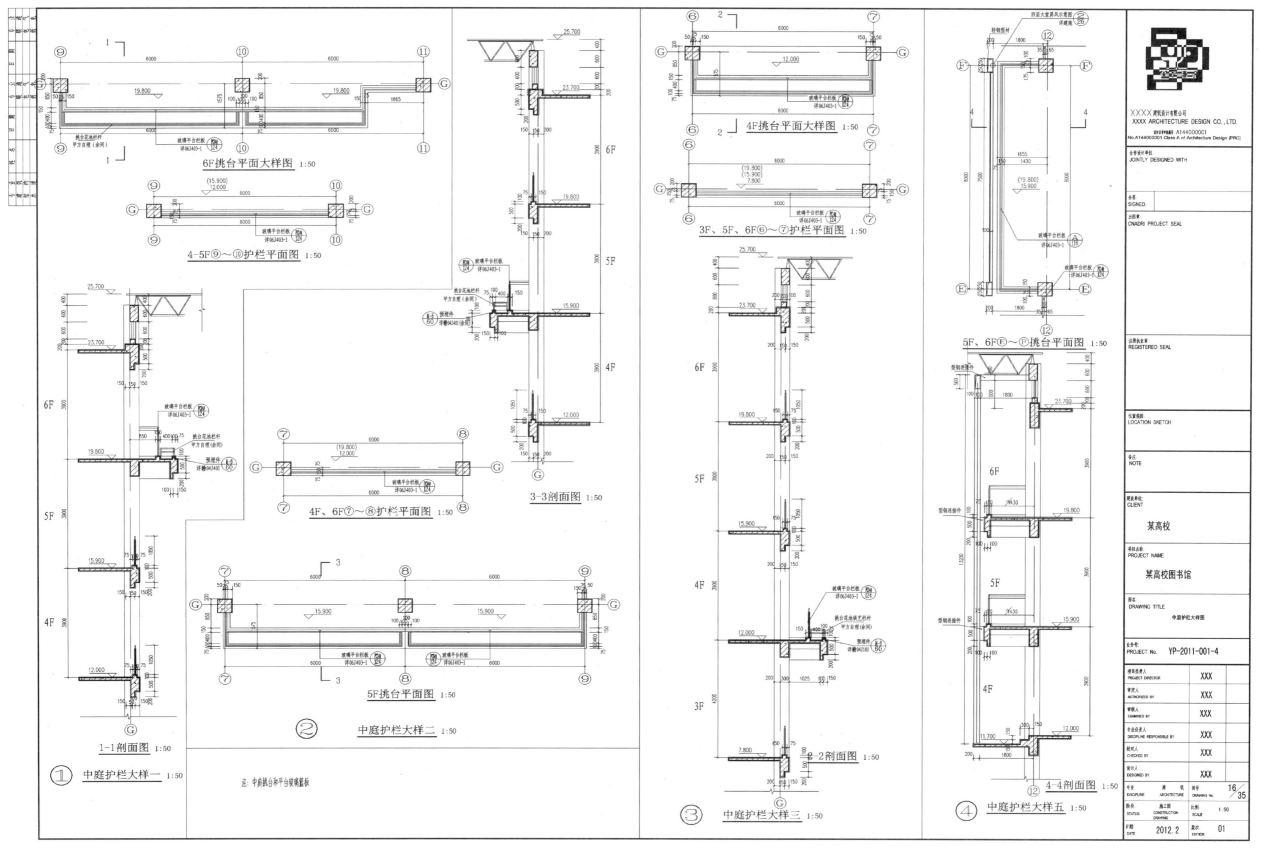

6F挑台平面大样图 1:50

4-5F⑨~⑩护栏平面图 1:50

1-1剖面图 1:50

① 中庭护栏大样一 1:50

注: 中庭挑台和平台玻璃蓝板

② 中庭护栏大样二 1:50

5F挑台平面图 1:50

4F、6F⑦~⑧护栏平面图 1:50

3-3剖面图 1:50

4F挑台平面大样图 1:50

3F、5F、6F⑥~⑦护栏平面图 1:50

5F、6F⑥~⑥挑台平面图 1:50

2-2剖面图 1:50

③ 中庭护栏大样三 1:50

4-4剖面图 1:50

④ 中庭护栏大样五 1:50

XXXX建筑设计有限公司
XXXX ARCHITECTURE DESIGN CO., LTD.
甲级资质证书号 A144000001
No.A144000001 Class A of Architecture Design (PRC)

合作设计单位
JOINTLY DESIGNED WITH

签名
SIGNED:

院图章
CNADRI PROJECT SEAL

注册执业章
REGISTERED SEAL

位置简图
LOCATION SKETCH

备注
NOTE

建设单位
CLIENT
某高校

项目名称
PROJECT NAME
某高校图书馆

图名
DRAWING TITLE
中庭护栏大样图

任务号
PROJECT No.　YP-2011-001-4

项目负责人
PROJECT DIRECTOR　XXX

审定人
AUTHORIZED BY　XXX

审核人
EXAMINED BY　XXX

专业负责人
DISCIPLINE RESPONSIBLE BY　XXX

校对人
CHECKED BY　XXX

设计人
DESIGNED BY　XXX

专业　建筑
DISCIPLINE　ARCHITECTURE

图别　16/35
DRAWING No.

阶段　施工图　比例　1:50
STATUS　CONSTRUCTION DRAWING　SCALE

日期　2012.2　版次　01
DATE　EDITION

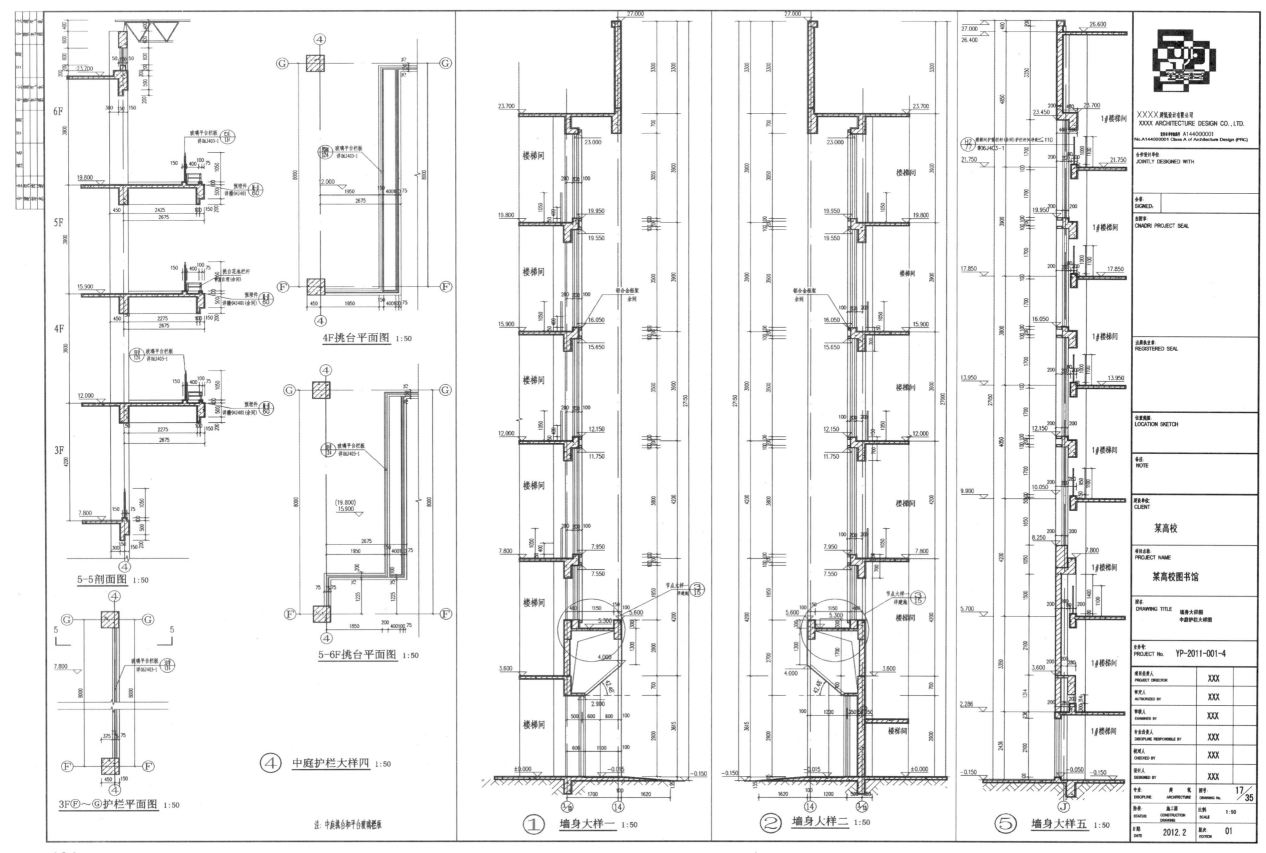

5-5剖面图 1:50

4F挑台平面图 1:50

5-6F挑台平面图 1:50

④ 中庭护栏大样四 1:50

3F(F)~(G)护栏平面图 1:50

注：中庭挑台和平台玻璃栏板

① 墙身大样一 1:50

② 墙身大样二 1:50

⑤ 墙身大样五 1:50

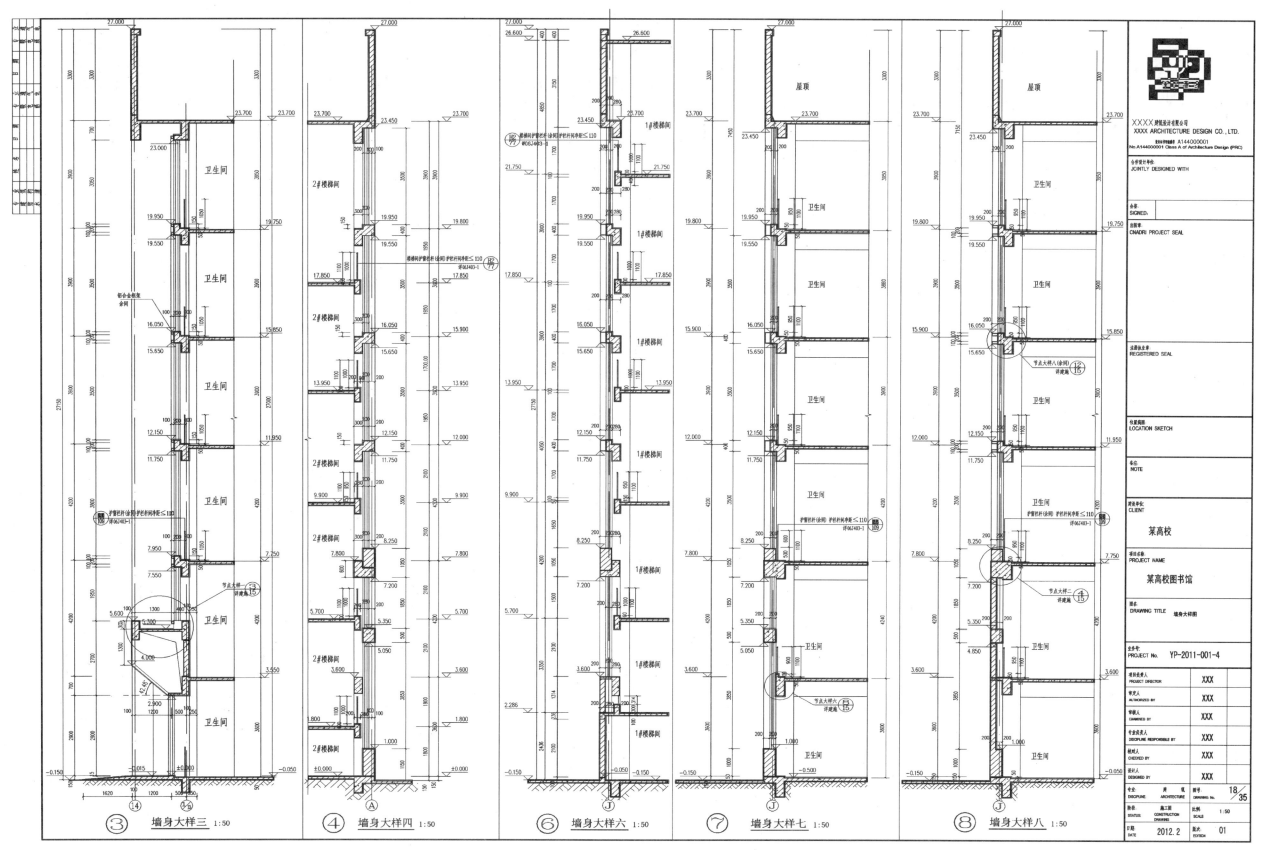

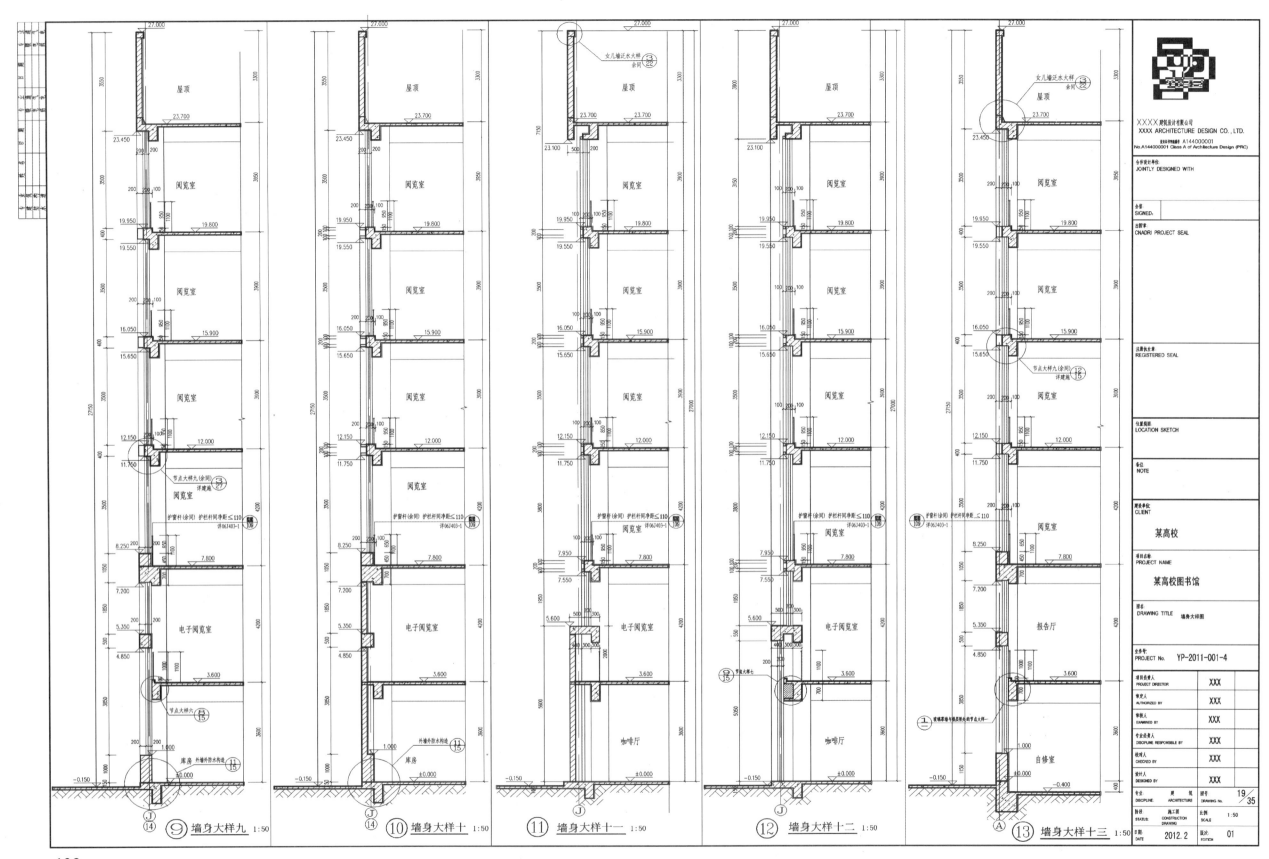

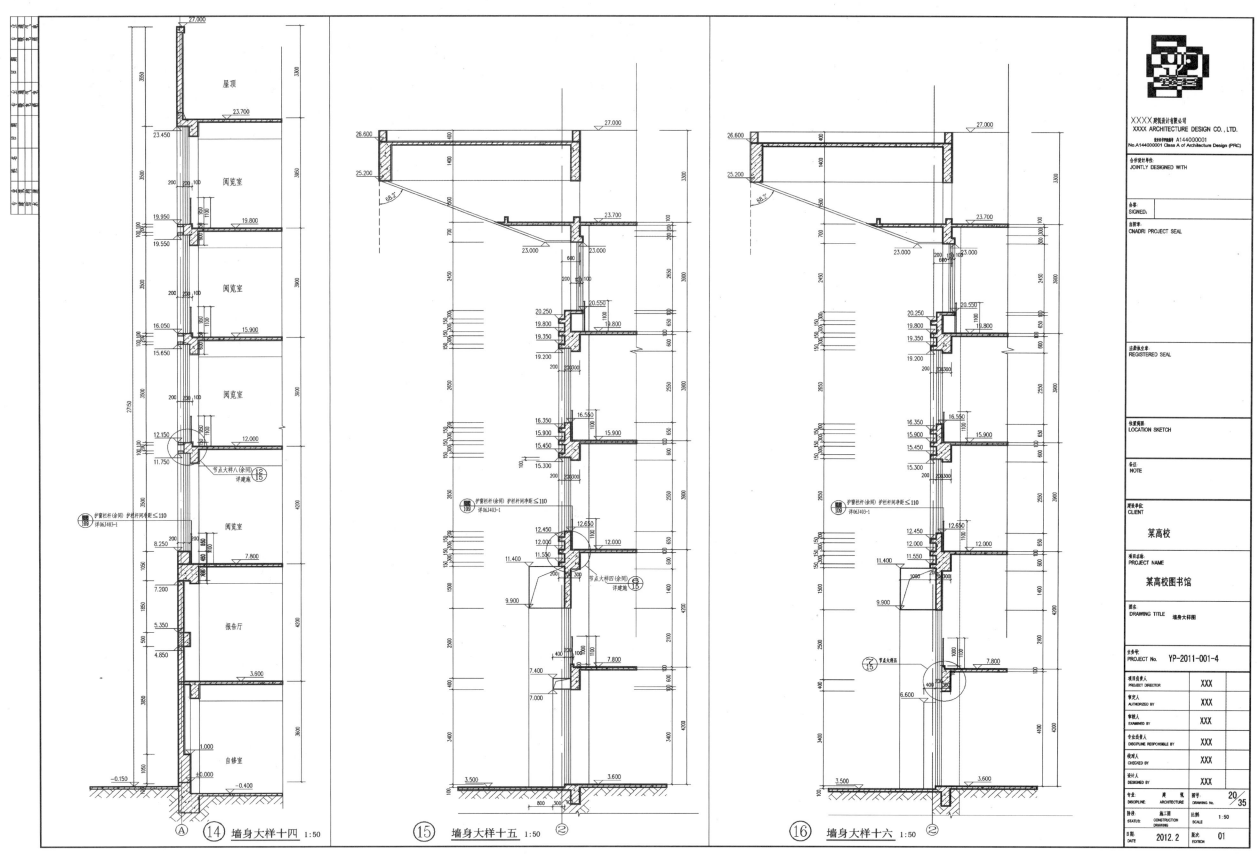

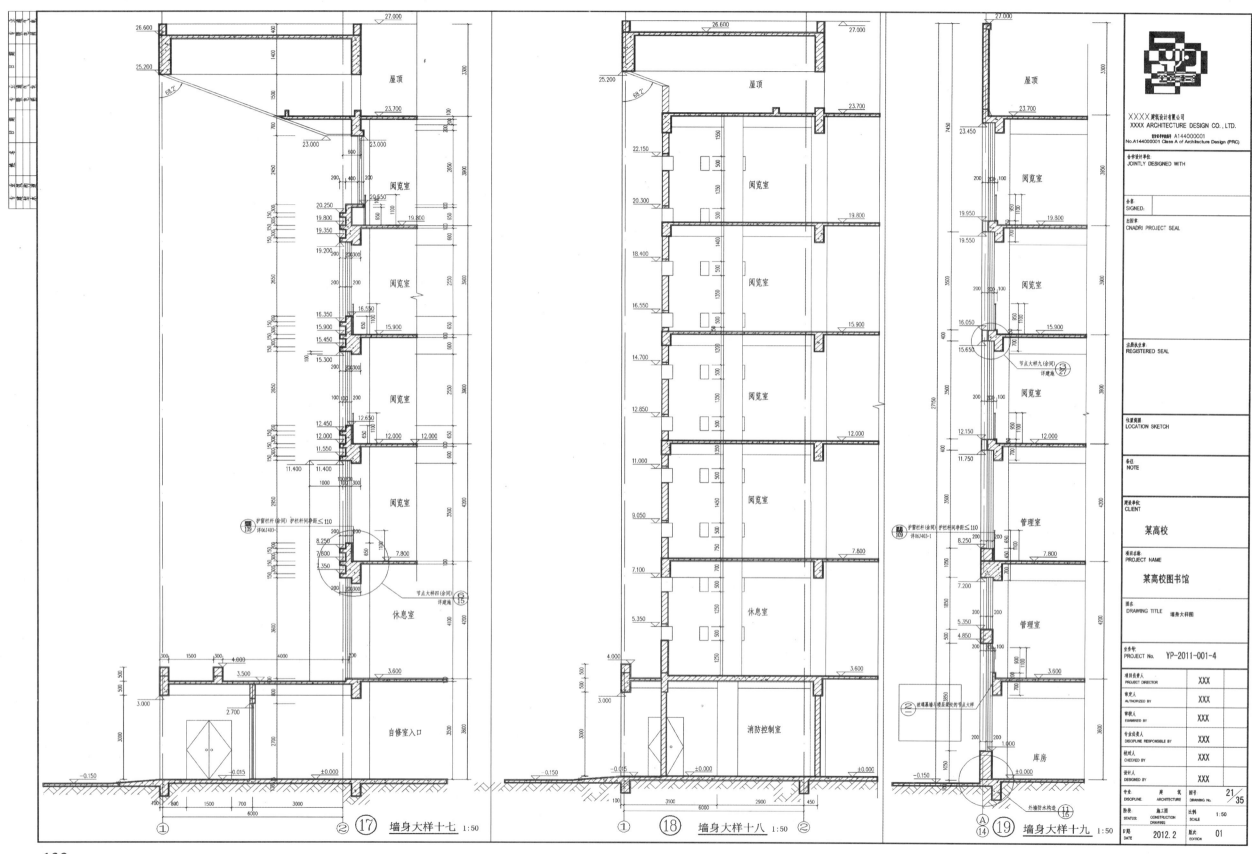

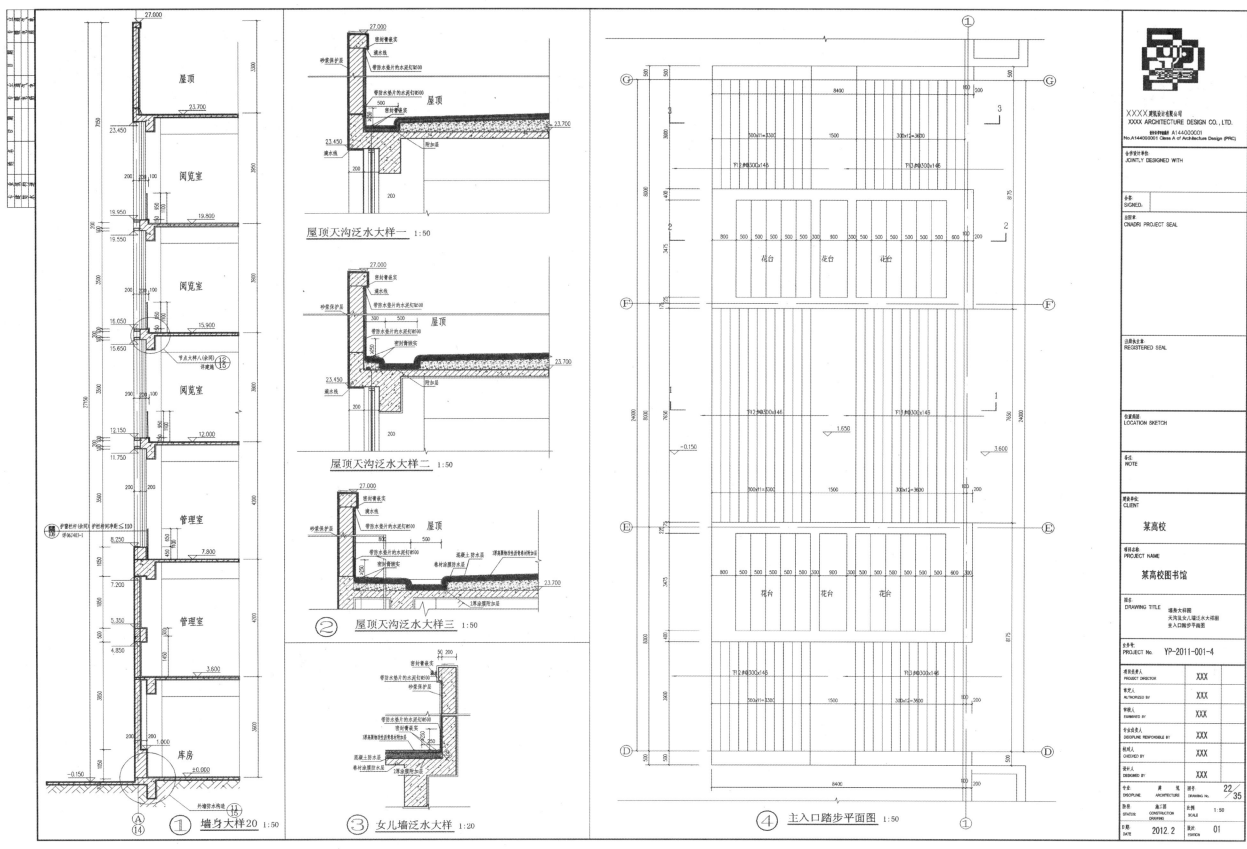

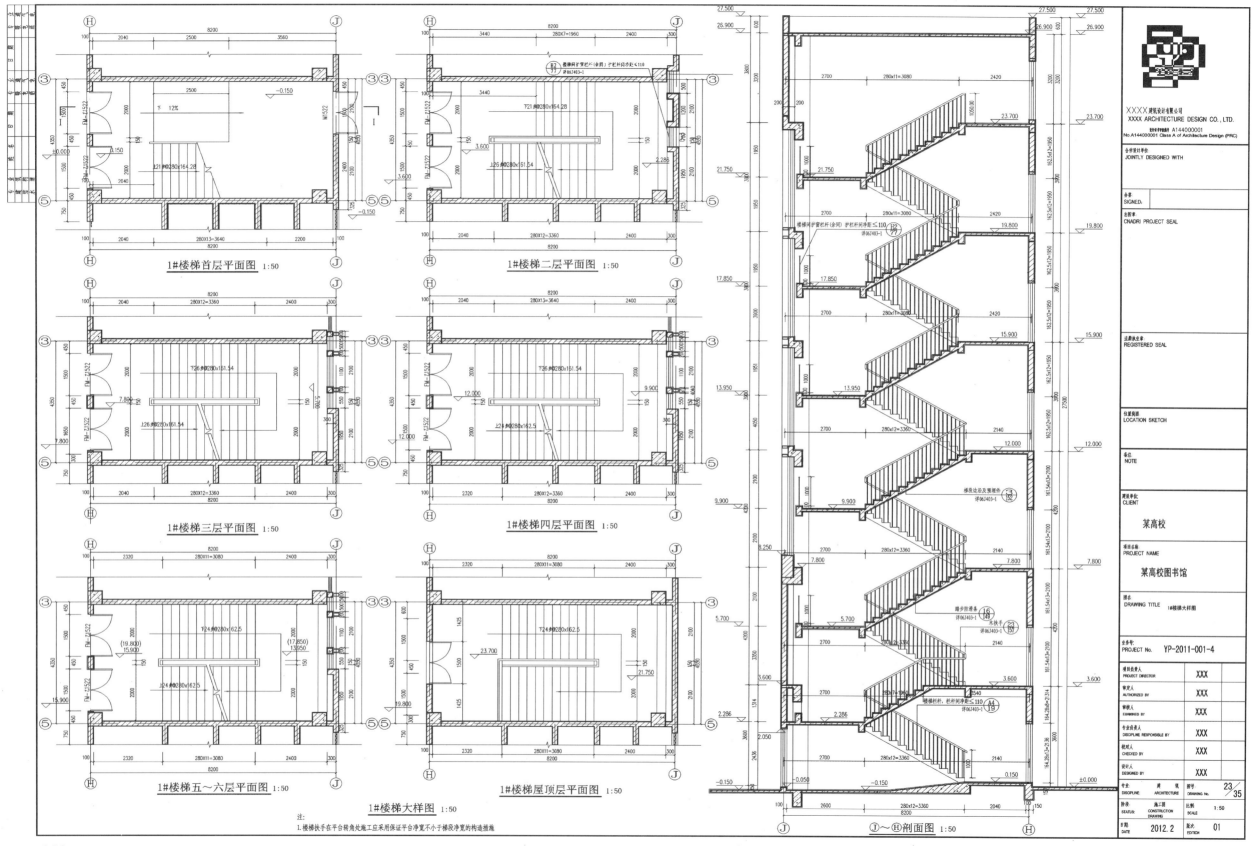

1#楼梯首层平面图 1:50

1#楼梯二层平面图 1:50

1#楼梯三层平面图 1:50

1#楼梯四层平面图 1:50

1#楼梯五~六层平面图 1:50

1#楼梯屋顶层平面图 1:50

1#楼梯大样图 1:50

注:
1.楼梯扶手在平台转角处应采用保证平台净宽不小于梯段净宽的构造措施

Ⓙ~Ⓗ剖面图 1:50

XXXX建筑设计有限公司
XXXX ARCHITECTURE DESIGN CO., LTD.
No.A144000001 Class A of Architecture Design (PRC)

合作设计单位
JOINTLY DESIGNED WITH

签名:
SIGNED:

台章:
CNADRI PROJECT SEAL

注册执业章:
REGISTERED SEAL

位置简图
LOCATION SKETCH

备注
NOTE

建设单位:
CLIENT

某高校

项目名称:
PROJECT NAME

某高校图书馆

图名:
DRAWING TITLE 1#楼梯大样图

业务号:
YP-PROJECT No. YP-2011-001-4

项目负责人 PROJECT DIRECTOR	XXX
审定人 AUTHORIZED BY	XXX
审核人 EXAMINED BY	XXX
专业负责人 DISCIPLINE RESPONSIBLE BY	XXX
校对人 CHECKED BY	XXX
设计人 DESIGNED BY	XXX

专业 DISCIPLINE	建筑 ARCHITECTURE	图别 DRAWING No.	23/35
阶段 STATUS	施工图 CONSTRUCTION DRAWING	比例 SCALE	1:50
日期 DATE	2012.2	版次 EDITION	01

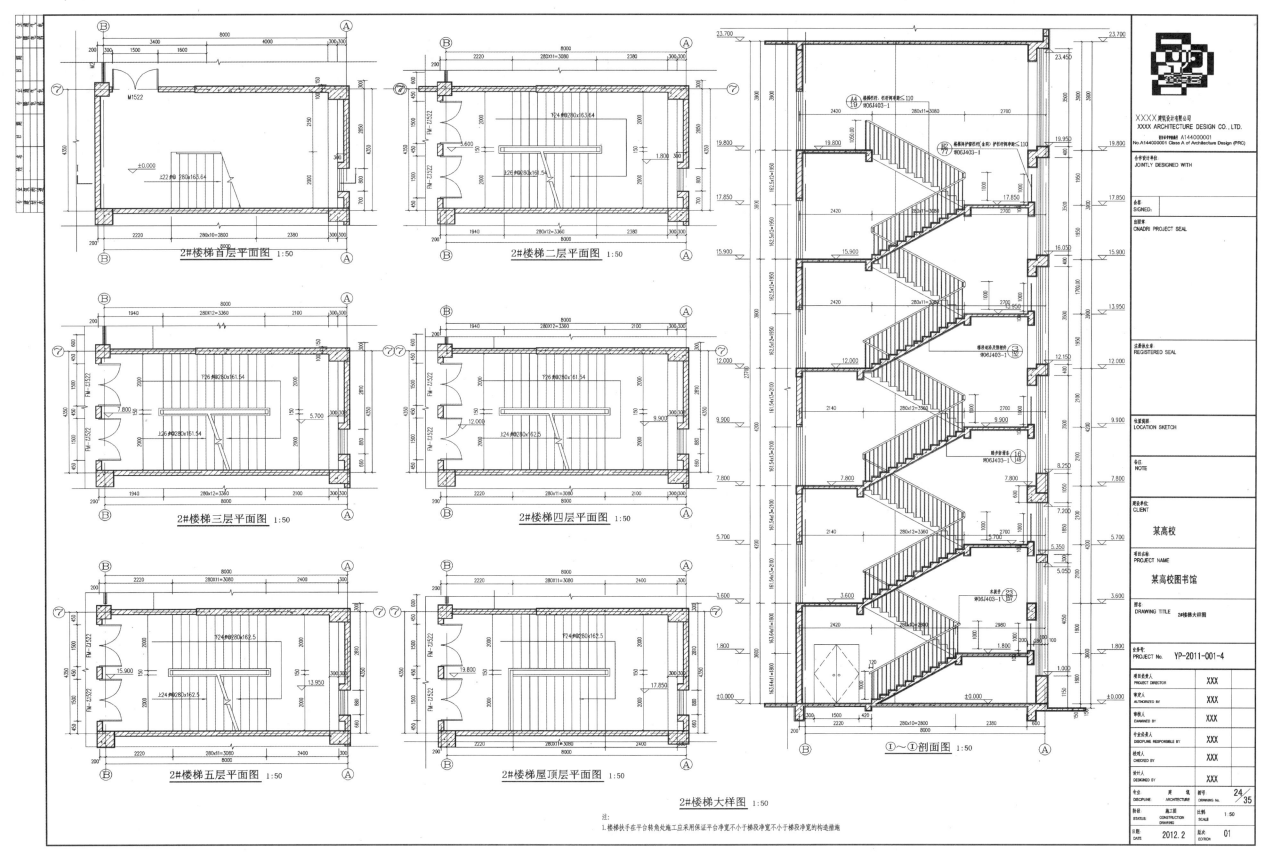

2#楼梯首层平面图 1:50

2#楼梯二层平面图 1:50

2#楼梯三层平面图 1:50

2#楼梯四层平面图 1:50

2#楼梯五层平面图 1:50

2#楼梯屋顶层平面图 1:50

①～①剖面图 1:50

2#楼梯大样图 1:50

注:
1.楼梯扶手在平台转角处施工应采用保证平台净宽不小于梯段净宽不小于梯段净宽的构造措施

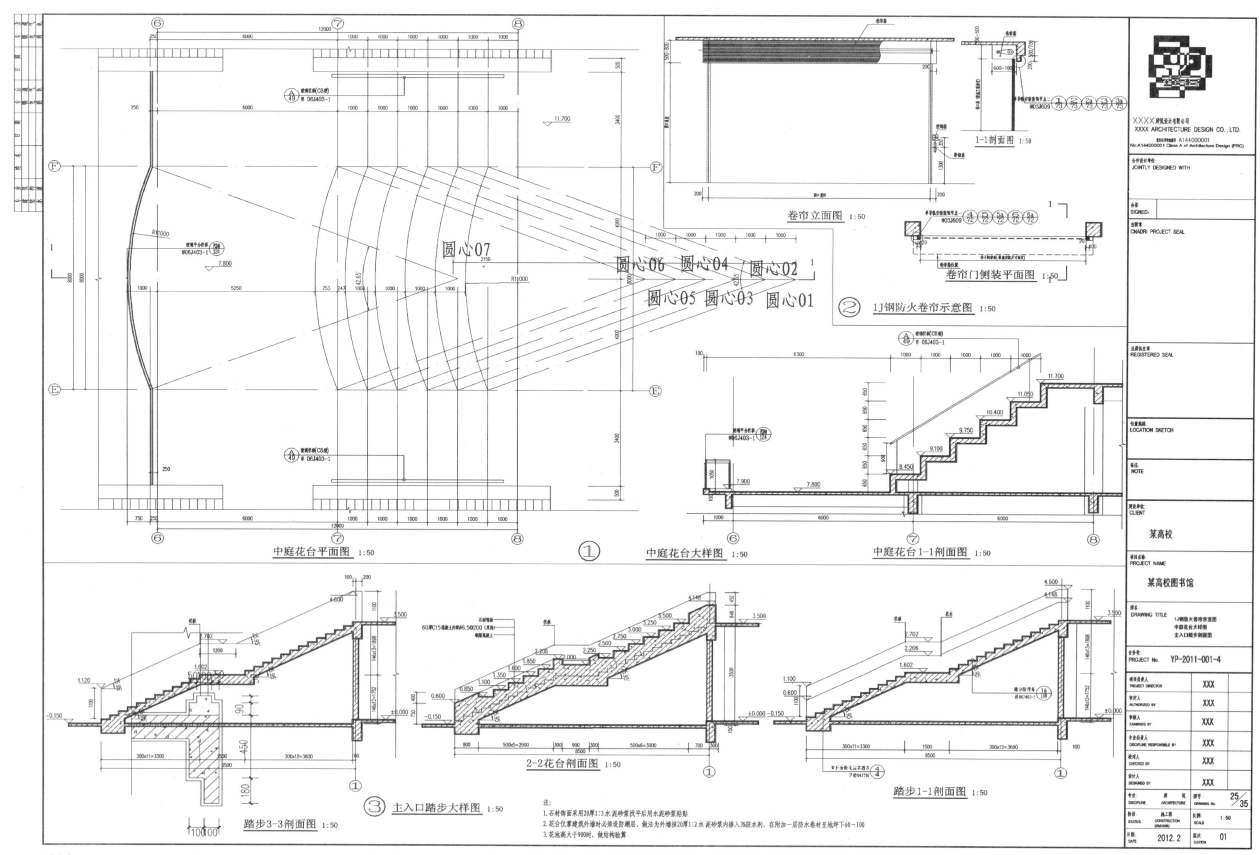

卷帘立面图 1:50

1-1剖面图 1:50

卷帘门侧装平面图 1:50

圆心07

圆心06 圆心04 圆心02

圆心05 圆心03 圆心01

② 1J钢防火卷帘示意图 1:50

中庭花台平面图 1:50 ①

中庭花台大样图 1:50

中庭花台1-1剖面图 1:50

③ 主入口踏步大样图 1:50

踏步3-3剖面图 1:50

2-2花台剖面图 1:50

踏步1-1剖面图 1:50

注:
1. 石材饰面采用20厚1:3水泥砂浆找平后用水泥砂浆粘贴
2. 花台仪靠建筑外墙时必须设防潮层, 做法为外墙抹20厚1:2水泥砂浆内掺入3%防水剂, 在附加一层防水卷材至地坪下60-100
3. 花池高大于900时, 做结构验算

XXXX建筑设计有限公司
XXXX ARCHITECTURE DESIGN CO., LTD.
No.A144000001 Class A of Architecture Design (PRC)

合作设计单位:
JOINTLY DESIGNED WITH

会签:
SIGNED:

出图章:
CNADRI PROJECT SEAL

注册执业章:
REGISTERED SEAL

位置简图:
LOCATION SKETCH

备注:
NOTE

建设单位:
CLIENT

某高校

项目名称:
PROJECT NAME

某高校图书馆

图名:
DRAWING TITLE
1J钢防火卷帘示意图
中庭花台大样图
主入口踏步剖面图

工程号:
PROJECT No.   YP-2011-001-4

项目负责人 PROJECT DIRECTOR	XXX
审定人 AUTHORIZED BY	XXX
审核人 EXAMINED BY	XXX
专业负责人 DISCIPLINE RESPONSIBLE BY	XXX
校对人 CHECKED BY	XXX
设计人 DESIGNED BY	XXX

专业 DISCIPLINE	建筑 ARCHITECTURE	图号 DRAWING No.	25/35
阶段 STATUS	施工图 CONSTRUCTION DRAWING	比例 SCALE	1:50
日期 DATE	2012.2	版次 EDITION	01

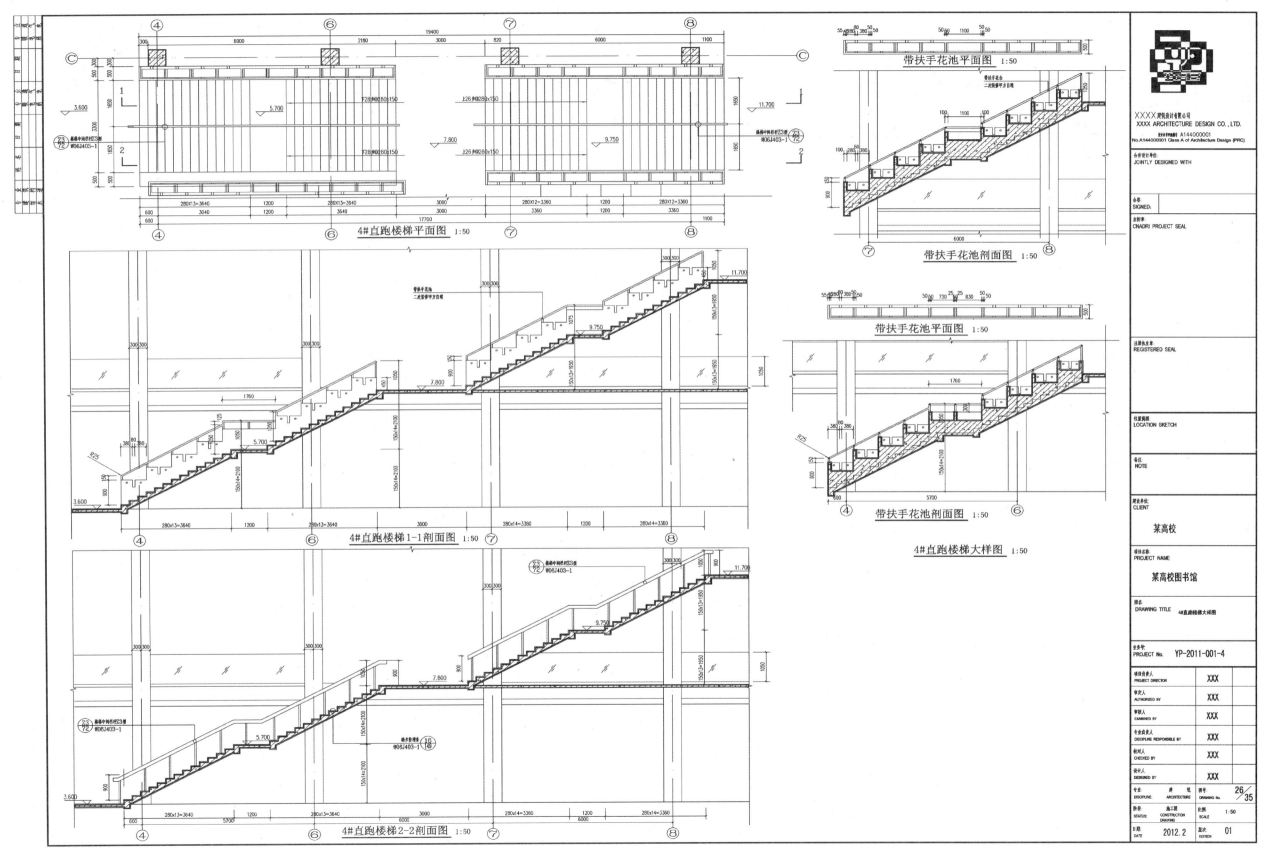

4#直跑楼梯平面图 1:50

4#直跑楼梯1-1剖面图 1:50

4#直跑楼梯2-2剖面图 1:50

带扶手花池平面图 1:50

带扶手花池剖面图 1:50

带扶手花池平面图 1:50

带扶手花池剖面图 1:50

4#直跑楼梯大样图 1:50

建筑施工图设计实例集

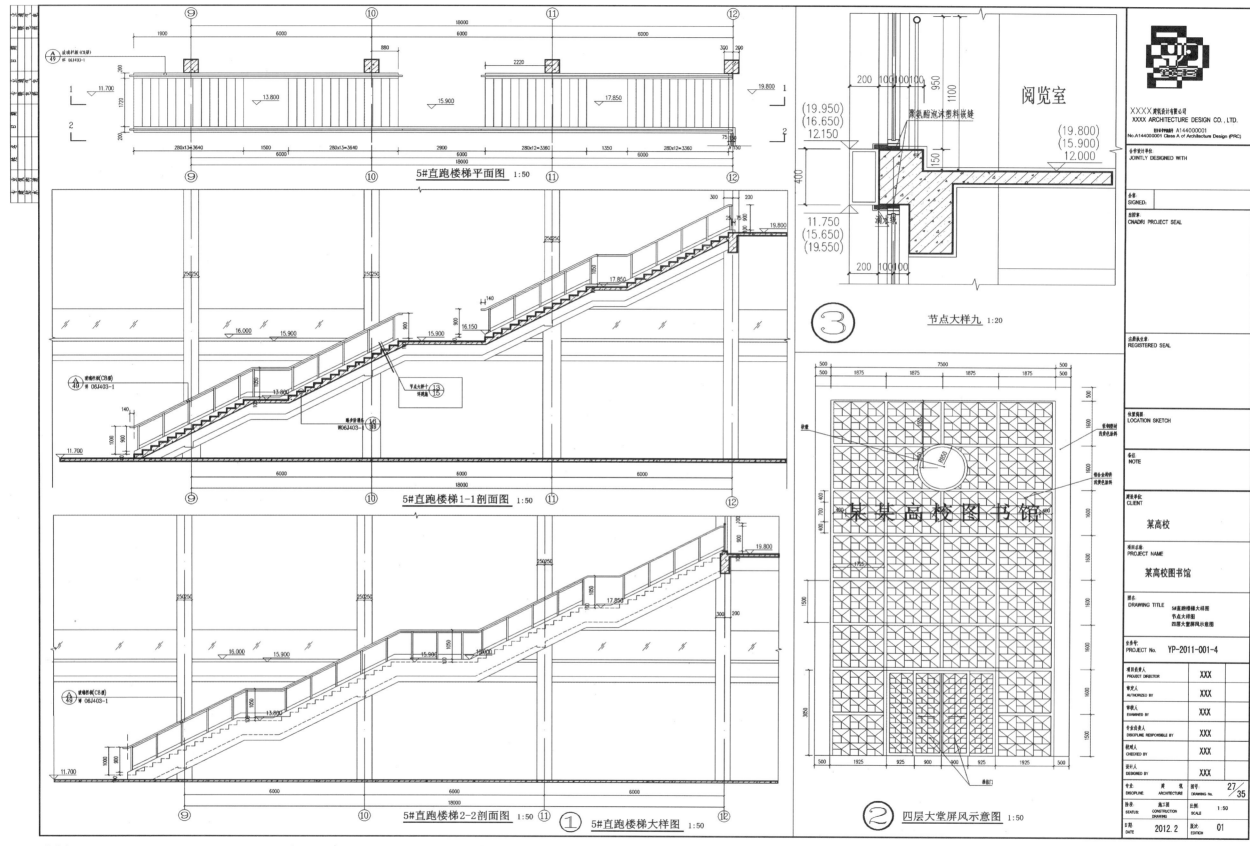

5#直跑楼梯平面图 1:50

5#直跑楼梯1-1剖面图 1:50

5#直跑楼梯2-2剖面图 1:50

① 5#直跑楼梯大样图 1:50

阅览室

③ 节点大样九 1:20

某 某 高 校 图 书 馆

② 四层大堂屏风示意图 1:50

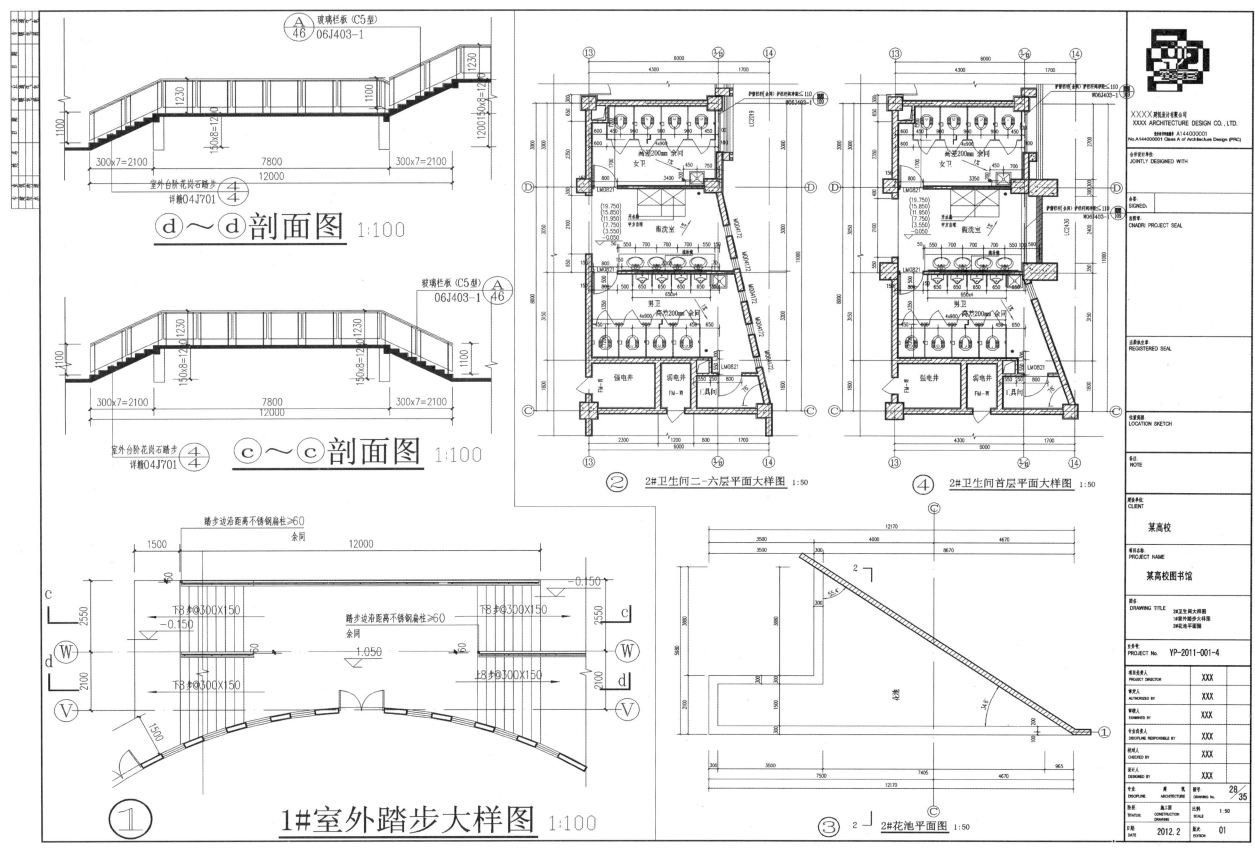

建筑施工图设计实例集

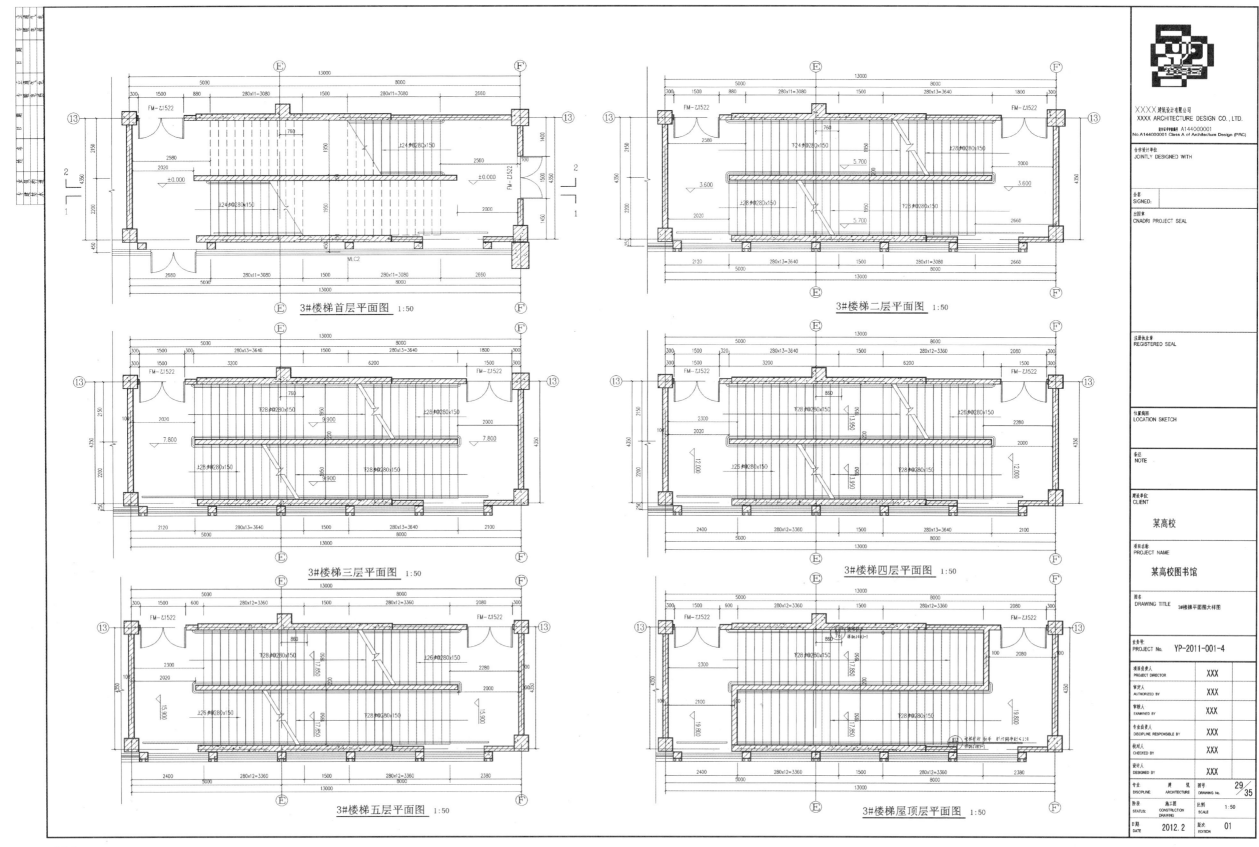

3#楼梯首层平面图 1:50

3#楼梯二层平面图 1:50

3#楼梯三层平面图 1:50

3#楼梯四层平面图 1:50

3#楼梯五层平面图 1:50

3#楼梯屋顶层平面图 1:50

XXXX建筑设计有限公司
XXXX ARCHITECTURE DESIGN CO., LTD.
No.A144000001 Class A of Architecture Design (PRC)

合作设计单位
JOINTLY DESIGNED WITH

签字
SIGNED:

出图专用章
CNADRI PROJECT SEAL

注册执业章
REGISTERED SEAL

位置示意图
LOCATION SKETCH

备注
NOTE

建设单位
CLIENT

某高校

项目名称
PROJECT NAME

某高校图书馆

图名
DRAWING TITLE 3#楼梯平面图大样图

业务号
PROJECT No. YP-2011-001-4

项目负责人 PROJECT DIRECTOR XXX
审定人 AUTHORIZED BY XXX
审核人 EXAMINED BY XXX
专业负责人 DISCIPLINE RESPONSIBLE BY XXX
校对人 CHECKED BY XXX
设计人 DESIGNED BY XXX

专业 DISCIPLINE 建筑 ARCHITECTURE
图号 DRAWING No. 29/35
阶段 STATUS 施工图 CONSTRUCTION DRAWING
比例 SCALE 1:50
日期 DATE 2012.2
版次 EDITION 01

· 116 ·

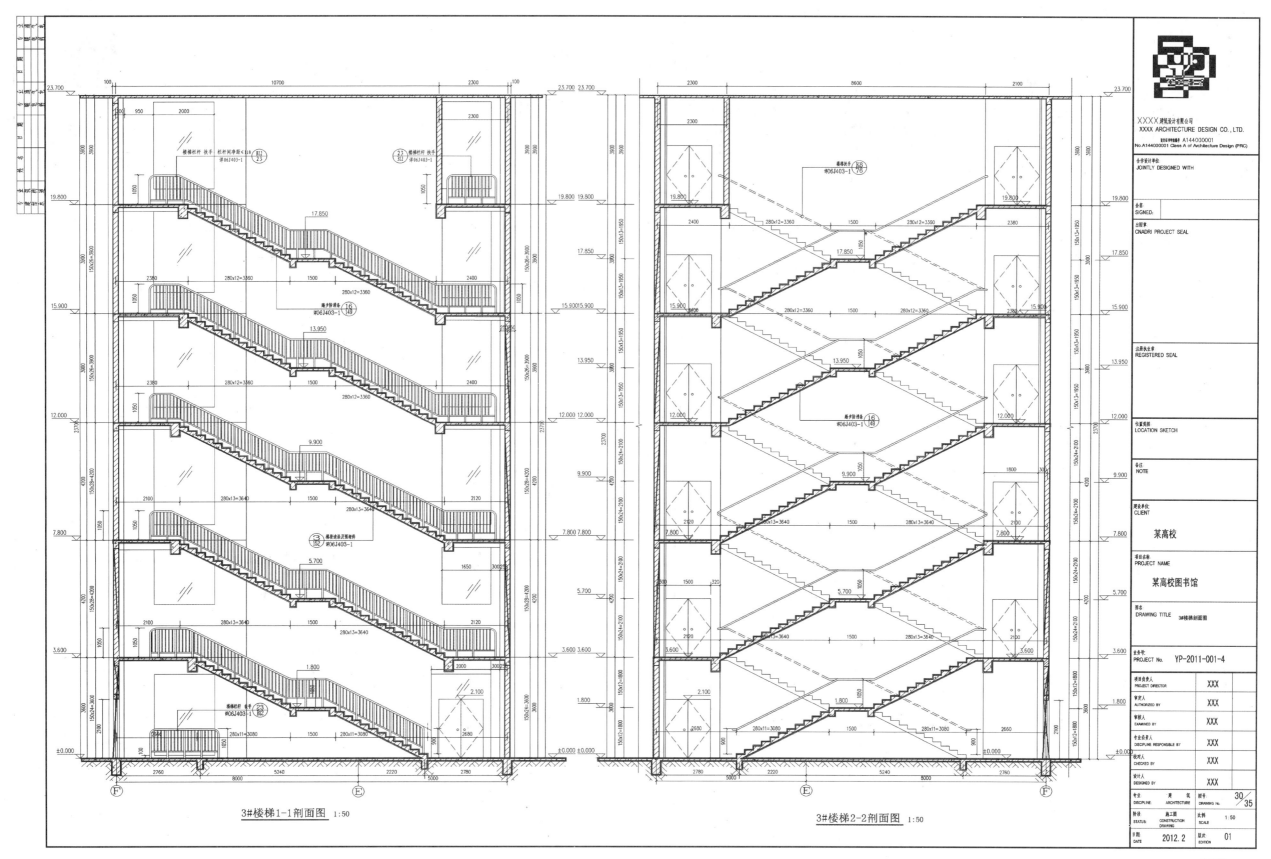

3#楼梯1-1剖面图 1:50

3#楼梯2-2剖面图 1:50

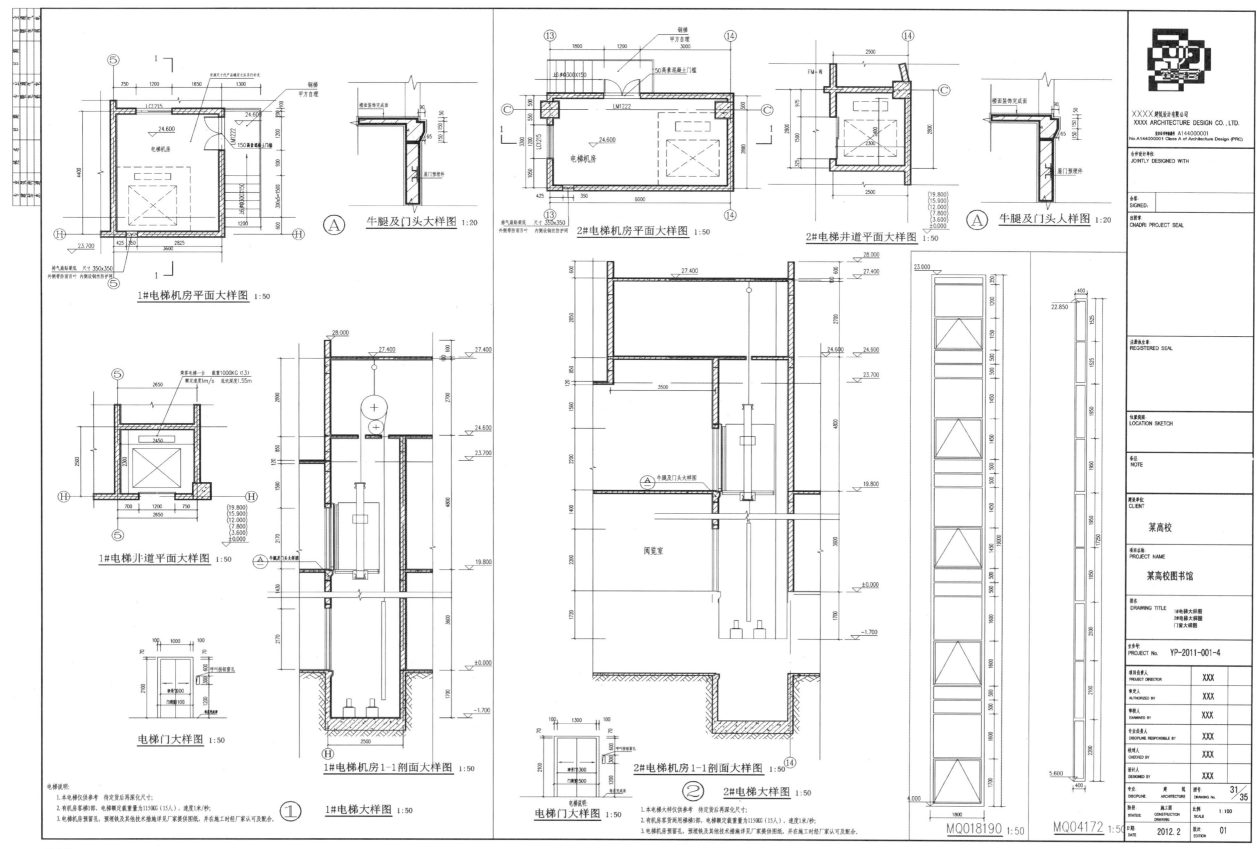

1#电梯机房平面大样图 1:50

牛腿及门头大样图 1:20

2#电梯机房平面大样图 1:50

2#电梯井道平面大样图 1:50

牛腿及门头人样图 1:20

1#电梯井道平面大样图 1:50

电梯门大样图 1:50

1#电梯机房1-1剖面大样图 1:50

① 1#电梯大样图 1:50

电梯说明：
1.本电梯大样仅供参考 待定货后再深化尺寸；
2.有机房客梯内部，电梯额定载重量为1150KG（15人），速度1米/秒；
3.电梯机房预留孔，预埋铁及其他技术措施详见厂家提供图纸，并在施工时经厂家认可及配合。

阅览室

牛腿及门头大样图

2#电梯机房1-1剖面大样图 1:50

电梯门大样图 1:50

② 2#电梯大样图 1:50

电梯说明：
1.本电梯大样仅供参考 待定货后再深化尺寸；
2.有机房客梯内部，电梯额定载重量为1150KG（15人），速度1米/秒；
3.电梯机房预留孔，预埋铁及其他技术措施详见厂家提供图纸，并在施工时经厂家认可及配合。

MQ018190 1:50

MQ04172 1:50

XXXX 建筑设计有限公司
XXXX ARCHITECTURE DESIGN CO., LTD.
建筑甲级设计证书 A144000001
No A144000001 Class A of Architecture Design (PRC)

合并设计单位：
JOINTLY DESIGNED WITH

签章：
SIGNED:

出图章：
CNADRI PROJECT SEAL

注册执业章：
REGISTERED SEAL

位置简图：
LOCATION SKETCH

备注：
NOTE

建设单位：
CLIENT
某高校

项目名称：
PROJECT NAME
某高校图书馆

图名：
DRAWING TITLE
1#电梯大样图
2#电梯大样图
门窗大样图

业务号：
PROJECT No. YP-2011-001-4

项目负责人 PROJECT DIRECTOR	XXX
审定人 AUTHORIZED BY	XXX
审核人 EXAMINED BY	XXX
专业负责人 DISCIPLINE RESPONSIBLE BY	XXX
校对人 CHECKED BY	XXX
设计人 DESIGNED BY	XXX

专业 DISCIPLINE	建筑 ARCHITECTURE	图别 DRAWINGS No.	31/35
阶段 STATUS	施工图 CONSTRUCTION DRAWING	比例 SCALE	1:100
日期 DATE	2012.2	版次 EDITION	01

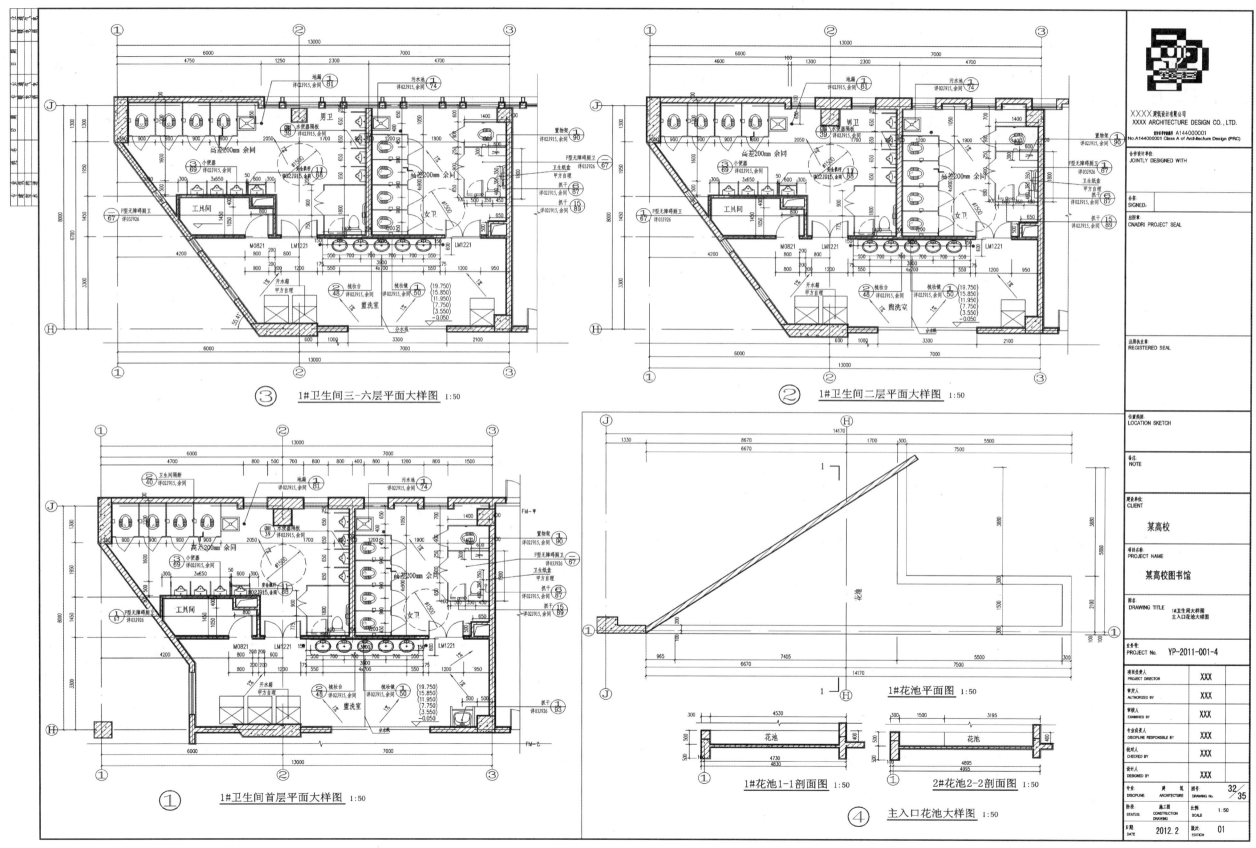

③　1#卫生间三-六层平面大样图　1:50

②　1#卫生间二层平面大样图　1:50

①　1#卫生间首层平面大样图　1:50

1#花池平面图　1:50

1#花池1-1剖面图　1:50

2#花池2-2剖面图　1:50

④　主入口花池大样图　1:50

XXXX建筑设计有限公司
XXXX ARCHITECTURE DESIGN CO.,LTD.

建筑甲级资质编号 A144000001
No.A144000001 Class A of Architecture Design (PRC)

合作设计单位:
JOINTLY DESIGNED WITH

会签:
SIGNED:

出图章:
CNADRI PROJECT SEAL

注册执业章:
REGISTERED SEAL

位置略图
LOCATION SKETCH

备注
NOTE

建设单位:
CLIENT

某高校

项目名称:
PROJECT NAME

某高校图书馆

图名:
DRAWING TITLE　1#卫生间大样图
主入口花池大样图

业务号:
PROJECT No.　YP-2011-001-4

专业:周氨　图号:
DISCIPLINE　ARCHITECTURE　DRAWING No.　32/35

阶段:　施工图
STATUS　CONSTRUCTION
DRAWING　比例　1:50
SCALE

日期　2012.2　版次　01
DATE　EDITION

项目负责人 PROJECT DIRECTOR	XXX
审定人 AUTHORIZED BY	XXX
审核人 EXAMINED BY	XXX
专业负责人 DISCIPLINE RESPONSIBLE BY	XXX
校对人 CHECKED BY	XXX
设计人 DESIGNED BY	XXX

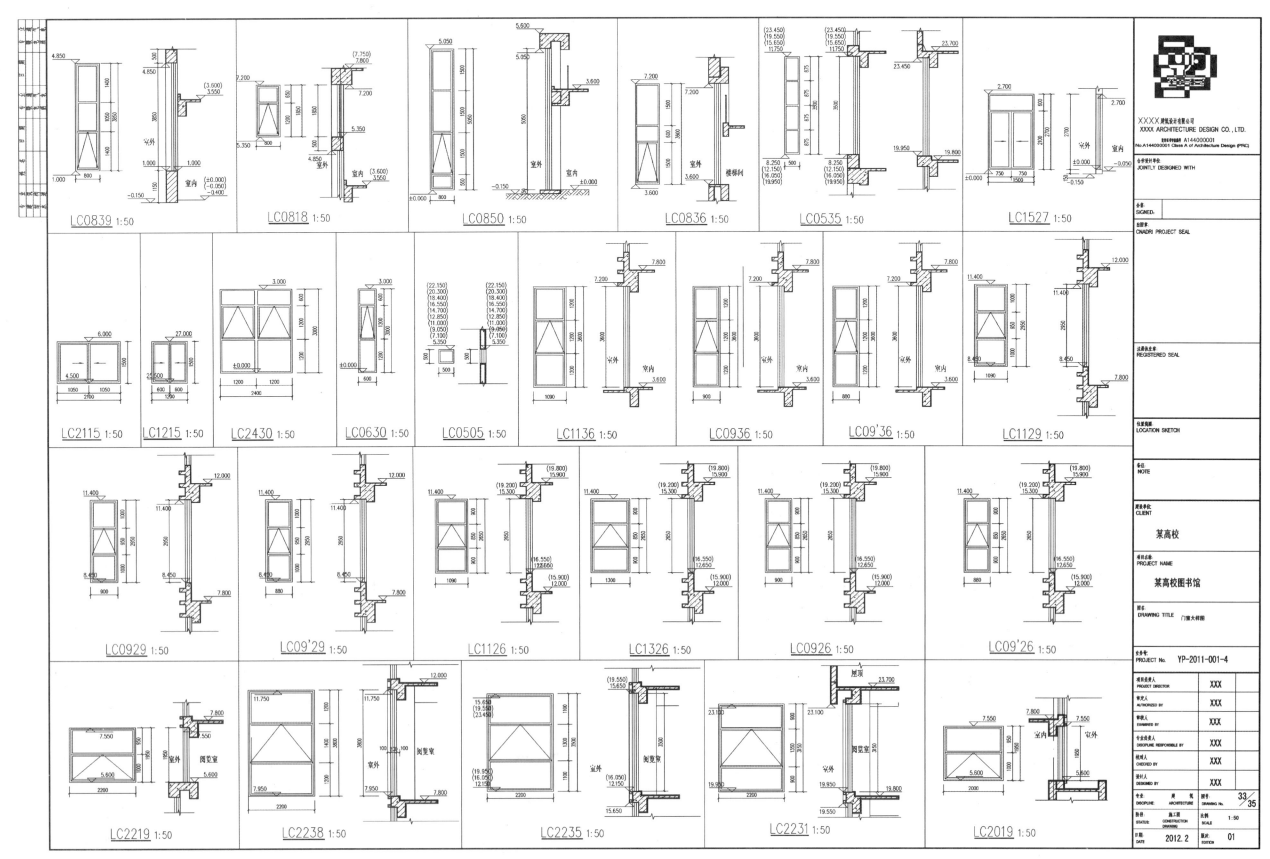

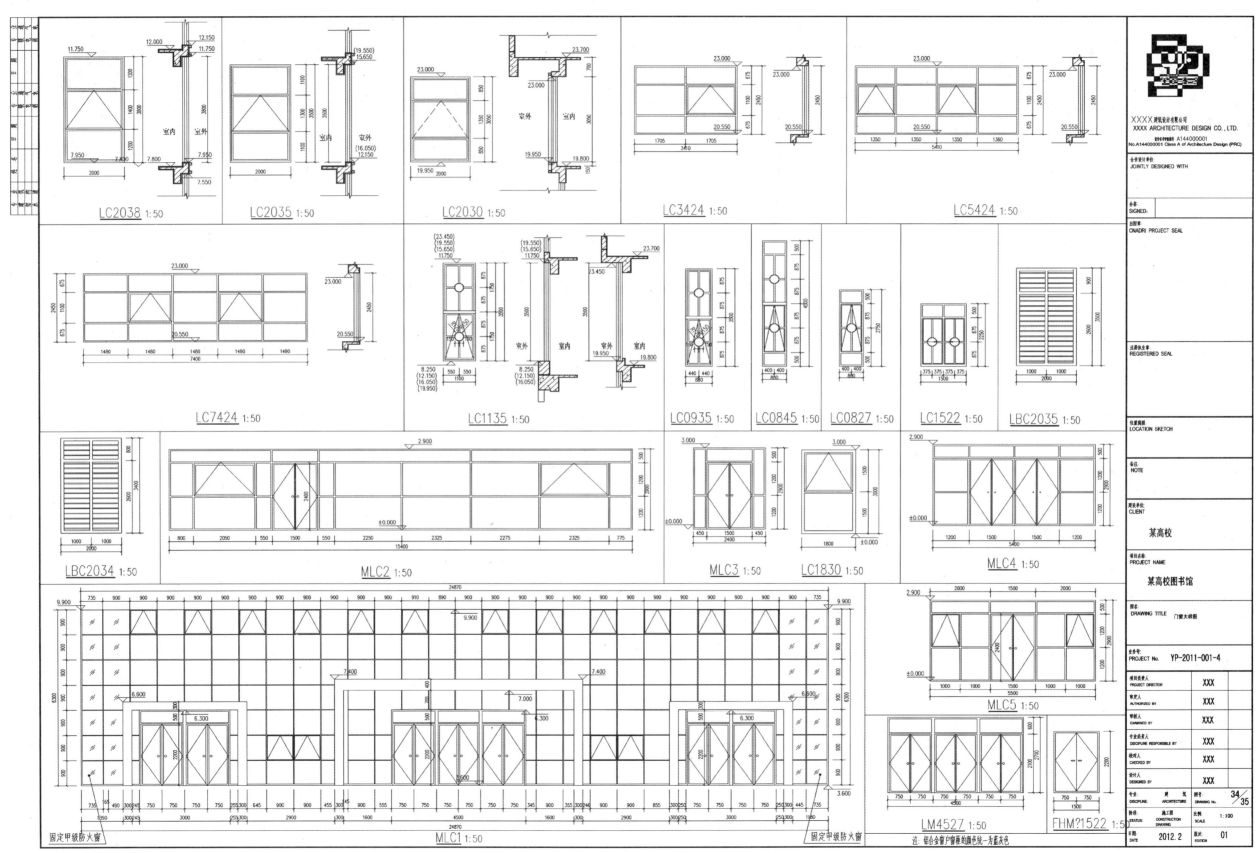

LC2038 1:50　　LC2035 1:50　　LC2030 1:50　　LC3424 1:50　　LC5424 1:50

LC7424 1:50　　LC1135 1:50　　LC0935 1:50　　LC0845 1:50　　LC0827 1:50　　LC1522 1:50　　LBC2035 1:50

LBC2034 1:50　　MLC2 1:50　　MLC3 1:50　　LC1830 1:50　　MLC4 1:50

MLC5 1:50

固定甲级防火窗　　MLC1 1:50　　固定甲级防火窗　　注：铝合金窗户窗框的颜色统一为蓝灰色　　LM4527 1:50　　FHM?1522 1:50

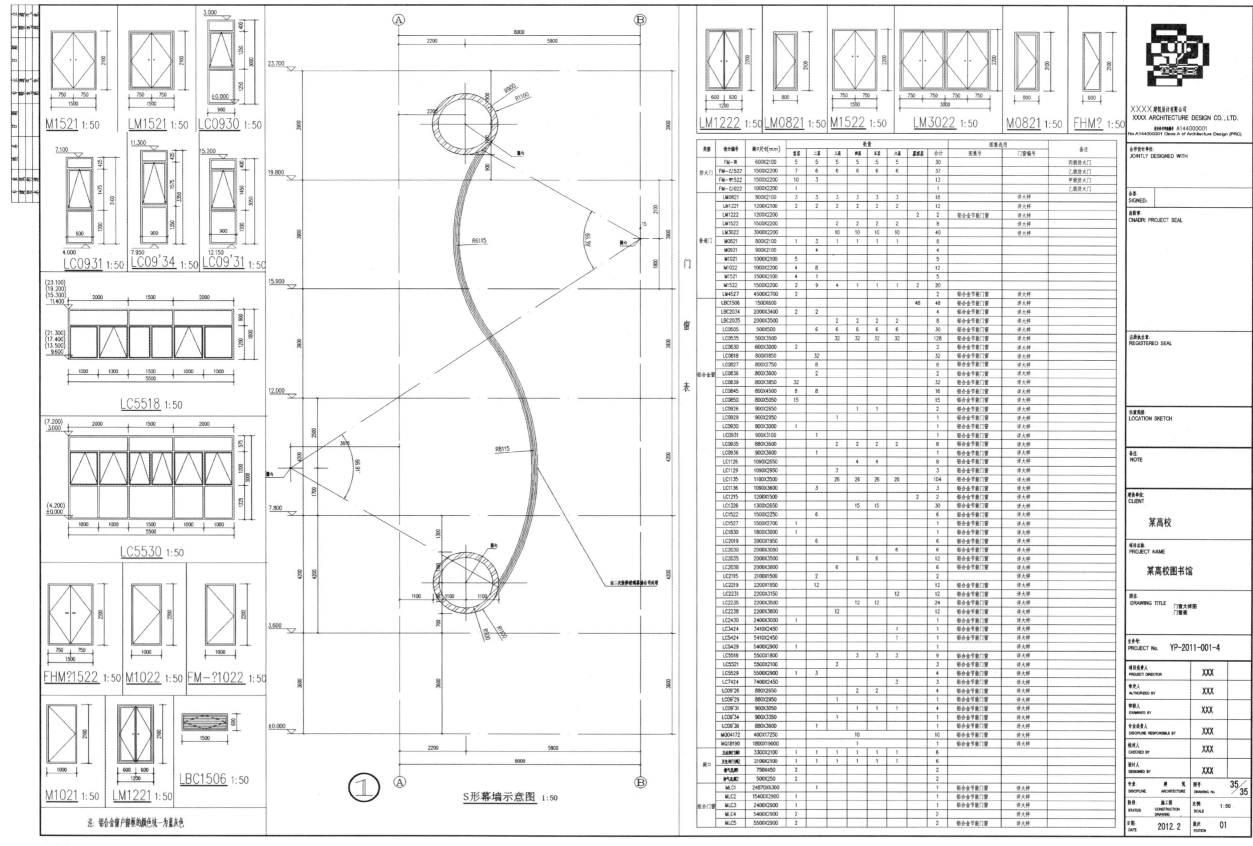

S形幕墙示意图 1:50